Das Flüstern des
Urknalls

Die leuchtkräftigste Galaxie, die im Universum beobachtet wurde.

Michael Rowan-Robinson

Das Flüstern des Urknalls

Die verschlüsselten Botschaften vom Anfang des Universums

Aus dem Englischen übersetzt von Gesche Pospiech

Spektrum Akademischer Verlag Heidelberg · Berlin · Oxford

Originaltitel: Ripples in the Cosmos
Aus dem Englischen übersetzt von Gesche Pospiech

Englische Originalausgabe bei W.H. Freeman and Company, Oxford, New York

Die Deutsche Bibliothek – CIP-Einheitsaufnahme

Rowan-Robinson, Michael:
Das Flüstern des Urknalls : die verschlüsselten Botschaften vom Anfang des Universums / Michael Rowan-Robinson. Aus dem Engl. übers. von Gesche Pospiech. – Heidelberg ; Berlin ; Oxford : Spektrum, Akad. Verl.,1994
Einheitssacht.: Ripples in the cosmos <dt.>
ISBN 3-86025-111-2

Lektorat: Katharina Neuser-von Oettingen/Marianne Vollmer (Ass.)
Copy-editing: Rolf Weiser, Markus Schlierf
Produktion: Susanne Tochtermann
Satz: H&S Team für Fotosatz, Heidelberg
Druck und Verarbeitung: Druckhaus Beltz, Hemsbach

Spektrum Akademischer Verlag Heidelberg · Berlin · Oxford

EIN VERLAG DER SPEKTRUM FACHVERLAGE GMBH

In Memoriam
Michael Penston

Inhalt

1
Prolog

Welche Art von Universum?

Wenn wir die Erde mit ihrem quirligen Leben, ihren abwechslungsreichen Landschaften auf den Kontinenten und in den Ozeanen betrachten, nehmen wir natürlich an, daß dies eine für das Universum typische Umwelt ist. Doch sobald wir das Sonnensystem, die Sonne und ihre Planeten untersuchen, bemerken wir unermeßlichen Raum zwischen den Planeten. Schauen wir zum Nachthimmel auf, zu den schwachen Lichtflecken, die über die tiefe Dunkelheit verstreute Sterne sind, so erfassen wir allmählich die wüste Leere des Universums.

Es ist eine merkwürdige Tatsache, daß die mittlere Dichte der Erde, der Sonne und der Planeten sich nicht viel von der des menschlichen Körpers unterscheidet. Unser Körper hat eine mittlere Dichte, die fast der des Wassers entspricht: ein Gramm pro Kubikzentimeter. Die mittleren Dichten der Planeten liegen zwischen einem Wert von 0,7 Gramm pro Kubikzentimeter für den Saturn und einem Wert von 5,5 für die Erde, während die Sonne eine mittlere Dichte von 1,4 Gramm pro Kubikzentimeter aufweist. Es handelt sich dabei also anscheinend um eine sehr charakteristische und vertraute Größenordnung für die Dichte. Wenn wir jedoch die mittlere Dichte des heutigen Universums ausrechnen, indem wir die gesamte Masse der Sterne, Galaxien und Galaxienhaufen aufaddieren, erhalten wir einen unfaßbar niedrigen Wert für die Dichte, ungefähr ein Million Millionen Millionen Millionen Millionen mal niedriger als die Dichte von Wasser, nämlich 10^{-30} Gramm pro Kubikzentimeter. So kann der Gegensatz zwischen den Gebieten des Universums, in denen sich die Materie in Form von Sternen, Planeten oder auch Menschen zusammenballt, und dem nahezu perfekten Vakuum in dem dazwischenliegenden Raum kaum größer sein.

Das heutige Universum weist diese außerordentlichen Dichtegegensätze in kleinräumigen Strukturen auf. Aber wenn wir zu immer größeren Maßstäben übergehen, ändert sich dieses Bild allmählich. Wir stellen fest, daß die Sterne sich in riesigen, nicht genau abgegrenzten Systemen, den Galaxien, häufen, die typischerweise einen Durchmesser von hunderttausend Lichtjahren haben. Die Milchstraße, das dunstige Band aus Sternenlicht am Himmel, läßt die Ebene erkennen, in der die Sterne unserer eigenen Galaxie versammelt sind. Die Galaxien ihrerseits sind in Gruppen oder Haufen zusammengefaßt, die durchaus eine Größe von Zigmillionen Lichtjahren haben können. In diesen Dimensionen betrachtet sind die Dichtegegensätze zwischen den einzelnen Gebieten des Universums deutlich geringer; sie betragen höchstens ungefähr einen Faktor 10. In den letzten Jahrzehnten kamen wir zu dem Schluß, daß das Universum auf der äußersten Größenstufe, die unseren Messungen zugänglich ist, fast unglaublich homogen, das heißt, gleichmäßig und gleichförmig ist. Diese Gleichmäßigkeit und Gleichförmigkeit ist, wie wir sehen werden, eine Quelle großer Verwirrung für die Kosmologen: Sie flüchten sich in absonderliche Erklärungen darüber, wie dieser Zustand erreicht wurde.

1929, im Jahr des Schwarzen Freitags an der Wall Street und des Beginns der großen Weltwirtschaftskrise, entdeckte Edwin Hubble die ständige Expansion des Universums. Von der Psychologie her gesehen ist das eine beunruhigende Vorstellung, die auf eine Unbeständigkeit oder sogar Vergänglichkeit des Universums schließen läßt. Bedeutet diese Expansion, daß das Universum vor ungefähr 10 bis 15 Milliarden Jahren einen plötzlichen, explosiven Anfang in einem „Urknall" genommen hat, oder kann sie bereits seit jeher als „stationärer Zustand" bestehen? Mit der Entdeckung der Hintergrundstrahlung im Mikrowellenbereich von Arno Penzias und Robert Wilson im Jahr 1965 wurde klarer, wie das Universum in seiner Frühzeit ausgesehen haben könnte. Man deutete sie sofort als Reststrahlung der „Feuerballphase" im Urknallmodell des Universums, eine Erklärung, die durch weitere Untersuchungen bestätigt wurde. Wir haben damit eine Momentaufnahme des Universums in einem Alter von nur einigen hunderttausend Jahren nach seiner Geburt im Urknall. Die Hintergrundstrahlung stellte sich als außerordentlich gleichmäßig heraus; sie sieht mit einer besseren Genauigkeit als 0,01 Prozent in jeder Himmelsrichtung gleich aus, wenn man den Einfluß der Bewegung unserer Galaxie im Weltraum berücksichtigt.

Wie entwickelte sich nun das Universum aus einem solchen Zustand fast perfekter Gleichförmigkeit zu dem heutigen Zustand mit gewaltigen Dichtegegensätzen? Diese Frage nach der Entstehung von Strukturen im Universum stand im Zentrum der kosmologischen Diskussion des letzten Jahrzehnts. In den letzten Jahren gelangen uns zwei gewaltige Schritte vorwärts. Beide gelangen mit Teleskopen in Erdumlaufbahnen, die bei Wellenlängen arbeiteten, die dem menschlichen Auge nicht zugänglich sind. Der erste Schritt war die Kartierung der Verteilung von Galaxien im Universum in bislang noch nicht dagewesenen großen Maßstäben. Dazu verwendete man die Galaxien, die in einer Himmelsdurchmusterung durch den Satelliten für Infrarotastronomie *IRAS* (Infrared Astronomical Satellite) entdeckt worden waren. Der zweite Schritt war die Entdeckung der winzigen „Rippeln" in der Hintergrundstrahlung durch den Satelliten *COBE* (Cosmic Background Explorer), der die kosmische Hintergrundstrahlung erforschen sollte. Hier sollen diese Entdeckungen und ihre Zusammenhänge beschrieben werden, und wir wollen herausfinden, auf welche Art sie dazu beitragen können aufzuklären, wie sich Strukturen, und somit wir selbst, im Universum entwickelten. In dieser Geschichte verbinden sich die meisten grundlegenden Vorstellungen über die Struktur der Atomkerne, das heißt die Elementarteilchenphysik, mit dem Ursprung und der Entwicklung des gesamten Universums.

Das *IRAS*-Abenteuer

Der Hauptteil dieses Buchs beschäftigt sich mit der Geschichte eines Satelliten für Infrarotastronomie, der unter der Bezeichnung *IRAS* bekannt wurde, aus der Sicht eines Beteiligten – die sieben Jahre der Vorbereitung durch amerikanische, niederländische und britische Astronomen und Raumfahrtexperten bis zum Start von *IRAS* durch die NASA im Jahr 1983, die zehn hektischen Monate im Jahr 1983, in denen er als erster den Himmel im fernen Infrarot kartierte und die folgende Dekade, in der einige der größten erdgestützten Teleskope diese Kartierung weiterverfolgten.

Es ist eine persönliche und daher sehr bruchstückhafte und unvollständige Sicht dieser Geschichte. Vom Bau des Raumfahrzeugs und des revolutionierenden Teleskops sah ich nur wenig. Ich gehe daher recht flüchtig über die gewaltigen Probleme hinweg, denen man sich gegenübersah und die man mit den Hunderten von Männern und Frauen löste, die *IRAS* bauten: ein anderer wird eine bessere Version ihrer Geschichte schreiben müssen.

Ich war ziemlich eng mit der Analyse der *IRAS*-Daten und der Vorbereitung der Kataloge von hunderttausenden Infrarotquellen befaßt, die *IRAS* aufgenommen hatte, so daß ich mich in diesem Aspekt der Geschichte auf sicherem Grund bewege. Außerdem war ich mit meinem Forschungsteam am Queen Mary und Westfield College, London, und Mitarbeitern an anderen Universitäten in einige sehr aufregende Programme eingebunden, in denen die *IRAS*-Durchmusterung mit erdgestützten Teleskopen nachvollzogen wurde, was zu einigen dramatischen Entdeckungen führte. Einige dieser Entdeckungen führten zu Berichten in Zeitungen, im Radio und im

Fernsehen. Dieses Buch möchte die wahren Hintergründe solcher Artikel und Berichte in den Medien aufzeigen.

Bevor ich die Geschichte von *IRAS* und seinen Beitrag zu unserem Verständnis über das Wachstum der Strukturen im Universum erklären kann, muß ich ziemlich viel über Infrarotastronomie und Kosmologie erzählen, aber ich habe versucht, diesen Teil auf das Notwendigste zu beschränken – auf das, was man braucht, um den Hauptzügen der Geschichte folgen zu können. Das heißt, daß es auch nur ein bruchstückhafter und unvollständiger Abriß der Infrarotastronomie und Kosmologie ist. Einige Leute, die auf diesem Gebiet arbeiten, werden erwähnt, viele nicht: Vielleicht zehn Prozent der Leute, die erwähnt werden sollten, werden es tatsächlich.

Die Hintergrundstrahlung im Mikrowellenbereich

Die Geschichte von *IRAS* ist eng mit der Hintergrundstrahlung im Mikrowellenbereich verbunden, so daß ich auch ausführlich über die Entdeckung dieser Strahlung und ihre Deutung als Überrest aus den frühen Stadien des Universums nach einem Urknall berichte. Diese Geschichte war eine absonderliche Sammlung von Beinaheerfolgen und Mißverständnissen, bevor Arno Penzias und Robert Wilson endlich 1965 ihre Entdeckung machten, die die Kosmologie revolutionieren sollte.

Zunächst war die verblüffendste Eigenschaft der Hintergrundstrahlung ihre Isotropie, das heißt, sie sieht in jeder beliebigen Himmelsrichtung genau gleich aus. Einstein hatte 1917 ein einfaches Modell für ein isotropes Universum vorgeschlagen, aber noch 1965 hätten nur wenige geglaubt, als wie gut sich diese Näherung herausstellen würde. Jahr für Jahr erhöhte sich die Genauigkeit, mit der die Isotropie gemessen wurde. Erst waren es zehn Prozent, dann ein Prozent, schließlich 0,1 Prozent. Dann fand man im Jahr 1977, zwölf Jahre nach der Entdeckung der Hintergrundstrahlung, die erste Abweichung von der perfekten Isotropie. Abbildungen der Strahlung rund um den Himmel zeigten, daß sie in einer Richtung um einen Hauch, ungefähr um 0,1 Prozent, heller als im Mittel und in der entgegengesetzten Richtung um denselben Prozentsatz schwächer als im Mittel war. Dies läßt sich dadurch erklären, daß unsere Galaxie mit der unglaublichen Geschwindigkeit von 600 Kilometern pro Sekunde durch den Raum rast.

Viele Jahre lang blieb der Ursprung dieser Bewegung ein Rätsel. Erst 1990 erlaubten dreidimensionale Karten von der Verteilung der *IRAS*-Galaxien in einem großen Gebiet des Universums, die von meinen Kollegen und mir gemacht wurden, diese schnelle Bewegung durch den Raum mit dem Zug der Gravitationskraft von Galaxienhaufen zu erklären, die in einem Umkreis von 300 Millionen Lichtjahren um die Erde liegen. Unsere Karte der *IRAS*-Galaxien führte auch zu einer Messung der mittleren Dichte der Materie im Universum, die mindestens zehnmal höher liegt, als die der in den Galaxien sichtbaren Materie. Dies liefert konkrete Hinweise darauf, daß das Universum mit dunkler Materie erfüllt ist.

Die zweite dramatische, 1991 veröffentlichte Entdeckung von unserer *IRAS*-Durchmusterung der Galaxien bestand darin, daß das Universum im großen Maßstab „klumpiger" war, als man nach den neueren Vorstellungen über die Entstehung von Galaxien erwarten konnte. Diese großräumige Struktur, die wir feststellten, hat einen wesentlichen Einfluß darauf, wie Galaxien und Galaxienhaufen entstanden und auf die Natur der dunklen Materie im Universum.

Die „Rippeln"

Wir kommen nun zu der Geschichte von der Entdeckung der „Rippeln" in der Hintergrundstrahlung, die vom *COBE*-Satelliten der National Aeronautics and Space Administration (NASA) 1992 entdeckt wurden. Das Bild der Rippeln trifft ziemlich genau zu. Wenn wir auf die vom Wind gekräuselte Oberfläche eines Teiches oder Sees schauen, sehen wir die vom Wind verursachte Hauptbewegung. Aber wir sehen auch, daß sich in jede Richtung kleinere Unregelmäßigkeiten ausbreiten, die Rippeln, die von der Oberflächenspannung des Wassers verursacht werden. Wir erkennen eine Hierarchie von Störungen, von den größten Wellen bis hinunter zu den kleinsten Rippeln. Im Universum sehen wir gleichfalls eine Hierarchie von Störungen vom großen Maßstab bis hinunter zum kleinen Maßstab. Der Unterschied besteht jedoch darin, daß die Störungen mit der größten Auslenkung auf der Oberfläche eines Sees im Meterbereich liegen und daß die allerkleinsten Rippeln fast nicht wahrnehmbar sind. Im Universum sehen wir auf der Stufe der Sterne den größten Gegensatz in der Dichte. Wenn wir die Hierarchie durchlaufen und dabei den Maßstab von Galaxien über Galaxienhaufen bis hin zu den allergrößten Strukturen, die im Universum zu entdecken sind, vergrößern, nimmt der Gegensatz in der Dichte ab. In dem gigantischen Maßstab, der vom Satelliten *COBE* erforscht wurde, beträgt der Gegensatz in der Dichte gerade einen winzigen Bruchteil eines Prozents, wirklich nur ein „Rippel" auf der glatten Hintergrundstrahlung.

Die Ankündigung der Entdeckung der Rippeln durch *COBE* traf die meisten von uns wie ein Blitz aus heiterem Himmel, und die Astronomen gaben ihr Bestes, um die Geschichte den aufgeregten Journalisten zu erklären. Auch wenn ich nicht mit dieser Entdekkung zu tun hatte, war es eine aufregende Zeit. Obwohl einige Berichte übertrieben waren, entsprach das Ausmaß der Berichterstattung der Bedeutung der Entdeckung. Meiner Ansicht nach braucht die Wissenschaft mehr Geschichten und Berichterstattung dieser Art, nicht weniger. Wenn wir die Bedeutung der Wissenschaft in unserem Leben betrachten, reicht der Anteil, der den Wissenschaften in Zeitungen und anderen Medien gewidmet wird, von minimal bis pathetisch.

Es entbrannte auch ein sehr aufregender Wettstreit darum, mit einer Erklärung über die Bedeutung der „Rippeln" für die Kosmologie herauszukommen. Allmählich dämmerte mir, daß die *COBE*-Rippeln und die *IRAS*-Klumpen zwei Enden desselben Stabs sein könnten. Ihre Verknüpfung löste das Problem, wie sich Galaxien und andere Strukturen im Universum formten und was die Natur der dunklen Materie im Raum sein mußte. Verschiedene Gruppen von Astronomen kamen zu ähnlichen Schlüssen.

Ebenso wie dieses Buch die Geschichte einer besonderen wissenschaftlichen Entdeckung erzählt, zeichnet es ein Bild der Wissenschaft: was sie ist, wie sie arbeitet und wie man in einem Raumprogramm und mit den großen modernen Teleskopen arbeitet. Das erste und das letzte Kapitel beschäftigen sich im wesentlichen mit philosophischen Fragestellungen darüber, was Wissenschaft eigentlich ist. Ist das Universum im wesentlichen mathematisch? Kann der Sinn des Lebens aus der Wissenschaft hergeleitet werden? Indem ich Wissenschaftler bei der Arbeit an einem bestimmten Programm zeige, kann ich meiner Meinung nach klarer zeigen, was die Wissenschaft eigentlich ist, als jede philosophische Diskussion es könnte. Ich versuche auch, auf einige neuere Angriffe auf die Wissenschaft einzugehen.

Ich wollte dieses Buch bereits seit einigen Jahren schreiben, aber jedes Jahr scheint neue aufregende Wendungen der *IRAS*-Geschichte mit sich zu bringen. In den letzten Entwicklungen bestimmen wir die Natur der dunklen Materie im Weltraum, indem wir Vorstellungen über die frühesten Sekundenbruchteile nach dem Urknall testen und Galaxien im Moment ihrer Entstehung packen. Ich habe das Glück gehabt, einige dieser dramatischen Entdeckungen aus der Nähe erleben zu können. Das Abenteuer ist noch nicht zu Ende.

2

Der Zauber der Zahlen

Ist das Universum im wesentlichen mathematisch? Leonardo da Vinci schrieb in seinen Notizbüchern, daß kein Nicht-Mathematiker sein Werk lesen solle. Seit der Zeit der alten Griechen beruhte jeder Fortschritt im Verständnis der physikalischen Welt auf den Formulierungen der Mathematik. Aber besitzt das Universum in seinem Innersten tatsächlich eine mathematische Struktur oder ist die Mathematik nur die Methode, mit der wir Menschen versuchen, den Teil des Universums zu erfassen, den wir wahrnehmen können? Viele Wissenschaftler forschen einfach drauflos, ohne sich um philosophische Fragestellungen dieser Art zu kümmern. Für andere wiederum, darunter ich selbst, sind die philosophischen Grundlagen der Wissenschaft und die Beziehung der Wissenschaft zur übrigen menschlichen Kultur ein grundlegendes Problem.

Ich möchte versuchen, die Frage, ob das Universum in seinem Innersten mathematisch strukturiert ist, anhand einiger einfacher Beispiele aus der Vergangenheit anzugehen. Immer wenn man dachte, ein bestimmter Zweig der Mathematik sei grundlegend für die Natur des Universums, stellte sich dies als Illusion heraus. Die Mathematik liefert zwar nützliche Werkzeuge, aber nur durch Beobachtungen, Theorie und Experiment, das heißt, durch empirische

Wissenschaft, gewinnen wir ein angemessenes Bild von der Welt. Eine Theorie, wie zum Beispiel die Allgemeine Relativitätstheorie von Einstein, zeigt uns ein mathematisches Bild der Wirklichkeit, auf das wir uns wegen seiner zahlreichen experimentellen Bestätigungen verlassen.

Die Faszination der Zahlen

Viele Kinder sind anfangs von den Zahlen fasziniert, wenn sie zum ersten Mal auf den Zahlbegriff stoßen. Einige werden später in der Schule durch die Mathematik eingeschüchtert und betrachten sie für immer als ein Buch mit sieben Siegeln. Für viele Menschen ist eine tiefsitzende Angst vor der Mathematik das entscheidende Hindernis, sich näher mit Wissenschaft zu befassen. Ich hatte Glück, weil meine Mutter Mathematikerin war und mir schon als Kind die Welt der Zahlen nahebrachte.

Zahlen haben für jeden, der von ihnen fasziniert ist, ein eigenes Gesicht. Weil wir fünf Finger haben, haben die Zahlen von 1 bis 5 etwas ganz Besonderes an sich. Dies ist im römischen Zahlensystem enthalten, das mit I, II, III, IV, V anfängt und mit VI, VII und so weiter fortfährt. Es ähnelt vielen einfachen runischen Zahlensystemen, die ihre Symbole bei jedem Vielfachen von 5 ändern. Heute sind wir selbstverständlich an das Dezimalsystem gewöhnt, das aus dem Indischen und Arabischen stammt und offensichtlich auf den Fingern beider Hände basiert. Wir sagen, unser Zahlensystem hat die Basis 10. Aber die 10 ist eine vollkommen willkürliche Wahl. Computer arbeiten bevorzugt mit einem Zahlensystem zur Basis 2, dem Binärsystem.

Für menschliche Zahlenkundler bleibt die 10 eine besondere Zahl. Aber ebenso ist es die 12, denn in vielen Sprachen ändern sich die Zahlwörter nach der 12 zu drei-zehn, vier-zehn und so weiter. Warum ist die 12 so herausgehoben? Klarerweise, weil sie die kleinste Zahl mit den Faktoren 2, 3 und 4 ist. Daher ist sie in allen praktischen Angelegenheiten, in denen man durch 2, 3 oder 4 teilen muß, von Nutzen. So erscheint die 12 auch in unseren Zeiteinheiten (Ursprünglich waren sowohl Tag als auch Nacht in 12 Stunden unterteilt, deren Länge von der Jahreszeit abhing.) und erschien bis vor kurzem in den britischen Längenmaßen (12 inch entsprechend einem Fuß) und Geldeinheiten (12 alte Penny entsprechend einem Shilling) oder in der Bedeutung, die das Dutzend traditionell im Handel hat. Die kleinste Zahl mit den Faktoren 2, 3, 4 und 5, den fünf Zahlen einer Hand, ist die 60, die damit eine weitere ausgezeichnete Zahl ist. Die Babylonier wählten die 60 als Basis ihres Zahlensystemes. Wir sehen dies noch heute in unseren Zeiteinheiten (60 Sekunden pro Minute, 60 Minuten pro Stunde) und im Winkelmaß (60 Bogensekunden pro Bogenminute, 60 Bogenminuten pro Grad). Diese besonderen Zahlen 1–5, 10, 12, 60 sind mit unserem Körper verbunden und sind Bestandteile unserer Kultur.

Verstreut unter den Zahlen gibt es noch diese merkwürdigen Zahlen, die Primzahlen, die nur durch 1 und sich selbst teilbar sind. Die Zahlen 7, 11, 13, 17 und so weiter fühlen sich unter ihren Nachbarn fremd. Man kann nichts mit ihnen machen. Der griechische Mathematiker Euklid zeigte, daß es keine größte Primzahl gibt, ihre Reihe nimmt kein Ende. Lange Zeit bestand eine gewisse Faszination darin, immer größere Primzahlen zu finden, und Spekulationen darüber anzustellen, ob manche Formeln nur Primzahlen ergeben, wie zum Beispiel die Formel $2^{2^n} + 1$ des französischen Mathematikers Pierre de Fermat aus dem 17. Jahrhundert. Aber der Reiz dieser Spekulationen verschwand mit dem Aufkommen der Computer, die diese Formeln einfach unbarmherzig zerpflücken. Um die Sache zu verschlimmern, haben große Primzahlen mittlerweile in der Kryptographie eine militärische Anwendung. Denn weil es sehr viel schwieriger ist, eine große Zahl (zum Beispiel mit 200 Stellen) in ihre Primfaktoren zu zerlegen als zu beweisen, daß es eine Primzahl ist, nimmt man sehr große Zahlen, die das Produkt zweier großer Primzahlen sind. Dieses Produkt kann man veröffentlichen, und niemand findet die Faktoren heraus. Daher kann man es zur Kodierung von Nachrichten verwenden. Diese können dann nur von jemandem entschlüsselt werden, der die Faktoren kennt.

Die größten bekannten Primzahlen wurden mit Hilfe der sogenannten Mersenne-Zahlen gefunden. Diese sind von der Gestalt 2^p-1, wobei p eine Primzahl ist. Für $p = 2, 3, 5, 7$ ergibt die Mersenne-Formel 3, 7, 31, 127, die tatsächlich Primzahlen sind. Jedoch gibt es insgesamt nur 27 Primzahlen unter allen Mersenne-Zahlen mit p kleiner als 60 000. Die größte ist $2^{44\,497}-1$ und wurde von Harry Nelson und David Slowinski auf einem Cray-Computer am Lawrence Livermore Laboratory gefunden. Die größte bekannte Primzahl, die 1992 gefunden wurde, ist auch eine Mersenne-Zahl, nämlich $2^{756\,839}-1$.

Die pythagoräische Zahlen-Kosmologie

Eine der frühesten mathematischen Kosmologien stammt von Pythagoras und beruht auf den natürlichen Zahlen. Pythagoras, der im sechsten Jahrhundert vor Christus lebte, entdeckte, daß Töne, die harmonisch zusammenklingen, eine einfache arithmetische Beziehung zueinander tragen. So kann man zwei Töne mit einem Abstand von einer Oktave, die offensichtlich auf ganz besondere Weise zusammenklingen, mit Hilfe eines Saiteninstruments erzeugen, bei dem die eine Saite genau doppelt so lang ist wie die andere. Wenn die Saitenlängen das Verhältnis 3 zu 2 haben, erklingt als Akkord eine Quinte, und so geht es auch für andere Brüche aus kleinen ganzen Zahlen weiter. Diese faszinierenden Entdeckungen führten Pythagoras zu der Vermutung, daß das gesamte Universum solch eine arithmetische Harmonie aufweisen könnte, und viele Jahrhunderte lang bemühten sich die Wissenschaftler, diese „Sphärenmusik“ zu entdecken. Pythagoras gründete eine einflußreiche Schule, deren Leitung nach seinem Tod auf seine Frau Theano und seine Töchter überging. Ein Prinzip seiner Akademie war, daß das Wissen des „Magus“ jeweils unter strenger Geheimhaltung an den Nachfolger übergeben wurde. Ein Grund für diese Geheimhaltung wird im folgenden rasch klar werden. Das Konzept des Magus, der über geheimes Wissen aus der Vergangenheit verfügt und den Schlüssel zu den magischen Zahlen des Universums kennt, war ein machtvolles Bild der Kultur der Renaissance.

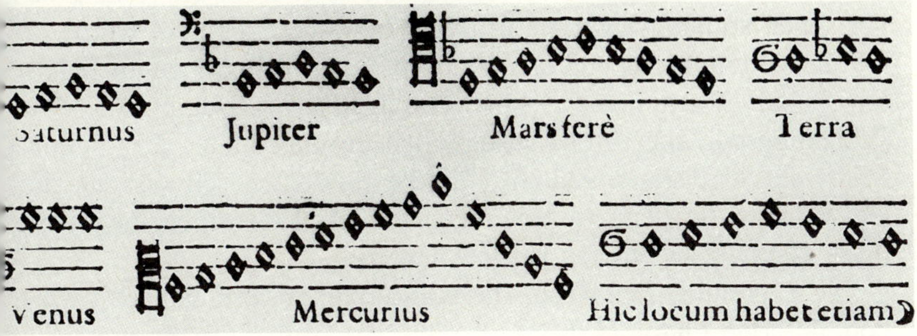

2.1 In seinem Werk *Harmonia Mundi* (1619) ordnete Johannes Kepler den Planeten eigene Harmonien zu, die er aus den Beziehungen der Bahngrößen und Umlaufzeiten glaubte ableiten zu können.

Zu den faszinierenden wissenschaftshistorischen Entdeckungen der letzten Jahre gehört, daß Isaac Newton (1642–1727), oft Vater des Vernunftzeitalters genannt, sich selbst in erstaunlichem Grade als Letzten der Magi ansah. Es ist kein Zufall, daß die Zahl der Farben, in die Newton den Regenbogen oder das sichtbare Spektrum zerlegte, gerade die mystische 7 war. Für Newton war die Aufteilung des weißen Lichts in 7 Bestandteile eine rein pythagoräische Einsicht. Aufgrund seiner alchimistischen und astrologischen Studien kam er zu der Vorstellung, daß die Gravitationskraft durch den Raum wirkt, was Leibniz als „nicht wahrnehmbare okkulte Eigenschaft" abtat.

2000 Jahre Euklidische Geometrie

Von den einfachen ganzen Zahlen aus können wir in viele verschiedene Richtungen weitergehen. Besonders natürlich und nützlich ist hier der mathematische Weg der Geometrie. Die erste klassische

Abhandlung zur Geometrie wurde um 300 vor Christus von Euklid vorgelegt, der die Elemente der Geometrie zusammenfaßte, die die Griechen im Laufe mehrerer Jahrhunderte entwickelt hatten, und die die Mathematik, Physik und Astronomie über 2000 Jahre lang beherrschen sollten. Noch bis in unser Jahrhundert hinein wurde an Gymnasien immer noch Latein und Euklid als Pflichtfach unterrichtet. Daher erhielten die Schüler, wenigstens zu Beginn, dieselbe Erziehung wie alle europäischen Völker in den letzten 500 Jahren. Vielleicht wird es in Zukunft für die Studenten schwieriger, die Geisteswelt von Denkern der Vergangenheit zu verstehen, die sich in diese klassischen Studien vertieft hatten.

Die Sätze über den Kreis, die von Euklid zusammengefaßt wurden, lieferten Platon (428–347 v. Chr.) die Grundlage für eine neue mathematische Kosmologie, die auf dem Kreis und der Kugel basiert. In guter Näherung ist die Erdgestalt eine Kugel, der Mond und die Sonne sehen kreisförmig aus, und ihre Bahnen um die Erde sind kreisförmig. Für Platon folgte aus der göttlichen Natur des Himmels, daß das Universum eine Kugel sein mußte und die Planeten sich auf vollkommenen Kreisen bewegten. So erklärte Platons Kosmologie, die von seinem Schüler Aristoteles (384–322 v. Chr.) zu einem detaillierten Schema ausgebaut wurde, einige der bekanntesten Phänomene des Universums. Mit einer bemerkenswerten Weiterentwicklung dieser Ideen konnte Ptolemäus im zweiten Jahrhundert vor Christus die Bewegungen der Sonne, des Mondes und der fünf damals bekannten Planeten als komplizierte Überlagerung von Kreisbewegungen erklären. Dieses Modell wurde über 1600 Jahre lang angewendet. Es ist wenig wahrscheinlich, daß irgendein Weltbild jemals wieder genauso lange Bestand haben wird.

Nikolaus Kopernikus (1473–1543), den wir als Begründer der modernen Astronomie ansehen, war noch in dieser platonischen Vision verwurzelt. Ironischerweise machte er seine Entdeckung, daß die Planeten um die Sonne und nicht um die Erde kreisen, anscheinend bei dem Bemühen, das ptolemäische Modell so zu verändern, daß es der platonischen Vision noch vollkommener entsprach. Ptolemäus war gezwungen gewesen, kreisförmige Bewegungen um einen Punkt – einen sogenannten Äquanten – anzunehmen, der nicht in der Mitte des Kreises liegt. Kopernikus kam aufgrund der Forderung, daß alle Planetenbewegungen durch sogenannte Epizykeln beschrieben werden – das sind reguläre Bewegungen auf einem Kreis um einen Mittelpunkt, der sich seinerseits auf einem Kreis bewegt – zu dem Ergebnis, daß in den Bewegungen aller Planeten, von der Erde aus gesehen, derselbe Epizykel auftrat, wobei dieser Epizykel der Bewegung der Sonne entgegengesetzt war. Das bedeutete, daß sich das Modell gewaltig vereinfachen ließ, indem die Sonne in den Mittelpunkt des Sonnensystems versetzt wurde. Kopernikus benötigte in seinem Modell allerdings immer noch 34 Kreisbewegungen, um die Bewegungen der Planeten am Himmel zu erklären. Somit war sein System nicht viel einfacher und kaum weniger mühselig als das des Ptolemäus.

Erst Johannes Kepler (1571–1630), zutiefst vertraut mit der Geometrie der regulären Körper und der Kegelschnitte, fiel auf, daß der ganze Apparat der Epizykeln durch eine einfache Bahnbewegung auf einer Ellipse ersetzt werden konnte. Aber auch Kepler folgte dem pythagoräischen Ideal einer harmonischen Mathematik des Universums und versuchte, die Planetenbahnen in eine verschachtelte Folge von regulären Körpern einzubetten. Bei Pythagoras, Platon und Kepler sehen wir außerordentlich erfolgreiche Beispiele dafür, wie mit Hilfe der Mathematik (Harmonie, Kreisbewegung und Geometrie der Ellipse) ein wichtiger Ausschnitt des Universums beschrieben werden kann – allerdings in Verbindung mit einem völlig in die Irre führenden Versuch, diese Mathematik auch allem anderen überzustülpen.

Der Philosoph Immanuel Kant (1724–1804) ließ sich durch die offensichtlich grundlegende Natur der euklidischen Geometrie zu dem Irrtum verleiten, daß die Eigenschaften des euklidischen Raums *a priori* gegeben seien und als strukturelle Gegebenheiten des Universums angenommen werden können. Aber im Lichte der Einsteinschen Allgemeinen Relativitätstheorie sehen wir heute, daß dies ein großes Mißverständnis ist. Die ersten Risse in der Umklammerung der menschlichen Vorstellungskraft durch die euklidische

Geometrie traten 1826 auf, als der russische Mathematiker Nikolai Lobatschewski die nichteuklidische Geometrie erfand, in der sich parallele Geraden schneiden können und die Winkel eines regulären Dreiecks sich nicht zu 180 Grad addieren.

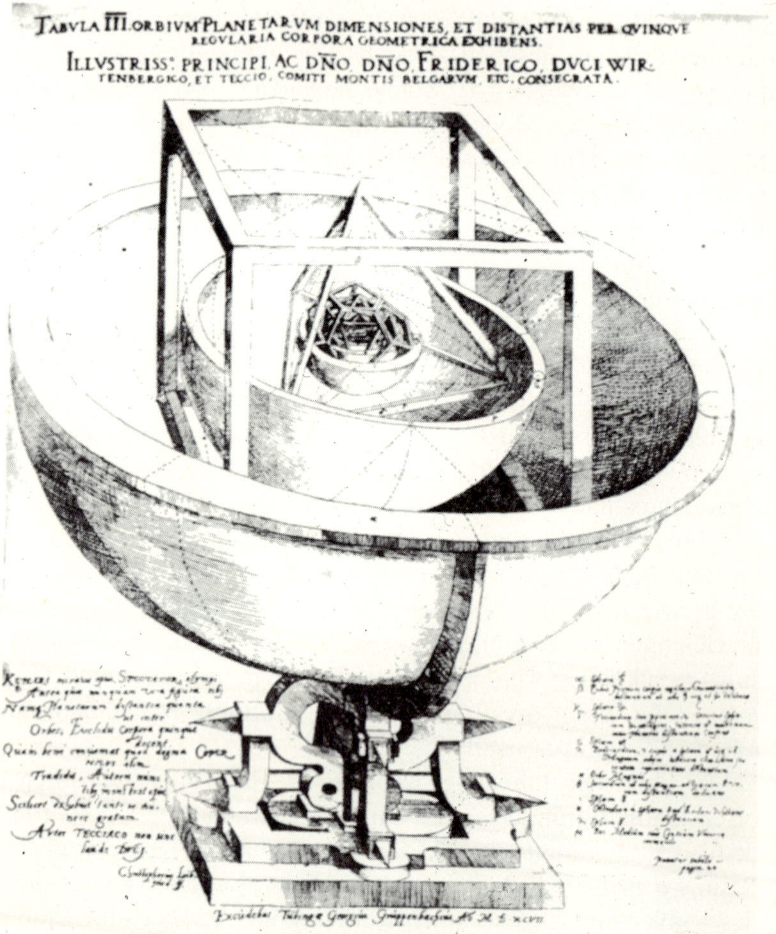

2.2 Keplers Erklärung für den Aufbau des Sonnensystems stützt sich auf die fünf regulären Platonischen Körper, die sich zwischen die Planetensphären einbetten lassen. (*Harmonia Mundi*, 1619).

Pythagoras entdeckt den verhängnisvollen Fehler in seiner Kosmologie

Eines der wichtigsten Ergebnisse in Euklids *Elementen* ist der Satz des Pythagoras: In einem rechtwinkligen Dreieck ist das Quadrat über der Hypotenuse gleich der Summe der Quadrate über den beiden anderen Seiten. Wenn also die beiden „kurzen“ Seiten die Länge 1 haben (in irgendwelchen Einheiten), dann ist die Länge der Hypotenuse gerade die Quadratwurzel aus 2 (siehe Abbildung 2.4). Pythagoras war zutiefst bestürzt, als er merkte, daß $\sqrt{2}$ nicht als Bruch zweier ganzer Zahlen n/m geschrieben werden konnte. Er hatte schließlich seine gesamte Kosmologie auf den ganzen Zahlen aufgebaut. Pythagoras und seine Nachfolger versuchten, dieses Ergebnis zu unterdrücken, aber, wie man sagt, die Wahrheit drängt an's Licht. $\sqrt{2}$ ist eine *irrationale* Zahl. Sie heißt nicht so, weil sie nichts mit Vernunft zu tun hätte, sondern weil Zahlen wie n/m, wobei n und m ganze Zahlen sind, *rationale* Zahlen genannt werden. (lat.: *ratio* = Verhältnis). Eine Zahl heißt irrational, wenn sie nicht als Verhältnis von zwei ganzen Zahlen geschrieben werden kann. Das wiederum bedeutet, daß ihre Dezimalentwicklung unendlich weitergeht, ohne sich zu wiederholen. Eine andere sehr wichtige irrationale Zahl ist die Kreiszahl π, das Verhältnis des Umfangs eines Kreises zum Durchmesser. Näherungen dieser Zahl waren bereits um das Jahr 2000 vor Christus weithin gebräuchlich. Pythagoras' Reaktion auf seine Entdeckung ist typisch für Mathematiker, die denken, daß das Universum mathematischen Gesetzen folgt. Nachdem er einmal seine Kosmologie auf ein bestimmtes Gebiet der Mathematik, die ganzen Zahlen, gegründet hatte, war er nicht mehr bereit, sie durch kleine Unstimmigkeiten mit der realen Welt zerstören zu lassen.

Ein anderes Gebiet der Mathematik, das sich über die Zahlentheorie erschließen läßt, ist die Algebra. Wenn x, y, z die Längen der drei Seiten eines rechtwinkligen Dreiecks sind, dann kann der Satz des Pythagoras in algebraischer Form

$$x^2 + y^2 = z^2$$

geschrieben werden.

Dies ist die Grundlage einer ganz anderen Darstellungsweise der Geometrie, die im 17. Jahrhundert von dem französischen Mathematiker und Philosophen René Descartes erfunden wurde. Alle Ergebnisse von Euklid können auf rein algebraischem Weg bewiesen werden. Darüber hinaus kann diese algebraische Geometrie auf mehr als drei Raumdimensionen oder auch auf gekrümmte Räume

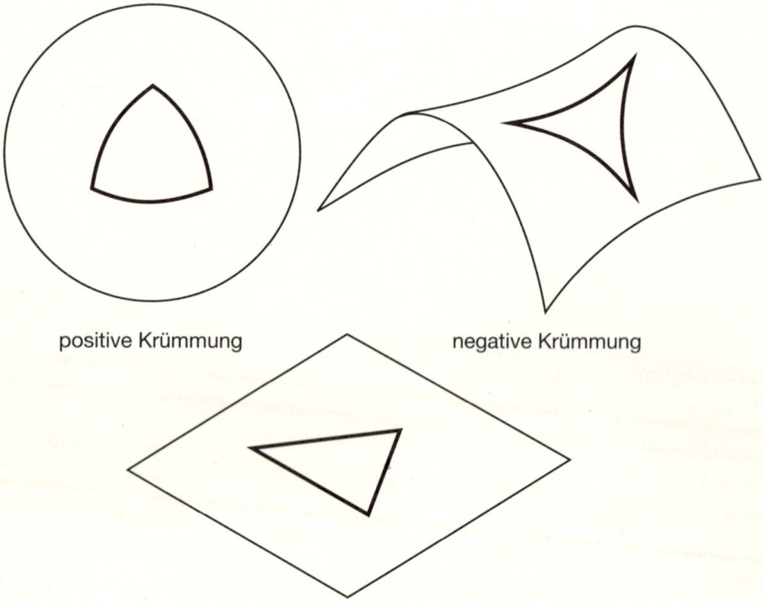

2.3 Euklidische und nichteuklidische Geometrie: Ein Dreieck in der euklidischen Ebene hat eine Winkelsumme von 180 Grad (unten). Auf einer Fläche mit positiver Krümmung (oben links) ist die Winkelsumme größer, bei negativer Krümmung kleiner (oben rechts).

ausgedehnt werden. Dieser Schritt wurde schließlich 1854 von dem deutschen Mathematiker Bernhard Riemann vollzogen. Die Riemannsche Geometrie für den gekrümmten, vierdimensionalen Raum war genau das, was Einstein bei seinen Versuchen benötigte, eine relativistische Theorie der Gravitation zu entwickeln; sie bildet die Grundlage der Allgemeinen Relativitätstheorie von 1916.

Ein Ausflug zu Fermats letztem Satz

Ein Gebiet der Zahlentheorie, das ich immer überaus faszinierend gefunden habe, ist ein Satz, der nach drei Jahrhunderten voller Anstrengungen erst vor kurzem, im Juli 1993, bewiesen werden

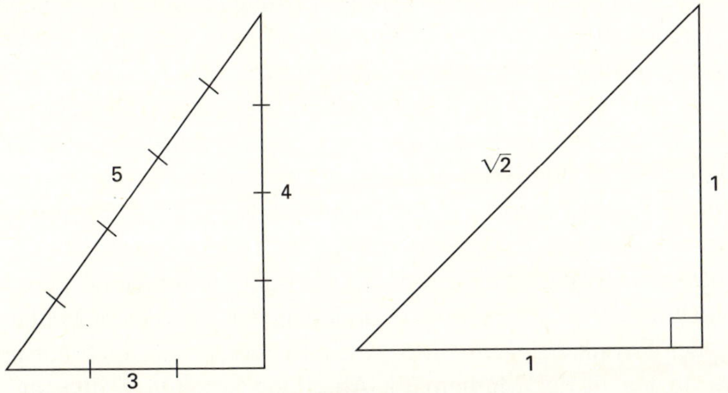

2.4 Das 3–4–5-Dreieck ($3^2 + 4^2 = 5^2$) und das 1–1–$\sqrt{2}$-Dreieck ($1^2 + 1^2 = 2$).

konnte. Eine seit altersher bekannte Lösung der obigen Pythagoräischen Gleichung ist $x = 3$, $y = 4$, $z = 5$. Außerdem gibt es unendlich viele andere Lösungen dieser Gleichung mit ganzen Zahlen. Im 17. Jahrhundert gab der französische Mathematiker Pierre de Fermat kurz vor seinem Tod eine äußerst interessante Vermutung an, die unter dem Namen *Fermats letzter Satz* bekannt wurde:

Die Gleichung $x^n + y^n = z^n$ besitzt keine Lösung in den ganzen Zahlen, wenn $n > 2$ ist.

Dieser Satz wurde auf dem Rand eines Buchs aus Fermats Besitz gefunden, zusammen mit dem Kommentar: „Ich habe einen wirklich wunderbaren Beweis [dieses Satzes] gefunden; nur ist leider der Rand zu schmal, um ihn niederzuschreiben." Fermat hinterließ einen Beweis für den Fall $n = 4$, die Fälle $n = 3$, 5 und 7 wurden von den berühmten Mathematikern Leonhard Euler, Adrien-Marie Legendre und Augustin-Louis Cauchy bewiesen. Im Jahre 1847 fand Ernst Kummer eine Bedingung für die Zahl n, die sicherstellte, daß der Fermatsche Satz für die n, die diese erfüllten, richtig war. Aus Kummers Bedingung folgt, daß der Fermatsche Satz für alle n bis 100, mit Ausnahme von $n = 37$, 59 und 67, richtig ist. 1983 zeigte der deutsche Mathematiker Gerd Faltings, daß es für jede Zahl n höchstens endlich viele ganzzahlige Lösungen gibt. Verglichen mit der unendlichen Anzahl von möglichen Lösungen schien dies einem Beweis verführerisch nahe zu sein. Inzwischen hat der englische Zahlentheoretiker Andrew Wiles einen allgemeinen Beweis vorgelegt – zu lang und zu kompliziert, ihn hier ausführlich darzustellen.

Ich geriet in den Bann des Fermatschen Satzes und anderer Probleme der Zahlentheorie, als ich, noch vor Beginn des Studiums, am National Physical Laboratory (NPL) in Teddington arbeitete. Ich wählte das NPL für diesen Job, um vor dem Studium eine Entscheidungshilfe dafür zu bekommen, ob ich an der Universität Mathematik oder Physik belegen sollte. Am NPL mußte ich mich entscheiden, ob ich in der Mathematik-Abteilung arbeiten wollte, an der Alan Turing nach dem Zweiten Weltkrieg seinen bahnbrechenden ACE-Computer gebaut hatte, oder ob ich mich der Optik-Abteilung anschließen wollte. Um zu sehen, was Physik eigentlich war, zog ich das Licht der Mathematik vor, eine Wahl, die mich vielleicht auf den Weg zur Astronomie brachte. Ich arbeitete an den „Britischen Internationalen Standards der Lichtstärke" (International Standards of Luminosity). Dies wiederum paßte außerordentlich gut zu meinem späteren Interesse an der kosmischen Entfernungsskala, was den

Versuch einschließt, Standards für Leuchtkraft auf einer außergalaktischen Skala zu finden. Die Internationalen Lichtstärkestandards waren ursprünglich Kerzen, die auf eine genau festgelegte Weise hergestellt wurden – darunter gab es auch die Standardkerze. Die Kosmologen übernahmen den Begriff „Standardkerze“ für eine Klasse von astronomischen Objekten, von denen sie annehmen, daß sie immer dieselbe Leuchtkraft haben und daher zur Entfernungsschätzung verwendet werden können. Heutzutage sind die im Labor üblichen Standardkerzen im wesentlichen riesige Leuchtbirnen, deren Eichung jedesmal Hunderte von Stunden erfordert. Ich muß gestehen, daß ich einmal eine fallen ließ, und sie zersprang in tausend Stücke – ich wurde dann rasch in eine andere Abteilung versetzt, in der ich mit einem riesigen Spektrometer an der Eichung von Detektoren arbeitete. Interessanterweise sollte ich einen neuen Siliziumdetektor testen, einen Prototypen, den das NPL im Auftrag eines Fabrikanten bewerten sollte. Dieser Detektor war insofern ungewöhnlich, als er ziemlich empfindlich auf infrarote Strahlung reagierte, aber er hatte die unangenehme Eigenschaft, bei jeder neuen Messung seine Empfindlichkeit zu ändern; und schließlich mußte ich seine Eichung aufgeben. Jahre später fiel mir während der *IRAS*-Mission auf, daß ich bei diesem Typen eines Infrarotdetektors über das Phänomen der „Hysterese“ gestolpert sein mußte, bei der sich die elektrische „Antwort“ des Detektors ändert, sobald Strahlung auf ihn trifft; ein hartnäckiges Problem bei der *IRAS*-Mission.

In meiner freien Zeit beschäftigte ich mich mit Fermats Letztem Satz, und für kurze 24 Stunden wiegte ich mich in dem Hochgefühl, ihn bewiesen zu haben. Aber dann fand ich leider einen unseligen Fehler. Der Beweis hatte jedoch mein Interesse für die Theorie der Zerlegungen geweckt. Die Zerlegung einer Zahl n, genannt $P(n)$, ist die Anzahl der Möglichkeiten, n als Summe kleinerer Zahlen zu schreiben. Zum Beispiel ist $6 = 5 + 1 = 4 + 2 = 4 + 1 + 1 = 3 + 3 = 3 + 2 + 1 = 3 + 1 + 1 + 1 = 2 + 2 + 2 = 2 + 2 + 1 + 1 = 2 + 1 + 1 + 1 + 1 = 1 + 1 + 1 + 1 + 1 + 1$. Es gibt also 11 Möglichkeiten, 6 als Summe kleinerer Zahlen zu schreiben: $P(6) = 11$. Hier hatte ich mehr Erfolg, und ich entdeckte eine Methode, den Wert von $P(n)$

mit Hilfe eines Dreiecks aufzubauen (Mathematikstudenten kennen ein ähnliches Dreieck, das Pascalsche Dreieck). Dieses Ergebnis veröffentlichte ich später in einer Zeitschrift für Studenten. Dies war mein einziger, sehr kleiner Beitrag zur reinen Mathematik. Fermats Letzter Satz ist, wie erwähnt, inzwischen bewiesen. Im nachhinein gesehen scheint es nach den jahrhundertelangen Anstrengungen und der Schwierigkeit des jetzt gefundenen Beweises von Fermats Letztem Satz überaus fraglich, ob Fermat tatsächlich bereits einen Beweis gefunden hatte.

1	1	1	1	1	1	*1*	1	1	1	1	1	1	1
	1	1	1	1	1	*1*	1	1	1	1	1	1	1
		1	2	2	2	*2*	2	2	2	2	2	2	2
			1	2	3	*3*	3	3	3	3	3	3	3
				1	3	*4*	5	5	5	5	5	5	5
					1	*3*	5	6	7	7	7	7	7
						1	4	7	9	10	11	11	11
						0(+*1*)	1(+*3*)	4(+*4*)	8(+*3*)	11(+*2*)	13(+*1*)	14(+*1*)	15
								1	5	10	15	18	20
									1	5	12	18	23
										1	6	14	23
											1	6	16
												1	7
													1
1	2	3	5	7	11	15	22	30	42	56	77	101	135

2.5 Das Zahlendreieck für Zerlegungen: Die Differenzen innerhalb einer Zeile entsprechen den Zahlen in der Spalte, die vor Beginn der Zeile oberhalb der Diagonale steht. Die Zerlegung von *n*, *P*(*n*), ist dann die Summe der Zahlen in der *n*-ten Spalte.

Beherrscht die Mathematik das Universum?

So faszinierend die Zahlentheorie auch ist, sie läßt sich bei der Erforschung des Universums nur begrenzt anwenden. Als Mitglied einer mathematischen Fakultät höre ich natürlich viele Lobeshymnen über die reine Mathematik an sich. Meiner Ansicht nach ist die

Mathematik zwar ein kultureller Wert an sich und besitzt eine hohe Faszination für Leute mit einer bestimmten Denkweise (mich selbst eingeschlossen), aber ihre entscheidende Bedeutung hat sie als wissenschaftliches Werkzeug, insbesondere für die Physik. Nach meiner Überzeugung ist also die Mathematik zu einem großen Teil eher ein Werkzeug der theoretischen Physik, als daß sie in sich selber ruht. Ich denke auch, daß alle Behauptungen, das Universum sei im wesentlichen mathematisch, auf Selbsttäuschungen beruhen.

Als Beleg seien nochmals Pythagoras und die Entdeckung der irrationalen Zahlen angeführt. Eigentlich ist Pythgoras nach seiner Entdeckung mit dem Versuch, sein Ergebnis zu unterdrücken, zu weit gegangen. In der realen Welt spielt es eben keine Rolle, ob Zahlen rational sind oder nicht. Wenn wir die Seiten eines realen rechtwinkligen Dreiecks mit einem Lineal messen, erhalten wir für jede der beiden Seiten, die miteinander den rechten Winkel bilden, möglicherweise die Antwort 1,000 Meter und für die Hypotenuse 1,414 Meter. Wenn wir die Genauigkeit der Messungen steigern, kommen wir einem Beweis der Aussage, daß die Länge der Hypotenuse $\sqrt{2}$ beträgt, nicht näher. Stattdessen stoßen wir bei wachsender Genauigkeit auf ein sehr interessantes Phänomen. In der realen Welt gilt der Satz des Pythagoras genaugenommen nämlich *nicht*, weil die Gravitation der Erde das Raum-Zeit-Kontinuum leicht krümmt. Bei hinreichend genauen Messungen würden wir feststellen, daß wir Einsteins Allgemeine Relativitätstheorie heranziehen müssen, um die „richtigen" Werte zu erhalten. Schließlich erreichen wir vielleicht sogar einen Genauigkeitsgrad, bei dem nicht einmal mehr die Allgemeine Relativitätstheorie das korrekte Ergebnis liefert. Bislang haben wir in der modernen Physik diese Genauigkeit noch nicht erreicht. Aber die Allgemeine Relativitätstheorie ist, wie früher die Euklidische Geometrie, nur ein spezielles mathematisches Abbild der Realität. Solange es funktioniert, ist es nützlich und schön. Aber es gibt immer viele mögliche mathematische Bilder und viele mögliche geometrische Systeme. Nur jeweils eines davon wird auf die tatsächliche Welt zutreffen, und welches es ist, können wir nur durch Beobachtungen und Experimente entscheiden.

Der große österreichische Philosoph Ludwig Wittgenstein, der einen großen Teil seines Lebens in England verbrachte, drückte diesen Standpunkt äußerst zwingend in seinem *Tractatus* aus, den er in den Schützengräben und Baracken des Ersten Weltkriegs (1914–1918) schrieb:

> Die Sätze der Logik sind Tautologien.
> Die Sätze der Logik sagen also Nichts.
>
> Die Mathematik ist eine logische Methode.
> Der Satz der Mathematik drückt keinen Gedanken aus.
> Im Leben ist es ja nie der mathematische Satz, den wir brauchen, sondern wir benützen den mathematischen Satz *nur*, um aus Sätzen, welche nicht der Mathematik angehören, auf andere zu schließen, welche gleichfalls nicht der Mathematik angehören.
>
> Daß die Sonne morgen aufgehen wird, ist eine Hypothese; und das heißt: wir *wissen* nicht, ob sie aufgehen wird.
>
> Der gesamten modernen Weltanschauung liegt die Täuschung zugrunde, daß die sogenannten Naturgesetze die Erklärungen der Naturerscheinungen seien.

Diese weitsichtige Wittgensteinsche Aussage zum Wesen der Mathematik machte auf mich einen ganz außerordentlichen Eindruck, als ich sie als Student das erstemal las. Vor kurzem entdeckte ich sie wieder – und auch Ray Monks wunderbare Biographie *Ludwig Wittgenstein, das Handwerk des Genies* – und halte Wittgenstein immer noch für einen der fruchtbarsten Denker unseres Jahrhunderts.

Kommen wir zu unserem speziellen Beispiel des rechtwinkligen Dreiecks zurück. Es gibt keine Messung und kein Experiment, das als Ergebnis eine irrationale Zahl haben kann. Solche Zahlen treten in idealisierten mathematischen Vorstellungen wie der Euklidischen Mathematik auf und sind äußerst nützlich, aber aus diesen mathematischen Gesetzen folgt noch nicht, daß das Universum mathematisch aufgebaut ist. Die Mathematik stellt uns nützliche Werkzeuge zur Verfügung, aber sie ist keine empirische Wissenschaft. Nur durch empirische Wissenschaft, das heißt durch Beobachtungen, Theorie und Experiment, erhalten wir ein Bild der Welt, nicht durch die Mathematik allein.

Bertrand Russell beschreibt in seiner *Autobiographie*, wie er sich der Mathematik in der Hoffnung zuwandte, dort eine Gewißheit zu finden, die es im Leben und in der Welt nicht gab. Gemeinsam mit Alfred Whitehead unternahm er zu Beginn dieses Jahrhunderts den Versuch, eine logische Basis für die Arithmetik zu begründen. Zur gleichen Zeit veröffentlichte David Hilbert sein Programm für eine in sich selbst widerspruchsfreie Grundlegung der Mathematik. Diese kühnen Hoffnungen wurden durch Kurt Gödels und Alan Turings Arbeiten zur Logik während der dreißiger Jahre dieses Jahrhunderts letztlich zunichte gemacht. Ein ausgezeichneter Abriß dieser zuletztgenannten Arbeiten läßt sich in Roger Penroses Buch *Computerdenken* nachlesen. Gödel zeigte im Jahr 1931, daß die Widerspruchsfreiheit der Arithmetik nicht innerhalb der Arithmetik selbst bewiesen werden kann. Das System ist unvollständig und enthält Aussagen, deren Wahrheit nicht entscheidbar ist, sofern man nicht auf einer höheren logischen Ebene Axiome hinzunimmt. Im Jahr 1937 bewies Turing ein äquivalentes Ergebnis, indem er zeigte, daß es für ideale Rechenmaschinen nicht berechenbare mathematische Ausdrücke gibt. Diese Beweise dafür, daß die Fundamente der Mathematik auf Sand gebaut sind, schreckte Autoren wie Roger Penrose und John Barrow, die über die Philosophie der Mathematik schrieben, nicht davon ab, eine platonistische Sicht zu entwerfen, wonach:

> mathematische Wahrheit absolut, extern und ewig ist und nicht auf von Menschen gesetzten Kriterien beruht; und demnach besitzen die mathematischen Objekte eine eigene, zeitlose Existenz, die weder von der menschlichen Gesellschaft noch von physikalischen Objekten abhängt.
>
> (Penrose: *Computerdenken*)

Ich bleibe skeptisch. Die Mathematik ist eine brillante Schöpfung der Mathematiker und, wie alle menschlichen Schöpfungen, nicht frei von Irrtümern und Grenzen. Die Beziehung zwischen Mathematik und Universum zu klären, erfordert eine andere Art von Erkenntnis, nämlich Einsicht in die Physik und Kosmologie. Dieser Erkenntnisprozeß scheint ein ständiges Zusammenstückeln von Einsichten zu sein, was die meisten, die heute über Physik und Kosmologie schreiben, gerne herunterspielen.

Was macht eine gute neue wissenschaftliche Theorie aus? Offensichtlich muß sie mit den gut bestätigten Teilen einer früheren Theorie verträglich sein, aber zusätzlich bislang unverstandene Phänomene erklären und möglichst Voraussagen über neue Phänomene machen. Dieses Kriterium der experimentellen Überprüfbarkeit, das Karl Popper in seiner Schrift *Logik der Forschung* nachdrücklich einforderte, ist von vitaler Bedeutung für eine gute wissenschaftliche Theorie.

Einsteins Allgemeine Relativitätstheorie von 1916 liefert ein instruktives Beispiel. 1905 hatte Einstein seine Spezielle Relativitätstheorie eingeführt, um die Dynamik bewegter Körper mit der Tatsache in Einklang zu bringen, daß die Lichtgeschwindigkeit nicht von der Relativgeschwindigkeit zwischen Quelle und Beobachter abhängt – eine Tatsache, die bereits 1887 durch das Michelson-Morley-Experiment entdeckt worden war. Dieser Umstand erforderte Veränderungen der Newtonschen Bewegungsgesetze, wenn sich die Geschwindigkeit eines Körpers der Lichtgeschwindigkeit nähert. In der Allgemeinen Relativitätstheorie ging Einstein noch einen Schritt weiter und bezog zusätzlich die Gravitation mit ein. Nach dieser Theorie krümmt Materie das Raum-Zeit-Kontinuum in ihrer Umgebung, und damit auch den Weg des Lichts.

Einsteins Gravitationstheorie führt zu denselben Ergebnissen wie die Newtonsche Theorie, solange die Gravitation nicht zu stark ist; man braucht keine der Errungenschaften der Newtonschen Theorie aufzugeben. Ferner erklärt Einsteins Theorie eine Anomalie in der Bahn des Merkur, die über ein Jahrhundert lang ein ungelöstes Rätsel war. Und sie sagte eine ganze Reihe von subtilen Erscheinungen voraus, die experimentell bestätigt werden konnten. An erster Stelle steht die Krümmung von Lichtstrahlen in Sonnennähe, die zuerst 1919 während einer Sonnenfinsternis entdeckt wurde und in den siebziger Jahren durch Radiomessungen noch viel genauer

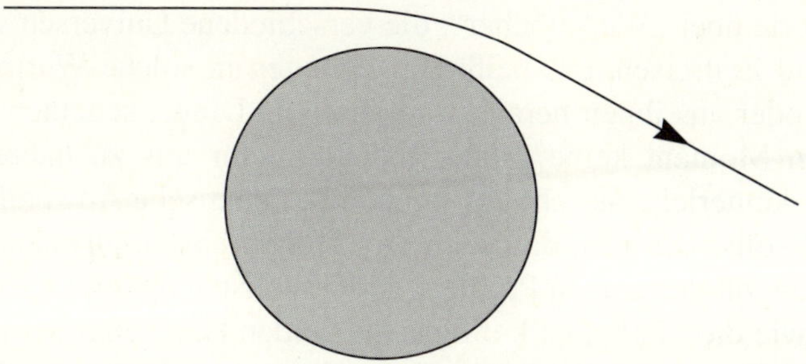

2.6 Lichtkrümmung: Gemäß einer grundlegenden Vorhersage von Einsteins Allgemeiner Relativitätstheorie ist der Weg eines Lichtstrahles in Gegenwart von Materie gekrümmt. Der in der Zeichnung gezeigte Effekt ist allerdings sehr stark übertrieben: Licht, das dicht an der Sonne vorbeistreicht, wird nur um 1,8 Bogensekunden abgelenkt.

überprüft und bestätigt wurde. Das zweite Phänomen sind die Gravitationslinsen: Durch die Krümmung des Lichts in der Nähe einer Galaxie wird die Strahlung von einer viel weiter entfernten Quelle wie durch eine Linse gebündelt. Dieses Phänomen wurde 1979 entdeckt (siehe Kapitel 3). Die Allgemeine Relativitätstheorie sagt auch Gravitationswellen voraus, die allerdings trotz intensivster Bemühungen über mehrere Jahrzehnte hinweg noch nicht direkt nachweisbar waren. Aber in den siebziger Jahren konnte man sie indirekt nachweisen, als man bei einem Doppelpulsar (oder „binärem Pulsar") – einem System aus zwei umeinander kreisenden Pulsaren – eine Abnahme der Umlaufperiode beobachtete. Schlußendlich gibt es das Phänomen des Schwarzen Loches. Hierfür sagt die Allgemeine Relativitätstheorie voraus, daß ein kollabierender massereicher Stern das Licht so stark krümmen kann, daß aus seinem Umkreis nicht einmal Licht entkommen kann. Solche Systeme wurden höchstwahrscheinlich in der Milchstraße in einigen binären Röntgenquellen und im Zentrum vieler entfernter Galaxien gefunden. Daher ist diese Theorie mehr als nur ein Stück eleganter Mathematik. Sie hat viele experimentelle Prüfungen bestanden. Schwarze Löcher würden uns übrigens nicht besonders interessieren, wenn wir nicht annehmen könnten, sie tatsächlich im Universum gefunden zu haben. Aktuelle Rechnungen im Rahmen der Allgemeinen Relativitätstheorie über „Wurmlöcher", die verschiedene Universen verbinden, und Zeitreisen, das heißt Bewegungen in solche Wurmlöcher hinein oder aus ihnen heraus, und ähnliche Dinge, scheinen jedenfalls im Moment keine große Bedeutung für uns zu haben – es besteht keinerlei Aussicht auf irgendeine praktische Anwendung.

Man sollte betonen, daß auch die erfolgreichsten physikalischen Theorien mit demselben Problem der Unvollständigkeit zu kämpfen haben wie die Mathematik. Sogar die beiden Eckpfeiler der modernen Physik, Allgemeine Relativitätstheorie und Quantentheorie, sind keine vollständigen Theorien. Es gibt Mängel in beiden Theorien, die letztendlich nach besseren Theorien verlangen. Im Fall der Allgemeinen Relativitätstheorie gibt es keine Vorschrift für die großräumige „Topologie" der Raum-Zeit, das heißt darüber, wie die Dinge global zusammenhängen. Wenn wir über große Entfernungen in eine Richtung des Universums schauen, haben wir keine Ahnung, wie oder ob es dann beispielsweise einen Zusammenhang mit der gegenüberliegenden Richtung des Himmels gibt. In einigen Modellen gibt es eine topologische Verbindung, das heißt, wenn man ständig in einer konstanten Richtung in die Tiefe des Raums fortschreitet, käme man schließlich aus der entgegengesetzten Richtung zum Ausgangspunkt zurück. In anderen Modellen gibt es keine solche Verbindung, und diese Frage spielt keine Rolle, soweit es um die Allgemeine Relativität geht. Daher liefert die Allgemeine Relativitätstheorie keine vollständige Beschreibung des Universums. Dies scheint mir ein weitaus drängenderes Problem zu sein als die Große Vereinheitlichung von Allgemeiner Relativitäts- und Quantentheorie, auf die weit mehr Mühe verwandt wird. Selbstverständlich kann die Lösung des topologischen Problems mit der Großen Vereinheitlichung einhergehen.

Im Fall der Quantentheorie ist das Problem bereits viel breiter ausdiskutiert: wir wissen nicht, wie wir die – naturgemäß probabilistischen – Vorhersagen der Theorie deuten sollen. Die Theorie sagt uns zwar, wie man die Wahrscheinlichkeit berechnet, daß ein radioaktives Atom innerhalb einer bestimmten Zeitspanne zerfällt, aber sie kann uns keinesfalls sagen, wann genau dies geschehen wird. Ist das Universum in seinem Innersten vom Zufall regiert, wie diese Theorie anscheinend sagt, oder wird man noch eine tiefergehende Theorie finden, die eher deterministisch ist? Einstein zum Beispiel weigerte sich, die quantenmechanisch-probabilistische Natur des Universums anzuerkennen und drückte dies in seinem berühmten Diktum aus: „Gott würfelt nicht.“ Eine andere Deutung der Theorie besagt, daß erst der Beobachtungsprozeß den mathematischen Funktionen, die diese Wahrscheinlichkeiten ausdrücken, Realität verleiht. So braucht das Universum (intelligente?) Beobachter, um real zu werden. Ist dies vernünftig? Oder bevorzugen Sie die konkurrierende Ansicht, daß viele Welten gleichzeitig existieren, die dann alle verschiedene mögliche Realisierungen repräsentieren? Wieder ist klar, daß die Quantentheorie gegenwärtig unvollständig ist, wie erfolgreich sie auch sein mag.

Einstein hielt viel von dem Wunder, daß mathematische Physik überhaupt möglich ist, und dies spiegelt sich bei späteren Autoren wider. Aber ist es tatsächlich so überraschend? Es läuft zweifellos nur auf die Frage hinaus, wie vielseitig die Mathematik ist. Wir neigen zudem dazu, uns nur an Erfolge mathematischer Modelle zu erinnern. Aber auf jedes mathematische Modell, das einige Bedeutung für die Physik erlangt hat, kommen zehn oder hundert, die rasch wieder in der Versenkung verschwanden. Es ist sehr lehrreich, sich die außerordentlich erfindungsreichen mathematischen Modelle für den Äther anzuschauen, den man im 19. Jahrhundert als materielles Medium für die Ausbreitung der Lichtwellen für notwendig hielt. Man stellte ausgeklügelte mechanische Modelle dieses Äthers auf, die das Verhalten des Lichts in einem Medium wie Glas, Kristall oder Wasser erklären sollten. Als 1905 die Spezielle Relativitätstheorie erschien, wurden alle diese Modelle gegenstandslos, wenn nicht geradewegs einfach lächerlich.

Vielleicht die wunderbarste Anwendung der Allgemeinen Relativitätstheorie ist das Studium des Universums als Ganzes. 1917, ein Jahr nach der Veröffentlichung seiner Gravitationstheorie, beschäftigte sich Einstein damit, ein Modell für das Universum aufzustellen. Er stellte fest, daß es dabei ein Problem gab. Nach seiner bestehenden

Theorie konnte es kein stabiles statisches Modell des Universums geben. Um ein solches Modell für das Universum zu konstruieren, unternahm er einen entscheidenden Schritt, den er später als „die schlimmste Eselei meines Lebens" bezeichnete: er forderte nämlich eine neue Kraft, die „kosmische Repulsion", um die anziehende Wirkung der Gravitationskraft auszugleichen. Bei diesem Modell für das Universum ging Einstein von der viel zu drastischen Vereinfachung aus, daß das Universum, im großen Maßstab gesehen, *homogen*, also vollkommen gleichmäßig, und *isotrop*, also in jeder Richtung gleich, sei. Es gab jedoch nicht den geringsten Beleg für diese Annahmen. Im Gegenteil, man fand bereits 1917 deutliche Hinweise darauf, daß die Materie im Universum sehr inhomogen verteilt ist, in Form riesiger Materieansammlungen wie der Milchstraße, die von praktisch leerem Raum umgeben sind. Ferner hat das Universum eine wohldefinierte Symmetrieebene, die durch die Milchstraße gegeben ist; also ist das Universum bei weitem nicht isotrop. Es ist bemerkenswert, daß Einsteins kühne Vermutung über die einfache großräumige Struktur des Universums, sich letztlich doch als richtig herausstellen sollte.

Jedoch erwies sich Einsteins Ziel – ein statisches Modell des Universums – als unerreichbar. Im gleichen Jahr, 1917, zeigte der niederländische Mathematiker Willem de Sitter, daß auch ein expandierendes Universum innerhalb der Allgemeinen Relativitätsthoerie theoretisch möglich ist. Und 1924 fand der russische Mathematiker Alexander Friedmann im Rahmen dieser Theorie alle möglichen Lösungen für ein homogenes, isotropes und expandierendes Universum. Schließlich entdeckte 1929 Edwin Hubble, daß das Universum in der Tat expandiert. Hubbles Beobachtung regte das Urknallmodell des Universums an, das im vierten Kapitel behandelt wird. Einsteins Annahme von der kosmischen „Expansion" (Repulsion) – von der er selbst später abrückte – hat seit kurzem neue Bedeutung innerhalb der „Kosmologie" gewonnen, die in späteren Kapiteln genauer diskutiert wird. Bevor wir auf den kosmologischen Zug aufspringen, möchte ich in Kapitel 3 einen Einblick in die moderne Astronomie der unsichtbaren Wellenlängen vermitteln.

3

Dreißig Jahre Moderne Astronomie

Astronomie ist eine ungewöhnliche Wissenschaft, da man keine Experimente im üblichen Sinn, das heißt, kontrollierte Experimente in einem Labor, durchführen kann. Stattdessen spähen wir mit Hilfe einer verwirrenden Menge von Teleskopen und Detektoren hinaus in den Kosmos. Eine auffallende Besonderheit der letzten dreißig Jahre war das Vordringen der Astronomie in den Bereich unsichtbarer Wellenlängen. In diesem Kapitel werden einige Erfolge dieser modernen Astronomie dargestellt. Das Hauptaugenmerk liegt auf zwei Wellenlängenbereichen im unsichtbaren Licht, dem fernen Infrarotbereich, der 1983 von dem *IRAS*-Satellit beobachtet wurde, und dem Mikrowellenbereich, in dem Penzias und Wilson 1965 als erste die kosmische Hintergrundstrahlung entdeckt hatten und in dem der *COBE*-Satellit 1992 „Rippeln", das heißt kleine Schwankungen, entdeckte.

Jedoch stammt längst nicht unser gesamtes Wissen über das Universum aus Untersuchungen mit Teleskopen. Im Sonnensystem können wir unsere kosmische Umgebung direkt untersuchen. Einige dieser Arbeiten sind naheliegende Anwendungen der Geologie – in der Tat gibt es keine scharfe Abgrenzung zwischen Geophysik und Astronomie. Die Erde kann als Teil des Sonnensystems angesehen werden, das wiederum Teil unserer Galaxie, der Milchstraße, ist, und so weiter.

Was wir vom Sonnensystem über das Universum erfahren

Im Sonnensystem können wir einzelne Planeten, Satelliten und Kometen mit Hilfe von Raumsonden erforschen. Ob man nun die Oberflächenbeschaffenheit von Mond, Mars und Venus, die Planetenatmosphären, Modelle für das Innere von Planeten und ihren Monden oder aber interplanetarischen Staub und Gase untersucht, immer gibt es Parallelen zu den Methoden der Geologie. Durch sorgfältige chemische Analyse von Mond- und Meteoritengesteinen hat man außerordentlich viel über die Entstehung und Geschichte des Sonnensystems erfahren.

Chemische Analysen liefern darüber hinaus Hinweise auf die Entwicklung der Milchstraße und des Universums. Zum Beispiel ergibt die Untersuchung langlebiger radioaktiver Isotope für das Alter der Milchstraße einen Wert in der Größenordnung von 10 bis 15 Milliarden Jahren. Folglich muß das Universum mindestens ebenso alt sein. Da Galaxien sich in der Geschichte des Universums wahrscheinlich ziemlich früh gebildet haben, innerhalb der ersten einigen hundert Millionen Jahre, sollte das Alter der Milchstraße und des Universums nahe beieinander liegen.

Die relativen Häufigkeiten der Elemente auf der Erde und im Sonnensystem sowie in den Sternen legen nahe, daß der Ursprung der meisten Elemente entweder in den normalen thermonuklearen „Brennprozessen" im Inneren der Sterne oder in dramatischen Explosionen am Ende eines Sternenlebens zu suchen ist. Allerdings haben die leichten Elemente Deuterium (schwerer Wasserstoff), Helium und Lithium eine besondere Bedeutung: Sie entstanden bereits in den Anfangsstadien des Universums innerhalb der ersten Minuten nach dem Urknall. Ihre relativen Häufigkeiten im Verhältnis zum (gewöhnlichen) Wasserstoff sind ein Hinweis auf die durchschnittliche Dichte der Materie im heutigen Universum.

Sobald wir über das Sonnensystem hinausgehen wollen und versuchen, das Universum in einem größeren Maßstab zu erforschen, kommen wir nur durch Beobachtungen mit Teleskopen weiter. Es gibt zwar auch hier noch insofern einige Analogien zur Geologie, als wir versuchen, anhand von Überresten und Schichten verschiedener Zeitalter mehr über die Vergangenheit von Sternen, Galaxien und des Universums zu lernen, aber in diesem Bereich ist die Astronomie im allgemeinen ein Zweig der Physik. Schließlich ist das Universum voller seltsamer und uns nicht vertrauter Bedingungen, auf die wir unser irdisches Wissen übertragen müssen. Viele grundlegende Entdeckungen der Physik, von der Gravitation bis hin zur Kernfusion, wurden von Astronomen gemacht. Dies sollte uns dennoch nicht den Blick für die Besonderheit und Einzigartigkeit des Universums trüben.

Die Erschließung der unsichtbaren Wellenlängen

Die letzten dreißig Jahre waren für die Astronomie ein Goldenes Zeitalter, denn wir konnten aus dem schmalen sichtbaren Wellenlängenbereich ausbrechen, auf den wir jahrtausendelang durch die begrenzten Wahrnehmungsmöglichkeiten unserer Augen eingeschränkt waren. Heute stehen wir am Ende einer aufregenden Periode – der Erschließung der unsichtbaren Wellenlängen für die Astronomie. Mit jedem neuen Wellenlängenbereich erschlossen wir eine neue Karte des Universums, eine Karte mit Strukturen, die für uns zuvor unsichtbar gewesen waren. Zu dieser Wissensexplosion trugen neuentwickelte erdgebundene Teleskope ebenso bei wie Teleskope im Weltraum.

Der erste Schritt zur modernen Astronomie in allen Wellenlängenbereichen war bereits die Entdeckung, daß das Sonnenlicht in viele verschiedene Farben aufgespalten werden kann – wie etwa Newton sie beschrieben hat. Dieses sichtbare Spektrum war zwar bereits bekannt, aber auch mit Newtons Beschreibung noch nicht verstanden, wie zum Beispiel beim Phänomen des Regenbogens.

Erst die Wellentheorie des Lichts von Huygens und Young brachte die Erkenntnis, daß diese Farben als Licht verschiedener Wellenlängen oder, äquivalent, verschiedener Frequenzen anzusehen sind. Schließlich entdeckte William Herschel im Jahr 1800, daß es jenseits des roten Endes des Sonnenspektrums unsichtbare längere Wellen gab, *infrarote* Strahlung, die man mit Wärmestrahlung in Verbindung bringen konnte. Kurze Zeit später fand Johann Ritter heraus, daß unsichtbare Wellen jenseits des blauen Endes des Spektrums, die *ultravioletten* Strahlen, eine Photoplatte zu schwärzen vermochten. Gegen Ende des 19. Jahrhunderts entdeckte man dann jenseits des ultravioletten Bereichs die Röntgenstrahlen und jenseits des infraroten Bereichs die Radiowellen. Diese ganze Bandbreite der Wellenlängen wird heute als das *elektromagnetische Spektrum* bezeichnet, weil alle Erscheinungsformen des Lichts eigentlich elektromagnetische Wellen sind, wie James Clerk Maxwell gezeigt hat. Astronomen teilen das gesamte Spektrum willkürlich in Wellenlängenbereiche auf, die – nach zunehmender Frequenz oder

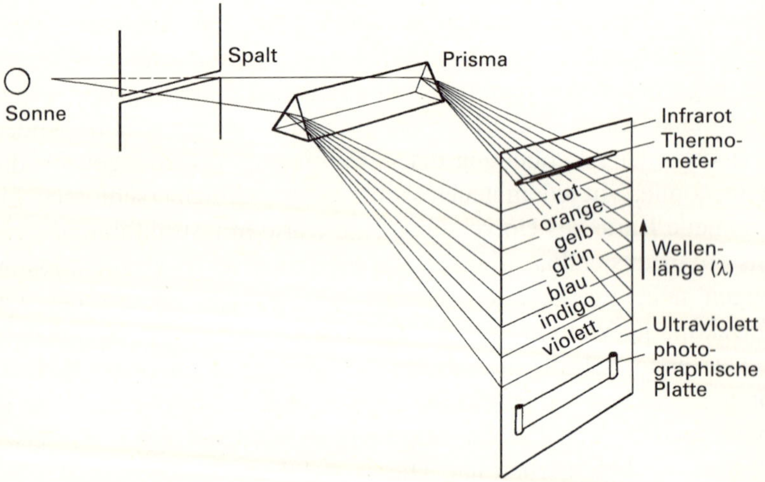

3.1 Erzeugung des sichtbaren Spektrums mit einem Prisma. Die angrenzenden Bereiche am roten und violetten Ende, Infrarot und Ultraviolett, sind ebenfalls angegeben.

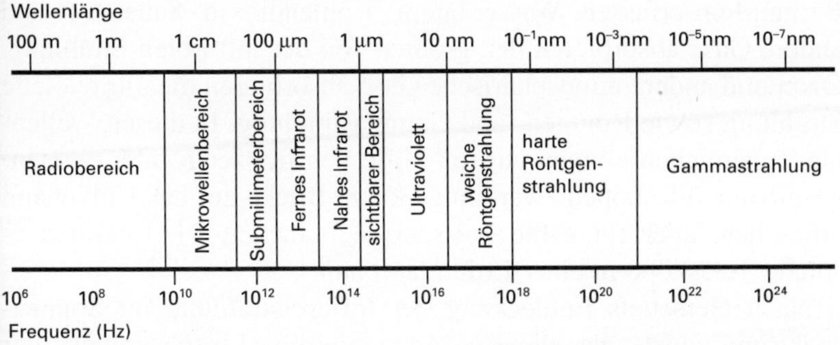

3.2 Die Wellenlängen- und Frequenzbereiche des elektromagnetischen Spektrums. Die Abkürzung µm steht für ein Mikrometer, nm für ein Nanometer, ein Milliardstel Meter.

abnehmender Wellenlänge geordnet – folgendermaßen heißen: Radiowellen, Mikrowellen, Submillimeterbereich, ferner Infrarotbereich, naher Infrarotbereich, optischer Bereich, Ultraviolettbereich, äußerster Ultraviolettbereich, weiche Röntgenstrahlung, harte Röntgenstrahlung und Gammastrahlung. Hierbei beziehen sich die Bezeichnungen „nah“, „fern“, und „äußerst“ auf den Abstand des betreffenden Wellenlängenbereichs vom optischen Bereich. „Weich“ und „hart“ bezieht sich auf niedrige und hohe Energien, das heißt niedrige und hohe Frequenzen. Diese Aufteilung beruht in erster Linie auf Nachweismethoden und besitzt keinerlei grundlegende Bedeutung. Der optische Bereich mit Wellenlängen von 0,4 bis 0,7 Mikrometer (ein Mikrometer ist der millionste Teil eines Meters) ist verblüffend schmal, im Vergleich zu dem gesamten Wellenlängenbereich, der sich von den meterlangen Radiowellen bis hin zu den Gammastrahlen erstreckt, deren Wellenlänge nur den zehntausendmillionsten Teil eines Mikrometers beträgt.

Nur Strahlen ganz bestimmter Spektralbereiche können ungehindert durch die Erdatmosphäre bis zum Boden vordringen: die Radiowellen, die Mikrowellen, die optische und – teilweise – die ultraviolette Strahlung. Im Submillimeter- und nahen Infrarotbereich läßt sich die Strahlung zum Teil auch mit Hilfe von Teleskopen auf

Berggipfeln erfassen. Wasserdampf, Kohlendioxid, Sauerstoff und andere Gase absorbieren den größten Teil der infraroten Strahlung. Ozon und andere atmosphärische Gase absorbieren die ultraviolette Strahlung sowie Röntgen- und Gammastrahlung. In diesen Wellenlängenbereichen können wir mit Hilfe von flugzeug- oder raketengestützten Teleskopen zwar einige kurze Blicke auf das Universum erhaschen, aber für echte Fortschritte brauchen wir satellitengestützte Teleskope in einer Erdumlaufbahn.

Nach Herschels Entdeckung der Infrarotstrahlung im Sonnenspektrum wurde als nächstes astronomisches Infrarotobjekt der Mond erkundet – auf einer Expedition des königlich-schottischen Astronomen Pazzi Smyth nach Teneriffa im Jahre 1856. In den zwanziger Jahren unseres Jahrhunderts begann man schließlich, im nahen Infrarotbereich Vermessungen einiger Planeten und Sterne durchzuführen, und seither wurden Sternvermessungen im Ultraviolettbereich ebenfalls zur Routine. Diese Beobachtungen waren für die genauere Bestimmung der Temperatur dieser Strahlungsquellen wichtig. Aber die Erschließung der elektromagnetischen Wellenlängenbereiche ging erst mit dem raschen Aufschwung der Radioastronomie in den späten fünfziger und frühen sechziger Jahren richtig los. Der amerikanische Radiotechniker Karl Jansky hatte 1934 Radiostrahlung aus der Milchstraße entdeckt, als er am Bell Telephone Laboratory den Ursachen des Rauschens in transatlantischen Telephonleitungen auf den Grund gehen wollte. Da diese Entdeckung keinerlei praktische Anwendungsmöglichkeiten für die Bell Telephone Company versprach, ließ man Jansky nicht weiter an dieser Sache arbeiten, sondern trug ihm normale Entwicklungsaufgaben im Bereich der Telekommunikation auf. In der folgenden Dekade zeigten nur wenige Astronomen Interesse an Janskys Entdeckung. Die Radioastronomie hielt damals nur ein amerikanischer Amateurastronom am Leben – Grote Reber kartographierte mit einem Radioteleskop, das er in seinem Garten aufgebaut hatte, in mühseliger Arbeit die Milchstraße. Erst nachdem im Zweiten Weltkrieg der britische Ingenieur John Hey und seine Radar-Forschungsgruppe die Radiostrahlung der Sonne entdeckt hatten und die erste starke Punktquelle kosmischer Strahlung gefunden war, kam auch von anderen Radarfachleuten der Anstoß, eine Radioastronomie zu entwickeln.

In den dreißig Jahren zwischen 1960 und 1990 lernten wir, das Universum in neuem Licht zu sehen. In den späten fünfziger und sechziger Jahren wurde durch die bahnbrechenden Arbeiten der Cambridge-Gruppe unter Martin Ryle und der australischen Gruppe aus Parkes unter John Bolton das Radioband erschlossen. 1965 entdeckten Arno Penzias und Robert Wilson die kosmische Hintergrundstrahlung im Mikrowellenbereich (das Thema des achten Kapitels); 1970 gelang ihnen dann anhand von Mikrowellenbeobachtungen der Nachweis von Kohlenmonoxid, einem der ersten von vielen organischen Molekülen, die in der folgenden Dekade im interstellaren Raum entdeckt wurden. Im gleichen Jahr 1970 wurde auch der *Uhuru*-Satellit ausgesetzt, der erstmals eine Himmelskarte für den Röntgenbereich erstellte und damit Pionierarbeit leistete. 1978 folgte das *Einstein-Observatorium*, ebenfalls ein Satellit für Röntgenbeobachtungen. Beide Projekte wurden von Riccardo Giaconni geleitet. Die intensive Erforschung des Ultraviolett-Bereichs begann 1972 mit dem Satelliten *Copernikus* und wurde mit dem *International Ultraviolet Explorer* (*IUE*) fortgesetzt, der 1978 im Weltraum ausgesetzt wurde und heute, fünfzehn Jahre später, immer noch arbeitet. Schließlich wurde der Himmel im Bereich der Gammastrahlen mit dem 1975 gestarteten Satelliten *Cos-B* kartographiert und im fernen Infrarotbereich 1983 vom *Infrared Astronomical Satellite* (*IRAS*) durchmustert.

Ist das Goldene Zeitalter nun zu Ende?

Das Jahr 1990 erlebte den Start von *ROSAT*, der die Wellenlängenbereiche des äußersten Ultraviolettbereichs und der weichen Röntgenstrahlung erschloß und Zehntausende von Röntgenquellen am Himmel entdeckte. 1990 wurde auch das *Hubbleteleskop* in eine

Umlaufbahn gebracht, das trotz seiner optischen Fehler aufregende Beobachtungen im fernen Ultraviolettbereich macht. Auch ohne seine volle „Sehschärfe“ – die erst 1993 mit Hilfe einer „Brillenkorrektur“ erreicht wurde – hat es bereits in den ersten Jahren einige eindrucksvolle Erfolge erzielt, darunter die Entfernungsmessung einer Schlüsselgalaxie auf der kosmischen Entfernungsleiter (siehe auch Kapitel 4). Der Beobachtungsposten für Gammastrahlung, nun das *Compton-Observatorium*, wurde 1991 nach langem Warten auf den Shuttle-Transport endlich in den Weltraum gebracht und entdeckte seither Dutzende von aktiven Galaxien sowie viele bislang noch nicht identifizierte Quellen. Somit bleibt nur noch der Submillimeterbereich – 100 Mikrometer bis 1 Millimeter – relativ unerforscht, auch wenn erdgestützte Beobachtungen in den Fenstern um 800 und 350 Mikrometer sowie im Bereich von 100 bis 300 Mikrometern mit dem Kuiper Airborne Observatorium (das heißt, von einem Flugzeug aus) den Submillimeterbereich zunehmend erschließen. Und seit 1989 der *Cosmic Background Explorer* (abgekürzt *COBE*) gestartet wurde, um die kosmische Hintergrundstrahlung zu erforschen, wurden in diesem Wellenlängenbereich bereits die ersten faszinierenden Bilder der Milchstraße aufgenommen. Außerdem erforscht *COBE* die kosmischen Rippeln, die bereits in den frühen Anfängen des Universums entstanden und deren Auswirkung wir heute im Universum in Form von Galaxien, Galaxienhaufen und sogar noch größeren Strukturen sehen. Die Bedeutung dieser kleinen Schwankungen ist das Hauptthema dieses Buchs.

Die Tatsache, daß der Himmel mittlerweile in den meisten elektromagnetischen Wellenlängenbereichen vermessen wurde, schließt selbstverständlich neue astronomische Entdeckungen nicht aus – sonst würden die Astronomen wohl kaum immer größere erdgestützte Teleskope im optischen Bereich errichten, der zum überwiegenden Teil bereits seit Jahrtausenden für die Astronomie genutzt wird. Wichtige astronomische Weltraummissionen der Neunzigerjahre sind das *Infrared Space Observatoy* (*ISO*), der Satellit *XMM* der Europäischen Weltraum-Agentur ESA und die *Advanced X-ray Astronomy Facility* (*AXAF*) der NASA, die dem *Hubble-Weltraum-*

teleskop und dem *Compton-Observatorium* als drittes in einer Reihe „Großer Observatorien" folgen soll. Aber wir befinden uns nun an einem Punkt, an dem zukünftige Missionen wahrscheinlich zunehmend komplexer und spezialisierter werden und nicht mehr im gleichen Maße das Gefühl vermitteln, in Neuland vorzudringen, wie die Missionen der Vergangenheit. Wir nähern uns anscheinend dem Ende des Goldenen Zeitalters unserer ersten Blicke in das Universum der unsichtbaren Wellenlängen.

Unser Platz im Kosmos

Was haben wir in den dreißig Jahren moderner Astronomie gelernt? Um es in einem Satz zusammenzufassen: Wir haben eine enge Beziehung zwischen der menschlichen Existenz und dem Universum erkannt – unsere Geschichte und unser zukünftiges Schicksal sind mit den Sternen in einem Maße verknüpft, das die Astrologen des Mittelalters sich nicht hätten träumen lassen. (Selbstverständlich kann man nicht von den Sternen auf unser *persönliches* Schicksal schließen und die Leichtgläubigen, die sich in die Horoskope vertiefen, werden unausweichlich enttäuscht.) Ist das Universum in einem solch bemerkenswerten Grad darauf eingerichtet, unsere Existenz zuzulassen, daß dafür eine besondere Erklärung – das „Anthropische Prinzip" – erforderlich ist? Dieses Prinzip haben einige Wissenschaftler vorgeschlagen, darunter Brandon Carter, Martin Rees, Bernard Carr, John Barrow und Frank Tipler. Bevor ich auf dieses spekulative Argument zurückkomme, möchte ich einige der Variationen über das Thema „Unser Platz im Universum" zusammenfassen.

Im Zentrum moderner Astrophysik steht heute der Lebenszyklus der Sterne: ihre Entstehung in dichten Wolken von Gasmolekülen und Staub; ihre Entwicklung als stabile Sterne über eine Kette von Fusionsreaktionen in ihrem Innern, beginnend mit der Verschmelzung von Wasserstoffkernen zu Helium, dann von Helium zu Kohlenstoff, Stickstoff und Sauerstoff, und so weiter über Neon,

Magnesium und Silizium bis hin zum Eisen; schließlich ihre Todeszuckungen, bei denen die äußeren Schichten mehr oder weniger heftig fortgeschleudert werden und ihre Kerne zu Weißen Zwergen, Neutronensternen oder zu Schwarzen Löchern kollabieren. Die Elemente, aus denen die Erde und wir selbst bestehen, entstanden zuerst in den Fusionsöfen im Innern von Sternen oder bei dem dramatischen Tod massereicher Sterne in einer Supernova-Explosion.

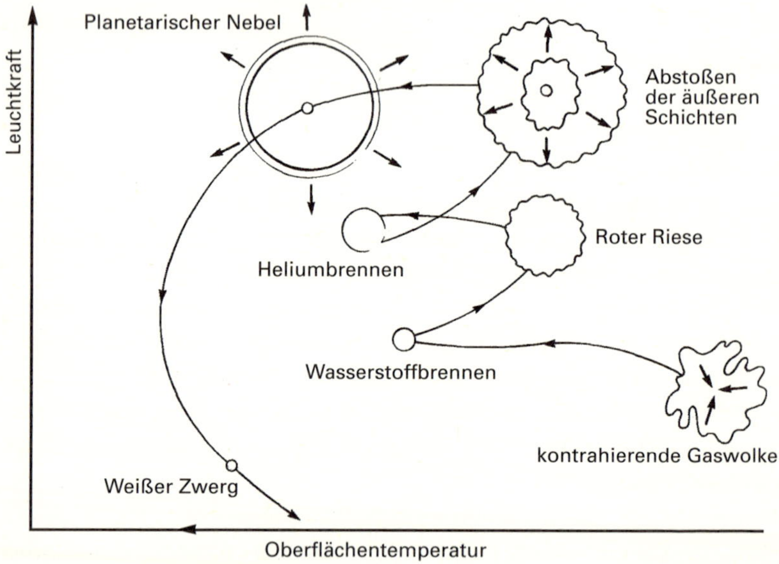

3.3 Der Lebenszyklus eines sonnenähnlichen Sterns. Der Stern entsteht aus einer Wolke aus interstellarem Gas und Staub, die unter dem Einfluß der Gravitation zu einem immer kompakteren Protostern kondensiert und schließlich zu leuchten beginnt. Den größten Teil seines Lebens verbringt der Stern mit der Fusion von Wasserstoff zu Helium (Wasserstoffbrennen). Wenn der Wasserstoff im Kern erschöpft ist, dehnt sich der Stern aus und wird zu einem Roten Riesen. Schließlich stürzt der Kern erneut zusammen und heizt sich dabei auf, bis die Fusionsreaktion von Helium zu Kohlenstoff beginnt (Heliumbrennen). Wenn auch das Helium erschöpft ist, dehnt sich der Stern wiederum zu einem Roten Riesen aus und stößt am Ende seine äußeren Schichten ab, so daß ein Planetarischer Nebel entsteht. Der Kern kühlt ab und wird zum Weißen Zwerg. Massereiche Sterne – mit mehr als zehnfacher Sonnenmasse – enden weitaus dramatischer: in einer Supernova-Explosion, wobei der Kern zu einem Neutronenstern oder Schwarzen Loch kollabiert.

Die erste Phase, die Verschmelzung von Wasserstoff zu Helium, dauert am längsten und ist allen Sternen gemeinsam. Die Sonne und die meisten Sterne, die wir am Nachthimmel sehen, befinden sich in dieser Phase. Wenn der Wasserstoff im Innern eines solchen Sterns aufgebraucht ist, zieht sich der Kern zusammen und heizt sich auf, bis der nächste Fusionsbrennstoff, das Helium, zündet. Inzwischen leuchtet der Stern immer heller und seine äußeren Schichten dehnen sich stark aus und kühlen ab. Der Stern ist zu einem „Roten Riesen" geworden. Als Roter Riese verliert er über seine Oberfläche sehr viel Masse durch heftige „Sternwinde". Ein Stern wie die Sonne verliert schließlich seine äußere Schicht vollständig, wobei ein „Planetarischer Nebel" entsteht und der komprimierte heiße Kern als Weißer Zwerg übrigbleibt und langsam abkühlt. Massereichere Sterne durchlaufen eine Abfolge von Kernfusionen, beginnend mit der Fusion von Wasserstoff zu Helium, über verschiedene Elemente bis hin zum Eisen. Sobald der Kern des Sterns aus Eisen besteht, hört die Kernfusion auf. Der Kern kollabiert, wobei schließlich ein noch stärker komprimierter „Neutronenstern" oder ein „Schwarzes Loch" entstehen kann, während die äußeren Schichten des Sterns in einer gewaltigen „Supernova-Explosion" abgeblasen werden.

Die moderne Astronomie hat Licht vor allem in zwei Phasen eines Sternlebens gebracht. Zunächst hat die Infrarotastronomie den Staubschleier durchdrungen, der die Geburt eines Sterns vor den Blicken verhüllt; der *IRAS*-Satellit hat Tausende von Sternen in ihrer Entstehungsphase entdeckt. Zum zweiten wurden die Todeszuckungen von Sternen in fast allen Wellenlängenbereichen gründlich erforscht, zuerst im Radiowellenbereich mit der Entdeckung von Pulsaren, das heißt von rasch rotierenden Neutronensternen; dann im Infrarotbereich durch die Untersuchung des Masseverlusts und der Entstehung von Planetarischen Nebeln bei Roten Riesen. Schließlich deckte die Astronomie im Röntgenbereich auf, wie tote Überreste von Sternen – Weiße Zwerge, Neutronensterne oder Schwarze Löcher – in Doppelsternsystemen (aus zwei Sternen, die umeinander kreisen) durch Materiezustrom von ihrem Begleiter Masse ansetzen.

Zu Zeiten der optischen Astronomie wußte man über die Materie zwischen den Sternen nur, daß das sichtbare Licht durch Staub gedämpft wird. Die Astronomie im Radiobereich zeigte, daß überall zwischen den Sternen atomares Wasserstoffgas vorhanden ist; im Mikrowellenbereich zeigten sich dichte Gaswolken, in denen sich neue Sterne bilden; und im Infrarotbereich beobachteten wir Strahlung, die von Staubkörnern ausgeht. Durch diese Untersuchungen konnten wir die verschiedenen Bestandteile der interstellaren Staubkörner identifizieren: Silikate, Kohlenstoff, Eis und organische Moleküle. Auch die Erde setzt sich aus solchem Material zusammen – entstanden aus Staubkörnern, in denen sich die meisten schwereren Elemente, fernab von ihrem Entstehungsort in den Sternen, angesammelt hatten. Ein Kohlenstoffatom in unserem Körper stammt aus dem Innern eines Sterns, von dem es in einem heftigen Wind abgeblasen wurde, um dann in einem winzigen Staubkorn durch den Raum zwischen den Sternen umherzuwirbeln, und sich schließlich als Teil der solaren Geburtswolke wiederzufinden, aus der unsere Sonne, die Planeten und die Erde selbst entstanden.

Der Entstehungsprozeß der Sonne und ihrer Planeten ist noch längst nicht völlig verstanden. Aber die Beobachtungen im Infrarot- und Mikrowellenbereich, bei denen gerade entstehende Sterne untersucht werden, haben doch ein Bild vermittelt, das für Einzelsterne allgemein gültig zu sein scheint. Im Zentrum einer rotierenden Gas- und Staubwolke beginnt ein „Protostern" zu kondensieren. Die äußeren Teile der Wolke konzentrieren sich in einer ringförmigen Scheibe, von der aus Gas nach innen zum Protostern hin strömt. Das Zentrum des Protosterns wird so heiß, daß die Wasserstoffusion in Gang kommt. Ein vom Stern ausgehender Wind wird durch die Scheibe in zwei gegenüberliegende Kegel fokussiert. Aus der Scheibe selbst bilden sich im Laufe der Zeit die Planeten.

Am Rande des Sonnensystems befindet sich eine Wolke von Kometen, Klumpen aus Staub, Fels und Eis. Von Zeit zu Zeit wird einer von ihnen durch eine zufällige Störung, möglicherweise durch die Gravitation eines vorbeiziehenden Sterns, in die inneren Bereiche des Sonnensystems gelenkt, wo das Eis schmilzt und aufleuchtet und die kleineren Staubkörner als Trümmerschweif fortgeblasen werden. Nach vielen Umläufen bleibt nur noch der felsige Kern des Kometen übrig und rast als dunkler Asteroid durch das Sonnensystem. Ein solcher Kometenkern war der Asteroid IRAS 1983TB, inzwischen Phaethon genannt. Weitere Trümmer des lange toten Kometen kommen jedes Jahr im Dezember mit dem Geminiden-Strom, einem Meteoritenstrom, in Erdnähe, und einige dieser Trümmer werden dann sichtbar. Von Meteoriteneinschlägen zeugen die unzähligen Krater auf dem Mond – zum Teil entstanden sie durch Einschläge riesiger Gesteinskörper. Das Meteoritenbombardement, dem auch die Erde ständig ausgesetzt ist, spiegelt Prozesse wider,

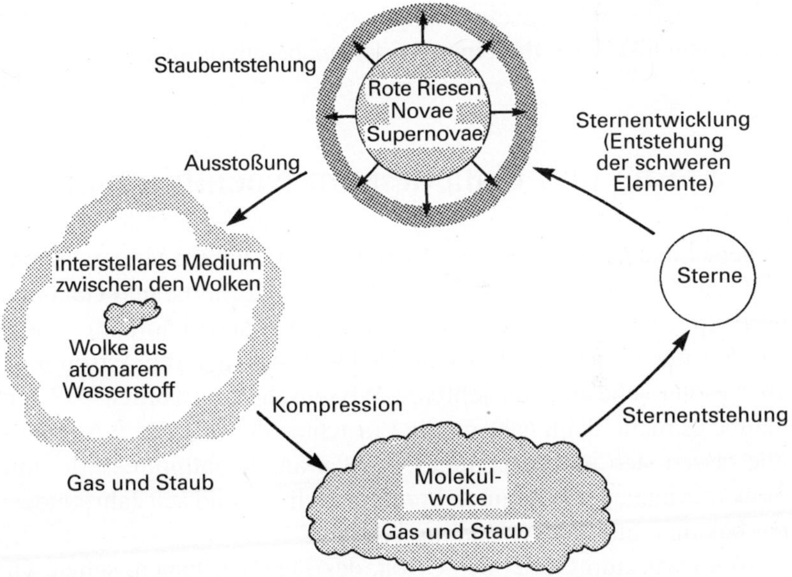

3.4 Der Kreislauf von Gas und Staub im interstellaren Medium. Schwere Elemente, die im Innern von Sternen entstanden sind, gelangen durch Sternwinde, Planetarische Nebel oder Supernovae wieder in den interstellaren Raum und kondensieren dort zu kleinen Staubkörnern. Gas- und Staubwolken ballen sich zusammen, und bei hinreichend großer Dichte bildet sich molekularer Wasserstoff. Wenn solche dichten molekularen Wolken komprimiert werden, können neue Sterne entstehen.

durch die sich aus asteroidengroßen „Planetesimalen" vor Äonen die Planeten gebildet haben.

Die moderne Astronomie hat unsere Vorstellungen von Galaxien verändert, indem sie die Gas- und Staubscheiben von Spiralgalaxien wie unserer Milchstraßengalaxie neu kartierte und uns die aktiven Kerne in den Zentren einiger Galaxien erschloß. Man nimmt heute außerdem an, daß die beiden unermeßlichen keulenartigen Strahlungsbereiche der Radiogalaxien und Quasare ihre Energie aus Teilchenstrahlen erhalten, die aus massereichen Schwarzen Löchern stammen und sich nahezu mit Lichtgeschwindigkeit bewegen. Vor kurzem hat der *Infrared Astronomical Satellite IRAS* gezeigt, daß ähnlich gewaltige Energien auch durch ungewöhnlich stark ausgeprägte Sternentstehung freigesetzt werden könnte, wie sie wahrscheinlich durch Wechselwirkungen oder Verschmelzung von Galaxien ausgelöst wird, die einander sehr nahe gekommen sind.

Sterne und Galaxien am Nachthimmel

In verschiedener Hinsicht ist unsere Existenz, unsere Vergangenheit und Zukunft, offenbar mit dem Universum der Sterne und Galaxien verknüpft. Bevor die neuen Beobachtungsmethoden aufkamen, war darüber nur sehr wenig bekannt. Bedeutet das, daß die Astronomie eine esoterische und unsichtbare Wissenschaft geworden ist? Ich glaube es nicht, denn nahezu alle Einsichten der modernen Astronomie lassen sich mit vertrauten Objekten am Nachthimmel, die mit bloßem Auge oder mit einem Fernrohr sichtbar und seit Jahrhunderten bekannt sind, in Verbindung bringen.

Wenn wir zum Gürtel des Orion, des Jägers, schauen, sehen wir dort das uns am nächsten gelegene Sternentstehungsgebiet – eine dichte Molekülwolke, in der gerade neue massereiche Sterne geboren werden. Bei Mira, der „Wunderbaren", sehen wir gerade Endstadien, in denen ein Stern wie die Sonne kurz vor seinem Tod seine äußeren Schichten abstößt, bevor in seinen letzten Zuckungen ein

Planetarischer Nebel entsteht. Um den Sirius, den „Führer der Himmelsmeute“, kreist als sein Begleiter ein Weißer Zwerg, der letzte Überrest eines sonnenähnlichen Sterns, der gerade seine Lebensspanne von 10 Milliarden Jahren vollendet. Beteigeuze, in der Achselhöhle des Riesen, ist ein massereicher Stern kurz vor der Explosion als Supernova, vergleichbar der Supernova von 1987 in der Großen Magellanschen Wolke oder der historischen Supernova, die 1054 vor Christus von chinesischen Astronomen und möglicherweise von den Navajo-Indianern in Nordarizona aufgezeichnet wurde und deren Überreste heute mit dem Fernrohr als Krebsnebel sichtbar sind. In Algol, dem Teufelsstern, dem Perseus abgewandten Auge der Medusa, sehen wir den Prototypen eines Doppelsterns, bei dem Masse von einem Stern zum anderen übertragen wird. Solche Materieströme bringen oft aufregende Bilder im Röntgenbereich mit sich, wenn einer der Sterne bereits ein toter, kompakter Überrest ist, etwa ein Weißer Zwerg, ein Neutronenstern oder ein Schwarzes Loch. Dann nämlich wird das einströmende Gas auf Temperaturen von zig Millionen Grad aufgeheizt und sendet Röntgenstrahlung aus. Wega, hoch am nördlichen Sommerhimmel stehend, ist, wie *IRAS* herausfand, von einer Staubscheibe umgeben – vielleicht ein Beispiel für ein in der Entstehung begriffenes Planetensystem. Schaut man in einer klaren Nacht hoch zur Milchstraße, dann zeigt der scharfe Umriß des Kohlensacks erstaunlich deutlich, daß interstellare Materie vorhanden ist – hier eine unermeßliche Wolke aus Gas und Staub. Die Magellanschen Wolken, die man auf der Südhalbkugel mit bloßem Auge sehen kann, sind unsere nächsten Nachbargalaxien. Sie bewegen sich in Spiralbahnen unausweichlich auf die Milchstraße zu und werden bereits in einigen hundert Millionen Jahren von unserer Galaxie verschluckt sein. Im Sternbild Andromeda ist die mit bloßem Auge sichtbare Andromedagalaxie ein beherrschender Gegenpart zu unserer Galaxie in der Lokalen Gruppe, die ungefähr dreißig dicht beieinanderliegende Galaxien umfaßt. Mit dem Fernrohr oder auch einem einfachen Feldstecher (Binokular) kann man im Sternbild Virgo, in der Jungfrau, viele Galaxien aus dem reichen Virgohaufen sehen, die vor zweihundert Jahren von

William Herschel entdeckt wurden. Zu ihnen gehört auch Messier 87, der Prototyp einer starken Radiogalaxie mit ihren „Blasen" aus Radiostrahlung – solche Blasen können sich über Millionen von Lichtjahren auf jeder Seite des Zentrums der Galaxie erstrecken. Im Sternbild Ursa Major, Großer Bär oder auch Großer Wagen genannt, liegt die Galaxie Messier 82, die ebenfalls mit einem einfachen Fernglas erkennbar ist. Sie ist die am nächsten gelegene Starburst-Galaxie (das heißt, sie ist eine Galaxie mit gleichsam „explosiver" Sternentstehungsrate) und steht mit ihrem schönen Spiralbegleiter, Messier 81, in einer intensiven Wechselwirkung.

Diese Objekte, von denen viele in vielen historischen Epochen beschrieben wurden, bauen eine Brücke zwischen der modernen Astronomie – als technisch hochentwickelter Wissenschaft mit ihren aufwendigen Teleskopen auf ausgewählten Berggipfeln oder im Weltraum – und den anderen Facetten menschlicher Kultur. Freilich kennen – selbst in den Reihen der Berufsastronomen – nur wenige den Nachthimmel so gut, daß sie mehr als nur die wenigen allgemein bekannten Sternbilder identifizieren können. Das war einmal anders. Vor zwei- oder dreitausend Jahren kannten die Menschen den Nachthimmel und seine Bewegungen sehr genau, wie die zahlreichen astronomischen Bezüge in der historischen Literatur belegen, sei es nun in der chinesischen Dichtung oder bei den griechischen und römischen Klassikern. Für Dantes Vision der Welt war die Astronomie zentral, und die Werke von Shakespeare und seinen Zeitgenossen sind voller astronomischer Anspielungen. Dagegen findet man in modernen Schriften nur in Ausnahmefällen Bezüge zur Astronomie.

Gleichgültig dem Sternhimmel gegenüber wurden die Menschen offenbar nicht erst zu der Zeit, in der sie – zunehmend der Natur entfremdet – in die Städte mit ihren riesigen Dunstglocken zogen. Man sollte meinen, daß zumindest die bedeutenden Romantiker, etwa Goethe und Byron, den Nachthimmel gekannt haben. Aber in ihren Werken findet sich nicht die Spur davon. Dort wird zwar beredt von „den Sternen" gesprochen, aber man findet kaum Hinweise darauf, daß sie den Namen eines einzelnen gekannt hätten.

Seit dem 16. Jahrhundert waren Literaten, die mit dem Nachthimmel vertraut waren und darüber schrieben – wie Milton, Tennyson, Thomas Hardy, Italo Calvino – eher die Ausnahme als die Regel. Dennoch waren die Sterne in allen Jahrhunderten in der Literatur eine einflußreiche und bedeutende Metapher.

Vielleicht verloren die Menschen das Interesse an Himmelsbeobachtungen, weil nach Kopernikus und Galilei alles erklärt zu sein schien. Die unregelmäßigen Bewegungen der Planeten entlang des Tierkreises bargen keine Geheimnisse mehr, und die Vorstellung, daß Kometen schreckliche Vorboten seien, war als unbegründet verworfen worden. Das menschliche Schicksal wurde nicht mehr mit dem Nachthimmel in Verbindung gebracht, und nach und nach verlor die Beobachtung der Sterne an Bedeutung. Aber die Entdeckungen der modernen Astronomie zeigen, daß unsere Vergangenheit und unsere Zukunft beide eng mit den Sternen verbunden *sind*. Mit ihren modernen Teleskopen auf Berggipfeln oder in einer Erdumlaufbahn gewinnen die Astronomen heute Bilder von Sternen und Galaxien, wie sie bis vor gar nicht allzu langer Zeit völlig unvorstellbar gewesen wären. Und mit diesen Bildern kam auch ein neues Verständnis der Sterne und des Universums.

Zumindest zwei Entdeckungen der Astronomie unserer Zeit sind vollkommen überraschend und stehen in keinerlei Beziehung zu einem Stern oder einer Galaxie am Nachthimmel, die man mit bloßem Auge oder Fernrohr beobachten könnte: Das gilt zum einen für die Quasare, die quasistellaren Radioquellen. Der hellste Quasar, 3C273, ist dreihundertmal schwächer als der schwächste Stern, der noch mit bloßem Auge sichtbar ist (seiner Helligkeit nach gehört er zur zwölften Größenklasse). In Kapitel 11 kommen wir auf diese Objekte zurück. Das zweite Phänomen ist die Hintergrundstrahlung im Mikrowellenbereich, die man als Reststrahlung aus den heißen Anfangsphasen des Urknalls deutet – die gegenwärtige Kosmologie beruht zum großen Teil auf dem Urknallmodell. Man hat diesen Mikrowellenhintergrund unwillkürlich vor Augen, wenn man nach Sendeschluß das Flimmern auf dem Fernsehschirm betrachtet. Denn dieses „Rauschen" beruht unter anderem auch auf der Hintergrundstrahlung. Diese Strahlung hängt in gewisser Hinsicht auch mit der *Dunkelheit* des Nachthimmels zusammen, die für Astronomen und Philosophen lange paradox schien, weil es in einem unendlichen Universum hell sein müßte. Dieses sogenannte Olberssche Paradoxon blieb jahrhundertelang ein Rätsel, bis Edgar Allan Poe die Dunkelheit mit dem endlichen Alter des Universums erklärte – das Licht der fernsten Sterne hat uns einfach noch nicht erreichen können. Aber ich möchte darauf hinweisen, daß der Himmel im Mikrowellenbereich ziemlich hell ist – legt man die Energie zugrunde, so ist die Strahlung ungefähr ebenso hell wie die Milchstraße im sichtbaren Bereich. Die Hintergrundstrahlung wird im achten Kapitel behandelt.

Steht unsere eigene Existenz mit den Eigenschaften des Universums in derart enger Beziehung, daß wir annehmen müssen, die kosmologischen Parameter seien exakt auf die Lebensbedingungen des Menschen abgestimmt? Diese Annahme ist die Grundlage des *Anthropischen Prinzips*, eine faszinierende, metaphysische Spekulation, die sich unmöglich überprüfen läßt. Ein Argument lautet zum Beispiel, daß weder die Sterne noch wir selbst existieren würden, wenn die Schwerkraft auch nur um ein weniges schwächer oder stärker wäre. Diese Argumentation ist jedoch auf fast alle physikalischen Gesetze und chemischen Eigenschaften anwendbar. Bislang sind wir bei unseren Versuchen, zu erklären, wie Sterne und Galaxien im Universum entstanden oder wie sich das Leben auf der Erde entwickelte, nicht besonders erfolgreich, und es scheint daher verfrüht, vorhersagen zu wollen, was geschehen oder nicht geschehen könnte, wenn das Universum anders wäre. Es ist aber nun einmal dieses Universum, und es kommt darauf an, es so, wie es ist, zu verstehen und zu bewundern.

4

Das Hubblesche Gesetz, die kosmische Entfernungsleiter und der Urknall

Im Jahre 1929 entdeckte der amerikanische Astronom Edwin Hubble, daß sich das Universum ständig ausdehnt. Grundlage dieser Entdeckung war seine Beobachtung, daß die Spektrallinien entfernter Galaxien zu den größeren Wellenlängen am roten Ende des Spektrums hin verschoben sind. Wenn man diese *Rotverschiebung* als Dopplerverschiebung deutet, heißt das, daß sich die Galaxien von uns entfernen. Dieser Dopplereffekt ist im Zusammenhang mit Schallwellen allgemein bekannt. Wenn ein pfeifender Zug auf uns zukommt, erhöht sich die Tonhöhe oder Frequenz des Pfeifens; sobald er sich von uns entfernt, sinkt die Tonhöhe. Dieser Effekt wurde 1842 von dem österreichischen Physiker Christian Doppler entdeckt und mit einem Orchester in einem fahrenden Zug nachgewiesen. Im Falle des Lichtes der sich entfernenden Galaxien entspricht die Rotverschiebung, das heißt die relative Verschiebung der Wellenlänge, gerade dem Verhältnis von Fluchtgeschwindigkeit zu Lichtgeschwindigkeit.

Hubble stellte außerdem fest, daß die Rotverschiebung – das heißt, die Fluchtgeschwindigkeit der Galaxien – mit wachsender Entfernung von uns zunimmt. Das gilt allgemein für alle Richtungen, in denen sich Galaxien befinden. Die einfachste Erklärung

4.1 Edwin Hubble (1889–1953).

beinhaltet, daß sich das gesamte Universum ausdehnt. Auf den ersten Blick mag es so aussehen, als befänden wir uns im Mittelpunkt des Kosmos – die Galaxien „fliehen“ in allen Richtungen von uns weg. Aber der Schein trügt, denn ein Beobachter in einer anderen Galaxie würde denselben Effekt beobachten: Auch er sähe sich im Zentrum und die anderen Galaxien schienen in jeder Richtung von ihm zu fliehen.

Hubbles Entdeckung der universellen Expansion kann in ihrer Bedeutung kaum überschätzt werden. Sie ist ein Meilenstein in der Geschichte, vergleichbar mit dem Weltsystem des Kopernikus, bei dem die Sonne im Mittelpunkt des Sonnensystems steht. In diesem Kapitel möchte ich die Belege für die Expansionsbewegung unseres Universums diskutieren und auf die nach wie vor heftigen Kontroversen über Größe und Alter des Universums eingehen. Die Meßmethoden für kosmische Entfernungen, die sich vom Sonnensystem bis zu den fernsten Galaxien erstrecken und die ich die *kosmische Entfernungsleiter* genannt habe, bilden – penibel nach Entfernungen geordnet – die Grundlage für die gesamte kosmologische Forschung. Ich werde auch das Urknallmodell des frühen Universums und die neue Annahme beschreiben, daß das Universum zu einem sehr frühen Zeitpunkt eine Phase spektakulärer Aufblähung – eine kosmische Inflation – durchlaufen hat.

Das Hubblesche Gesetz

Für sich genommen ist die Rotverschiebung in den Galaxienspektren noch kein schlüssiger Beweis für die Expansion des Universums; schließlich könnten wir uns andere physikalische Effekte

4.2 Die Andromedagalaxie M31 ist eine nahegelegene Spiralgalaxie, die unserer Milchstraße ähnelt. M31 und die Milchstraße sind die dominierenden Galaxien in der Lokalen Gruppe von Galaxien.

vorstellen, die eine Rotverschiebung verursachen könnten. Solche Erklärungsversuche hielten jedoch der Zeit nicht stand, wohingegen sich das Bild eines expandierenden Universums durch viele unabhängige Belege bestätigen ließ. Ein Grund dafür, daß Hubbles Entdeckung sofort als Hinweis für eine universelle Expansion akzeptiert wurde, liegt darin, daß entsprechende Expansionsmodelle bereits zwischen 1917 und 1924 von de Sitter, Einstein, Eddington, Lemaître und Friedman aus Einsteins Allgemeiner Relativitätstheorie abgeleitet worden waren. Aber es tauchte sofort ein Problem auf. Als Expansionszeit des Universums ergaben sich aus den Hubbleschen Messungen zwei Milliarden Jahre, was im krassen Widerspruch zum Alter der Erde steht, das mit 4,5 Milliarden Jahren deutlich höher liegt. Die einfachsten kosmologischen Modelle, die aus der Allgemeinen Relativitätstheorie abgeleitet werden, ergeben für das Alter des Universums allerdings geringere Werte als die geschätzte Expansionszeit, weil die Eigengravitation der Materie im Universum die Ausdehnung verlangsamt. Um an ein expandierendes Universum zu glauben, mußte man annehmen, daß eine der beiden Zeiten falsch bestimmt worden sei. Dies war in der Tat der Fall, aber für zwei Jahrzehnte verursachte diese Diskrepanz den Kosmologen ernsthafte Kopfschmerzen. Um die Widersprüche aufzuklären, erfanden Hermann Bondi, Tommy Gold und Fred Hoyle im Jahre 1948 die sogenannte Steady-State-Kosmologie. Heutige, verbesserte Schätzungen der Entfernungen schränken die Expansionszeit auf 10 bis 20 Milliarden Jahre ein, im Vergleich zu einem Erdalter von 4,5 Milliarden Jahren und einem Alter unserer Milchstraße von 10 bis 15 Milliarden Jahren.

Die Kontroverse über die Entfernungsskala läßt sich an der sogenannten Hubblekonstanten H_0 (ausgesprochen „H-Null") festmachen. Bei kleinen Rotverschiebungen um weniger als 10 Prozent kann die Geschwindigkeit nach folgender einfachen Formel berechnet werden:

$$\text{Rotverschiebung} = \frac{\text{Geschwindigkeit der Galaxie}}{\text{Lichtgeschwindigkeit}}$$

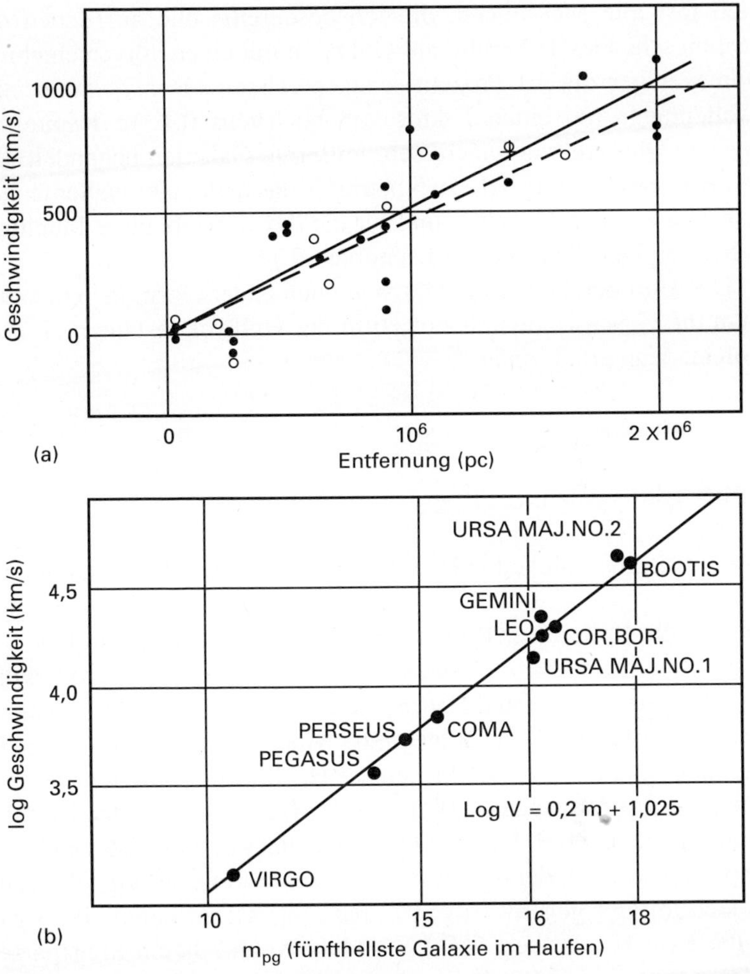

4.3 Das Hubblesche Gesetz verknüpft die Geschwindigkeit der Galaxien mit der Entfernung. Bei den Daten von 1929 (a) liegen die am weitesten entfernten Galaxien im Virgohaufen. Die 1931 von Hubble und Humason veröffentlichten Daten bezogen Galaxien in deutlich größeren Entfernungen ein (b).

(Diese Beziehung ist im wesentlichen eine Newtonsche Gleichung und bricht zusammen, wenn die Fluchtgeschwindigkeit sich der Größenordnung der Lichtgeschwindigkeit nähert. Jedoch beziehen sich fast alle Messungen, die ich beschreibe und auf denen das Hubblesche Gesetz beruht, auf Galaxien mit einer Rotverschiebung von weniger als 10 Prozent – entsprechend einer Zunahme der Wellenlänge um einen Faktor von höchstens 0,1. In Kapitel 12 werden Quasare und andere sehr entfernte Galaxien behandelt, deren Rotverschiebung nahezu 5 beträgt – das heißt, alle Wellenlängen haben sich versechsfacht – und für die das Konzept einer Fluchtgeschwindigkeit nicht mehr anwendbar ist.)

Das Hubblesche Gesetz läßt sich auch anders formulieren, wenn man die Geschwindigkeit mit Hilfe der Hubblekonstanten H_0 ausdrückt. Man erhält dann:

Rotverschiebung *proportional zu* Entfernung,

wobei gilt:

$$\text{Geschwindigkeit} = H_0 \times \text{Entfernung}$$

und H_0 die Rolle einer Proportionalitätskonstanten übernimmt.

Astronomen messen Geschwindigkeiten in Kilometer pro Sekunde (abgekürzt: km/s) und Entfernungen in Megaparsec (1 Megaparsec = 1 Million Parsec, abgekürzt: Mpc, und 1 Parsec = 3,2615 Lichtjahre, abgekürzt pc), daher hat H_0 die Einheit Kilometer pro Sekunde pro Megaparsec (km/s/Mpc). Der Kehrwert der Hubblekonstanten, also $1/H_0$ hat die Dimension einer Zeit und ist gerade die Expansionszeit, in der das Universum seine Größe verdoppelt, wenn es sich mit der gegenwärtigen Expansionsrate ausdehnt. 1929 gab Hubble für H_0 als Wert 500 km/s/Mpc an, und da ein Megaparsec $3{,}09 \times 10^{19}$ Kilometer sind und ein Jahr $3{,}16 \times 10^{7}$ Sekunden hat, entspricht $1/H_0$ einem Zeitraum von

$$3{,}09 \times 10^{19} / (500 \times 3{,}16 \times 10^{7}) = 2 \text{ Milliarden Jahren}$$

Die Daten, aus denen Hubble sein Gesetz gewann, waren ziemlich dürftig. Die entferntesten Galaxien, die er untersuchte, lagen im

Virgohaufen und hatten nur Geschwindigkeiten von ungefähr 1000 Kilometern pro Sekunde. Heute würden solche Galaxien als benachbart gelten, und nicht unbedingt als repräsentativ für das gesamte Universum. Aber bald schon gelang es Hubble – in gemeinsamer Arbeit mit seinem Assistenten Milton Humason – das einmal gefundene Proportionalitätsgesetz, das die Geschwindigkeit mit der Entfernung verknüpft, auch für wesentlich größere Entfernungen zu belegen: 1931 veröffentlichten beide eine noch viel beeindruckendere Proportionalität, die sogar für Geschwindigkeiten von bis zu 20000 Kilometern pro Sekunde, das sind sieben Prozent der Lichtgeschwindigkeit (Abb. 4.3b), ihre Gültigkeit behielt, und in den folgenden zwanzig Jahren sammelten Hubble, Humason und Nick Mayall die Rotverschiebungen für 850 Galaxien, mit Geschwindigkeiten von bis zu 100000 Kilometern pro Sekunde oder einem Drittel der Lichtgeschwindigkeit.

Hubbles Entfernungsmessungen enthielten etliche Fehler, die während der folgenden Jahrzehnte allmählich berichtigt wurden. 1946 wies der schwedische Astronom Kurt Lundmark auf eine Diskrepanz hin, die zwischen der Hubbleschen Entfernungsbestimmung der Andromedagalaxie M31 und den Entfernungsschätzungen durch Vergleich von Novae oder Kugelhaufen in M31 beziehungsweise in unserer eigenen Galaxie besteht, die höhere Entfernungen ergaben. Für die Entfernungsschätzung von M31 und anderer naher Galaxien hatte Hubble auf einen besonderen Typ veränderlicher Sterne zurückgegriffen, sogenannte Cepheiden-Veränderliche, die nach dem Stern Delta Cephei benannt sind. Bei solchen Sternen besteht eine enge Beziehung zwischen der Periode der Helligkeitsänderung und der Leuchtkraft. Diese Periode-Leuchtkraft-Beziehung hatte Henrietta Leavitt 1912 bei der Untersuchung veränderlicher Sterne in den Magellanschen Wolken gefunden. Durch Vergleich von Cepheiden in einer anderen Galaxie mit ähnlichen Cepheiden in Sternhaufen mit bekannter Entfernung von unserer eigenen Galaxie kann die Entfernung der anderen Galaxie bestimmt werden. 1952 fand der amerikanische Astronom Walter Baade heraus, daß es eigentlich zwei Arten von Cepheiden gibt, die sehr unterschiedliche Periode-Leuchtkraft-Beziehungen aufweisen. Die von Hubble verwendeten Cepheiden aus unserer eigenen Galaxie besaßen eine um den Faktor 2 geringere Leuchtkraft als die untersuchten Cepheiden in anderen Galaxien, so daß er einen zu hohen Wert für die Konstante – und zu kleine Entfernungen – erhielt. Baades Berechnungen ergaben für die Hubblekonstante 250 km/s/Mpc.

Für weiter entfernte Galaxien hatte Hubble die Helligkeit der hellsten Sterne der jeweiligen Galaxie zur Entfernungsbestimmung

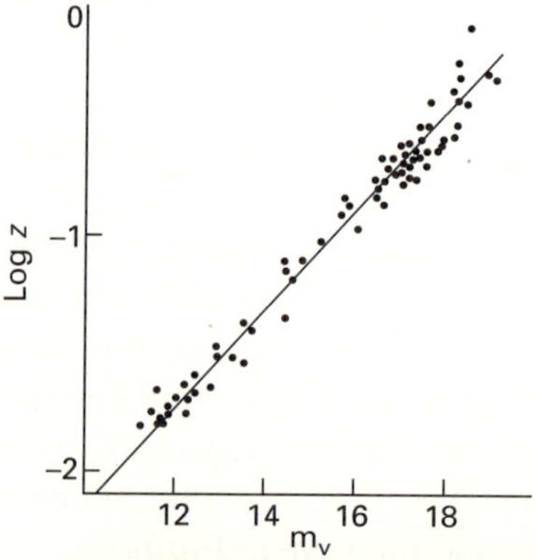

4.4 Eine moderne Darstellung zum Hubbleschen Gesetz mit Rotverschiebungen bis zu einem Wert von 1 (a) und die rotverschobenen Spektrallinien einer entfernten Galaxie (b).

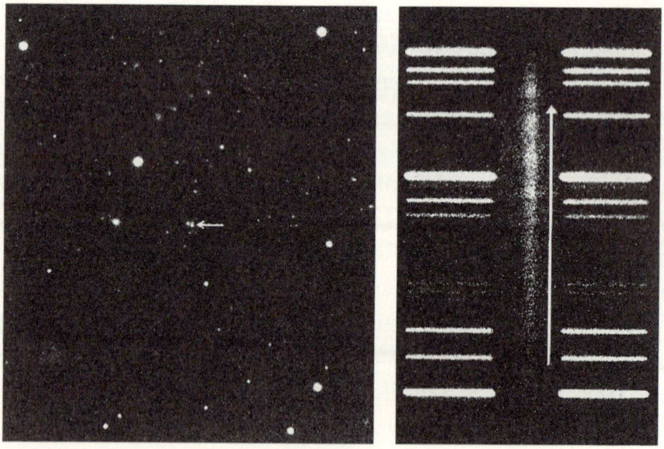

benutzt, aber 1956 entdeckte Allan Sandage, daß es sich nicht um einzelne Sterne, sondern um wesentlich leuchtkräftigere heiße Gaswolken handelte. In einem Artikel, in dem er 1956 zusammen mit Humason und Mayall die Ergebnisse von Hubbles Programm zusammenfaßte (Hubble war 1953 einem Herzschlag erlegen), fügte Sandage in einer Fußnote als Korrektur der Hubblekonstante einen Wert von 180 km/s/Mpc an. Bald entdeckte er jedoch, daß der Fehler schwerer war als zunächst vermutet, und kam 1958 zu dem Schluß, daß die Hubblekonstante nur 75 km/s/Mpc beträgt. In der Rückschau erkennen wir, daß dieser Wert die erste ziemlich genaue Abschätzung der Hubblekonstanten war. Zwischen 1929 und 1958 verringerten sich die geschätzten Werte für die Hubblekonstante um den Faktor sieben. Die Abschätzungen für die Größe des Universums und seine Ausdehnungszeit nahmen entsprechend zu. Angesichts der beträchtlichen Fehler bei den Entfernungsschätzungen in einem nur sehr kleinen Ausschnitt des Universums scheint es ein Glücksfall, daß Hubble überhaupt anhand der Daten von 1929 sein berühmtes Gesetz entdecken konnte. Seit 1958 variieren die Abschätzungen für die Hubblekonstante im Bereich von 50 bis 100 km/s/Mpc, was einer Expansionszeit von 10 bis 20 Milliarden Jahren entspricht.

Spiralnebel und die Debatte zwischen Shapley und Curtis

In diesem Jahrhundert gab es drei große Auseinandersetzungen über die kosmische Entfernungsleiter. Die erste Debatte – über die Entfernung der Spiralnebel – wurde in den ersten beiden Dekaden unseres Jahrhunderts äußerst heftig ausgetragen, aber ihre Wurzeln reichen ein Jahrhundert weiter bis zu den Arbeiten von William Herschel und Lord Rosse zurück. Viele Nebel oder „neblige Flekken", die zuerst von Messier und Herschel im 18. Jahrhundert katalogisiert worden waren, stellten sich im Laufe der spektroskopischen

Untersuchungen als recht nahe Gaswolken heraus – zum Beispiel der Orionnebel. Jedoch blieb die Natur der Nebel, deren spiralförmige Gestalt Lord Rosse in der Mitte des 19. Jahrhunderts nachwies, umstritten. Um 1900 meinten die meisten Astronomen, daß diese Nebel Teile der Milchstraße seien. Die Auseinandersetzung gipfelte 1920 in einem berühmten Streitgespräch zwischen Harlow Shapley und Heber Curtis auf einem Treffen der American Association for the Advancement of Science. Shapley hatte die Größe der Milchstraße gemessen und glaubte, nachgewiesen zu haben, daß sie sehr wohl Objekte wie den Andromedanebel, dessen Entfernung damals noch nicht sehr genau bekannt war, beherbergen könnte. Dagegen war Curtis davon überzeugt, daß die Spiralnebel Systeme außerhalb des Milchstraßensystems seien und hatte sich eine Reihe von Argumenten zurechtgelegt, die seine Ansicht unterstützten. Die Debatte verlief ergebnislos und die Frage wurde erst später zu Gunsten von Curtis entschieden, als Mitte der zwanziger Jahre Edwin Hubbles Arbeiten über die veränderlichen Cepheiden in Galaxien zeigten, daß diese Galaxien weit jenseits der Grenzen der Milchstraße liegen und Hubble darüber hinaus zu seiner berühmten Entdeckung der Expansion des Universums führten.

Der Ursprung der Rotverschiebung bei Quasaren

Die zweite Auseinandersetzung entzündete sich an der Frage nach den Ursachen der Rotverschiebung bei Quasaren und erreichte ihren Höhepunkt Anfang der siebziger Jahre. Die außergewöhnlichen Eigenschaften der Quasare, insbesondere ihre gewaltige Leuchtkraft – einige hundertmal mehr als die gesamte Energieabstrahlung unserer eigenen Galaxie, und das, obwohl das Emissionsgebiet nicht viel größer als unser Sonnensystem zu sein scheint – weckten bei einigen Astronomen die Vermutung, daß die Rotverschiebung der Quasare nichts mit der Expansion des Universums zu tun hat. Die

Rotverschiebung ließe sich auch mit starken Gravitationsfeldern in den Quasaren selbst oder mit einem gewaltigen Materieausstoß nach lokalen Explosionen erklären, bei dem enorme Geschwindigkeiten auftreten. Zu den Verfechtern einer „lokalen" Ursache der Rotverschiebung der Quasare gehörten unter anderen James Terrell, Halton Arp, Geoff Burbidge und Fred Hoyle. Zu jener Zeit fiel mir auf, daß alle Argumente zugunsten kosmologischer Entfernungen der Quasare nur auf eine Unterklasse dieser Objekte zutrafen. Daher bestand die Möglichkeit, daß es, ähnlich wie bei der früheren Auseinandersetzung über die Nebel, zwei vollkommen verschiedene Klassen von Quasaren geben könnte – eine nahegelegene und eine in wahrhaft kosmologischen Entfernungen. Ich war enttäuscht, daß diese einleuchtende Argumentation die Wortführer der Kontroverse kaum beeindruckte – sie wußten anscheinend aufgrund einer tiefen inneren Überzeugung, daß sich ihre eigene Hypothese durchsetzen würde. Wie es so geht: es zeigte sich rasch, daß die Verfechter der kosmologischen Sicht im Recht waren – diesmal war es also nur eine kurzlebige Kontroverse, wobei die „lokale" Theorie für die Quasare nicht viele Befürworter hatte. Den wichtigsten Beleg für die kosmologische Natur der Quasare lieferte eine sorgfältige Untersuchung von Alan Stockton, der herausfand, daß Quasare mit einer geringen Rotverschiebung oft in Galaxiengruppen lagen, deren Rotverschiebung genau der der Quasare entsprach. Da die Rotverschiebung bei den Galaxien als kosmologisch galt, war dies mit gutem Grund auch bei den Quasaren anzunehmen.

Die heutige Debatte über die Hubblekonstante und die Größe des Universums

Die dritte Auseinandersetzung über die Entfernungsskala, die heute in veränderter Form fortgesetzt wird, brach in einer außergewöhnlich scharfen Form 1976 bei einer Konferenz auf, die in Paris die Rotverschiebung und die Expansion des Universums zum Thema hatte. Damals legten Gerard de Vaucouleurs sowie Allan Sandage und Gustav Tammann divergierende Abschätzungen für die Größe des Universums vor, die sie aus der Hubblekonstanten berechnet hatten – die Werte differierten um den Faktor 2. Während einer Diskussion fragte ich die Hauptakteure, welcher Wertebereich für die Hubblekonstante ihrer Meinung nach auszuschließen sei. Die beiden Bereiche, die sie nannten, waren völlig verschieden und überschnitten sich nicht einmal. Da sich die Untersuchungen mehr oder weniger auf dieselben Galaxien und recht ähnliche Methoden stützten und oft sogar dieselben Beobachtungsdaten verwendet worden waren, fand ich diese Diskrepanz wenig glaubwürdig. Ich beschloß, diesem Widerspruch auf den Grund zu gehen und beschäftigte mich in den folgenden sechs Jahren intensiv mit diesem Thema und verbrachte sechs Jahre damit, ein Buch darüber zu schreiben, das unter dem Titel *The Cosmological Distance Ladder* erschien.

4.5 Allan Sandage (a) und Gerard de Vaucouleurs (b).

Dabei ist es mir meiner Ansicht nach zumindest teilweise gelungen, die Divergenz zwischen den beiden Seiten zu klären.

Allan Sandage arbeitete 1952, kurz vor Hubbles Tod, am Mount-Wilson-Observatorium, wo er Hubbles kosmologisches Programm fortführen sollte und dafür am 5-Meter-Teleskop auf Mount Palomar beträchtliche Beobachtungszeiten zugeteilt bekam. Er betrachtete die Cepheiden als Herzstück der Entfernungsskala und nahm sich vor, die Cepheiden-Methode auf eine gesicherte Grundlage zu stellen, indem er Cepheiden zuerst in den nahen Galaxien der sogenannten Lokalen Gruppe und dann in weiter entfernten Gruppen untersuchte. 1963 kam der Schweizer Astronom Gustav Tammann zu Sandage, und zwischen 1968 und 1975 veröffentlichten beide eine Reihe von Artikeln, in denen sie eine Entfernungsleiter bis hin zu den größten kosmischen Skalen aufbauten. Zuerst bestimmten sie mit Hilfe von Cepheiden die Entfernungen zu mehreren benachbarten Galaxien, die gemeinsam mit unserer Galaxie einen Teil der Lokalen Gruppe bilden, sowie zur Galaxie NGC2403 in der nahegelegenen Galaxiengruppe um M81. Anschließend benutzten sie Galaxien dieser beiden Gruppen zur Eichung der nächsten Entfernungssprosse auf der Leiter: sie bestimmten die Leuchtkraft und die Ausdehnung der hellsten Wolken aus ionisiertem Gas in Galaxien, die auch „H II-Regionen" genannt werden, weil H II eine Bezeichnung für ionisierten Wasserstoff ist. Indem sie Größe und Leuchtkraft der hellsten H II-Regionen einer Galaxie mit der Gesamtleuchtkraft der Galaxie in Beziehung setzten, konnten sie die Entfernung aller anderen Galaxien abschätzen, in denen H II-Regionen beobachtbar waren. Schließlich eichten sie mit Hilfe der Galaxien, deren Entfernung anhand der H II-Regionen bestimmt worden war, einen dritten Entfernungszeiger, die „Leuchtkraftklasse" von Spiralgalaxien. Der kanadische Astronom Sidney van den Bergh hatte 1960 entdeckt, daß die Leuchtkraft von Spiralgalaxien mit der Prägnanz und dem Kontrast ihrer Spiralarme zusammenhängt, die er in „Leuchtkraftklassen" einteilte. Anhand ihrer Leuchtkraftklasse kann die Entfernung einer Spiralgalaxie abgeschätzt werden. 1975 zogen Sandage und Tammann diese Leuchtkraftklassen heran, um bis zu großen

Entfernungen vordringen zu können und die Hubblekonstante unabhängig von lokalen Bewegungen zu bestimmen. Dabei fanden sie einen Wert von 55 km/s/Mpc, mit einem Fehler von ± 6 km/s/Mpc.

Ich begegnete Allan Sandage erstmals 1966 während eines Aufenthaltes in Pasadena. Dort besuchte ich Michael und Margaret Penston, die am California Institute of Technology arbeiteten und die ich einige Jahre zuvor als Kommilitonen kennengelernt hatte. Michael Penston kannte Sandage und hielt ihn für äußerst umgänglich und offen. Daher rief ich Sandage an und bat um ein Treffen. Er lud mich in sein Arbeitszimmer in der Santa Barbara Street ein (im zentralen Institut der Mount-Wilson- und Palomar-Observatorien). Er war sehr liebenswürdig und machte sich die Mühe, mir das von ihm und Tammann verwendete Programm zur Bestimmung der Hubblekonstanten zu erklären. Er zeigte mir die Photoplatten, mit denen er arbeitete, und seinen Blinkkomparator, mit dem man zwei Platten, die zu verschiedenen Zeitpunkten aufgenommen wurden, auf Veränderungen bei einzelnen Sternen untersuchen und insbesondere variable Sterne wie die Cepheiden identifizieren kann. Es war nicht einfach! Bereits damals war sich Sandage darüber im klaren, daß für die Hubblekonstante ein Wert von ungefähr 50 km/s/Mpc herauskommen mußte, um die offensichtlichen Widersprüche zwischen dem hohen Alter der Kugelhaufen (18 Milliarden Jahre nach seiner damaligen Schätzung) und dem Alter des Universums (höchstens 13 Milliarden Jahre, sofern die Hubblekonstante tatsächlich den 1958 angegebenen Wert von 75 km/s/Mpc hatte) zu überwinden. Bei einer Hubblekonstanten von 55 km/s/Mpc kann das Universum bereits ein Alter von 18 Milliarden Jahre haben, genug Zeit für die Kugelhaufen, sofern sie schon früh in der Geschichte des Universums entstanden sind. Ein paar Jahre später ergaben theoretische Untersuchungen zur Sternentwicklung sogar niedrigere Schätzungen für das Alter der Kugelhaufen, so daß sich das Problem weiter vereinfachte.

Auf der Hauptversammlung der Internationalen Astronomischen Union in Grenoble im Juli 1976 hatte man den französischen Astronomen Gerard de Vaucouleurs zu einem Vortrag über die Entfernungsskala eingeladen. Er verblüffte die Anwesenden mit einem detaillierten und peinlich genauen Angriff auf die Arbeiten von Sandage und Tammann, indem er in feinsinnigem Sarkasmus jeden einzelnen ihrer Schritte zerpflückte. Da Sandage und Tammann an dem Kongreß nicht teilnahmen, empfand ich es als angebracht, daß jemand ihre Position verteidigen müßte und merkte in der Diskussion zu Gerards Vortrag an, daß es zwar relativ leicht sei, ihr Programm zu kritisieren, daß man aber andererseits nur mit ungeheurem Arbeitsaufwand eine bessere Entfernungsskala als Alternative dagegensetzen könne. In der Tat dauerte es dann noch einige Jahre, bis Gerard de Vaucouleurs detaillierte Kritik und sein konkurrierendes Programm zur Entfernungsskala abgeschlossen war und veröffentlicht werden konnte. Im gleichen Jahr 1976 stellten de Vaucouleurs und Tammann auf dem bereits erwähnten Kongreß in Paris zum Thema Rotverschiebung und Expansion des Universums ihre widersprüchlichen Ansichten über die kosmologische Entfernungsskala vor. Dabei wurde die These, daß die Rotverschiebung der Quasare nicht kosmologisch sei, von ihren Befürwortern noch einmal besonders nachdrücklich vertreten, obwohl diese Frage eigentlich bereits entschieden war, nachdem Alan Stockton viele Beispiele von Quasaren in Gruppen von Galaxien entdeckt hatte, die dieselbe Rotverschiebung wie der Quasar hatten.

Weitere Kritiker brachten Einwände gegen Sandages und Tammanns Entfernungsskala vor. So vertrat 1976 der junge kanadische Astronom Barry Madore die Ansicht, daß Sandage und Tammann die Entfernung der Galaxie NGC2403 in der M81-Gruppe überschätzt hätten, weil sie den Einfluß des interstellaren Staubes in der Galaxie unterschätzt hätten. 1977 benutzte ein anderer junger Astronom, der Australier David Hanes, Kugelhaufen in Galaxien, um darzulegen, daß der Virgohaufen nicht so weit entfernt sei, wie Sandage und Tammann behaupteten. 1979 unterzog Richard Kennicutt die Methode der H II-Regionen einer detaillierten Analyse und säte beträchtlichen Zweifel an deren Gültigkeit. Ich erinnere mich, daß Sandage damals im Gespräch verstimmt auf die Art reagierte, wie junge Astronomen, die oft erst am Beginn ihrer Forschungsarbeit standen, ihn angriffen.

Im Jahr 1977 entdeckten der Amerikaner Brent Tully und der Franzose Richard Fisher eine neue Methode zur Bestimmung von Entfernungen, die unter dem Namen Tully-Fisher-Methode bekannt wurde. Sie beruht auf einem Zusammenhang zwischen der charakteristischen Rotationsgeschwindigkeit der Scheiben von Spiralgalaxien und ihrer optischen Leuchtkraft. Die Rotation einer Galaxie läßt sich anhand des Profils einer Spektrallinie, zum Beispiel im optischen Bereich des Spektrums, untersuchen. Tully und Fisher stützten sich hier auf eine Spektrallinie des neutralen Wasserstoffs, die im Radiobereich mit einer Wellenlänge von 21 cm ausgestrahlt wird. Unter der Voraussetzung, daß wir nicht genau senkrecht auf die rotierende Galaxie blicken, sondern seitlich, können wir – abgesehen von der Hubbleschen Fluchtbewegung – feststellen, daß sich die eine Seite der Galaxie auf uns zubewegt, während sich die andere von uns wegdreht. Diese Rotationsgeschwindigkeiten sind im Vergleich zur Fluchtgeschwindigkeit zwar gering, haben aber beobachtbare Folgen. Die Emissionslinien der Galaxie sind zusätzlich zur expansionsbedingten Rotverschiebung auf der sich von uns wegdrehenden Seite rotverschoben und auf der näherkommenden Seite blauverschoben. Das führt zu einer Verbreiterung des Linienprofils, die ein Maß für die Rotationsgeschwindigkeit liefert. Wenn Galaxien schnell rotieren, sind sie auch massereich und leuchtkräftig – und anhand dieses Zusammenhangs lassen sich ihre Entfernungen aus der jeweiligen Rotationsgeschwindigkeit und der scheinbaren Helligkeit abschätzen. Die ersten Ergebnisse dieser Methode führten Tully und Fisher zu einer kürzeren Entfernungsskala und damit einer größeren Hubblekonstante als die Skala von Sandage und Tammann. Die Tully-Fisher-Methode wurde dann von de Vaucouleurs und auch von Sandage und Tammann übernommen, wobei bezeichnenderweise vollkommen andere Schlußfolgerungen abgeleitet werden: De Vaucouleurs fand eine Hubblekonstante von 100 km/s/Mpc, während Sandage und Tammann mit derselben Methode einen Wert von 50 km/s/Mpc für die Hubblekonstante ermittelten.

De Vaucouleurs– Entfernungsskala beruhte, ähnlich wie die von Sandage und Tammann, auf drei „Entfernungsmarken“ erster, zweiter und dritter Ordnung. Während Sandage und Tammann auf jedem Niveau nur eine Entfernungsmarke verwendet hatten (Cepheiden, H II-Regionen und Leuchtkraftklassen von Spiralgalaxien), setzte de Vaucouleurs, der sich auf viele Mitarbeiter, und insbesondere auch seine Frau Annette, stützen konnte, soviele Methoden ein, wie er nur finden konnte. Einige davon wurden zum ersten Mal in seinen Artikeln beschrieben und waren noch nicht im Detail erforscht. So berechtigt seine Kritik an Sandage und Tammann in einigen Punkten war – in seine eigene Entfernungsskala hatten sich gleichfalls einige Zirkelschlüsse und Widersprüchlichkeiten eingeschlichen. Die Diskrepanz zwischen beiden Skalen beruhte zu einem großen Teil bereits auf unterschiedlichen Entfernungsberechnungen für die nächsten Galaxien der Lokalen Gruppe. Die Skalen unterschieden sich auch im Hinblick auf die zugrundegelegte Absorption durch interstellaren Staub in unserer eigenen Galaxie. Bei dem Versuch, die Widersprüche zwischen den beiden Skalen zu klären, kam ich dann auf natürlichem Wege zu einer mittleren Entfernungsskala und einer Hubblekonstante von 67 km/s/Mpc, mit einem Fehler von 15 km/s/Mpc, die sich bei optimaler Abschätzung ergab. Das Hauptproblem waren nicht die tatsächlich berechneten Werte für die Hubblekonstante, sondern die überschätzten Genauigkeiten – tatsächlich liegen beide Werte innerhalb des möglichen Schwankungsbereichs.

Schließlich schlugen Sandage und Tammann 1982 eine vollkommen neue Entfernungsskala vor. Sie gaben nun die H II-Regionen und die Leuchtkraftklassen von Spiralgalaxien als zu unzuverlässige Anhaltspunkte zur Entfernungsbestimmung auf und stützten sich stattdessen auf die hellsten roten Sterne in Galaxien und Supernovae vom Typ I. Die Vorstellung, daß die hellsten Sterne einer Galaxie alle dieselbe Leuchtkraft besitzen und daher gute Indikatoren zur Entfernungsschätzung sind, hatte sich bereits Hubble 1929 zunutze gemacht, aber sie war später in Mißkredit geraten. Schließlich konnte die amerikanische Astronomin Roberta Humphreys in einer 1979–1980 veröffentlichten Reihe von Artikeln jedoch belegen, daß die hellsten Roten Riesen in Galaxien der Lokalen Gruppe anscheinend tatsächlich jeweils dieselbe Leuchtkraft besitzen. Sandage und Tammann nutzten diese Tatsache aus, um die Entfernung zu zwei Galaxien im nahen Haufen Canis Venatici zu bestimmen, in dem sich eine Supernova vom Typ I ereignet hatte. Eine solche Supernova ist eine Sternenexplosion, bei der ein Weißer Zwerg in einem Doppelsternsystem explodiert, weil zuviel Materie von seinem Begleiter auf ihn strömt. Typ I-Supernovae erreichen eine gewaltige Leuchtkraft und können für einige Monate das gesamte übrige Licht der Galaxie überstrahlen, so daß man sie noch aus großen Entfernungen beobachten kann. Erstaunlicherweise scheinen sie im Helligkeitsmaximum immer ungefähr dieselbe Leuchtkraft zu erreichen und eignen sich daher ausgezeichnet als Entfernungsmarke. Die neue Hubblekonstante von Sandage und Tammann betrug wiederum 50 km/s/Mpc. Die Leuchtkraft, die Typ I-Supernovae im Helligkeitsmaximum erreichen, läßt sich anhand theoretischer Modelle für explodierende Weiße Zwerge berechnen und auch geometrisch anhand der beobachteten Expansion der bei einer Supernova-Explosion abgestoßenen Hülle bestimmen. Beide Ergebnisse stimmen recht gut mit dem von Sandage und Tammann abgeleiteten Wert überein. Typ II-Supernovae, die bei der Explosion massereicher Sterne (mit mehr als zehn Sonnenmassen) als Endstadium ihres Lebens auftreten, können gleichfalls zur Entfernungsschätzung von Galaxien dienen, aber da sie keine so gewaltige Leuchtkraft erreichen, kann man sie nicht in so großen Entfernungen untersuchen wie Typ I-Supernovae.

In der Zwischenzeit stürzte sich eine weitere Arbeitsgruppe auf die Entfernungsskala. Marc Aaronson und Jeremy Mould vom Steward-Observatorium begannen, die Tully-Fisher-Methode auf die Leuchtkraft im Infrarotbereich – und nicht nur der optischen Leuchtkraft – anzuwenden. Ihnen fiel auf, daß die Verknüpfung der Leuchtkraft einer Galaxie mit ihrer Rotationsgeschwindigkeit bei einer Wellenlänge im Infrarotbereich, zum Beispiel bei 1,6 Mikrometern, sogar noch enger war als bei optischen Wellenlängen. Sie konnten diese Methode auf Galaxienhaufen in viel größeren Entfernungen anwenden, als es zuvor mit irgendeiner anderen Methode möglich gewesen war, ausgenommen die Entfernungsbestimmung anhand der Typ I-Supernovae. Barry Madore und seine Kollegen gingen auch bei den Cepheiden zum Infrarotbereich über. Die Beziehung zwischen der Leuchtkraft und der Pulsationsperiode wies im Infrarotbereich geringere Streuung auf als im optischen Bereich. Darüber hinaus verringert sich im Infrarotbereich das Problem, der Absorption durch interstellaren Staub durch Korrekturen Rechnung tragen zu müssen. Mit dieser Methode ergaben sich Entfernungen zu Galaxien der Lokalen Gruppe, die mit den von Sandage und Tammann gefundenen übereinstimmten.

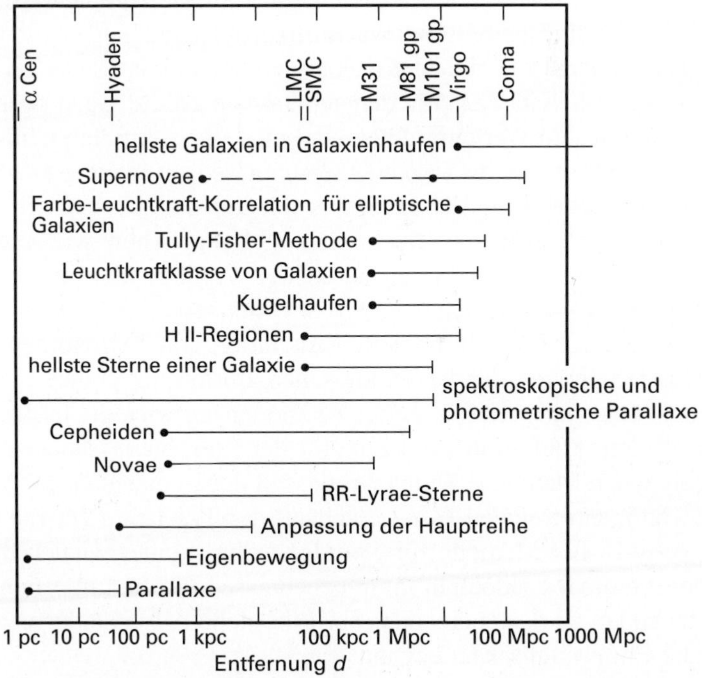

4.6 Die kosmologische Entfernungsleiter: Für die verschiedenen Entfernungsbereiche sind hier die astronomischen Objekte angegeben, die jeweils zur Entfernungsbestimmung herangezogen werden können. (LMC und SMC sind die internationalen Kürzel für die Große und Kleine Magellansche Wolke.)

Als 1982 die erste Manuskriptfassung meines Buches über die Entfernungsskala und die Hubblekonstante, das mich seit der Konferenz von 1976 in Paris über die Rotverschiebung und die Expansion des Universums beschäftigt hatte, fertig wurde, schickte ich das Manuskript natürlich auch an Sandage, Tammann und de Vaucouleurs, den ich danach im Sommer 1982 bei einer Sommerschule in Varenna am Comer See traf, wo wir beide Vorlesungen hielten. Er hatte das Manuskript äußerst sorgfältig gelesen, und aus seiner enzyklopädischen Kenntnis der astronomischen Literatur und der Geschichte der Astronomie ergaben sich Hunderte von Korrekturen und Anmerkungen. Tammann schickte mir eine viel kürzere Liste mit Anmerkungen. Weil mein Endergebnis für die Hubblekonstante näher an seinem Ergebnis lag, war er im großen und ganzen mit dem Buch zufrieden, trotz meiner Kritik an seinem und Sandages Verfahren. Aber von Sandage, für den ich immer größte Bewunderung hegte – denn sein Werk umfaßt so viel moderne Astronomie, und er hat sein Fach immer bis an die äußersten Grenzen weitergebracht – erhielt ich keine Anmerkungen. Als ich ihn darauf ansprach, behauptete er, er habe das Buch nicht gelesen. Aber, wie Gustav Tammann mir bereits verraten hatte, war Sandage überrascht, daß das Buch gar nicht so schlecht wie erwartet sei.

Seit 1982 stellt sich eine neue Generation von Astronomen den Herausforderungen der kosmologischen Entfernungsleiter, und es wurden eine ganze Reihe neuer Methoden entwickelt. Ich selbst kam zu dem Schluß, daß die Zukunft der Entfernungsskala in den beiden neuen Methoden liegen würde, mit denen man nennenswerte Entfernungen erreichen konnte: anhand der Typ I-Supernovae und der Tully-Fisher-Methode für Spiralgalaxien. Leider wichen diese beiden Methoden jedoch in ihren Ergebnissen für die Entfernungen der Galaxien stark voneinander ab. Eine neue Auseinandersetzung um die Entfernungsskala begann.

1987 stellten Alan Dressler, Donald Lynden-Bell und ihre Mitarbeiter eine neue Methode vor, die ebenfalls beträchtliche Entfernungen erreichen konnte, die „D-σ-Methode“ für elliptische Galaxien. Diese Methode beruht auf einer empirischen Beziehung zwischen dem Durchmesser der Galaxien und der mittleren Geschwindigkeit der Sterne in diesen Galaxien. Sie führt anscheinend zu Entfernungen, die zwischen den Ergebnissen der Tully-Fisher-Methode für Infrarotdaten und der Typ I-Supernovae-Methode liegen. Eine weitere Entwicklung, die eine mittlere Entfernungsskala begünstigt, kam in Gang, als Chris Pritchett und Sidney van den Bergh in Galaxien des Virgohaufens Novae entdeckten. Diese Novae sind im Vergleich zu Supernovae weniger gewaltige Eruptionen von Weißen Zwergen in Doppelsternsystemen. Allerdings konnten die Widersprüche zwischen den verschiedenen Meßmethoden für große Entfernungen bis heute nicht beseitigt werden, so daß wir trotz aller Anstrengungen in den letzten zwanzig Jahren nach wie vor lediglich sagen können, daß die Hubblekonstante mit an Sicherheit grenzender Wahrscheinlichkeit zwischen 40 und 100 km/s/Mpc liegt und mit hoher Wahrscheinlichkeit 50 bis 90 km/s/Mpc betragen dürfte, was einem Alter des Universums von 11 bis 20 Milliarden Jahren entspricht.

Und plötzlich sah man einen gewissen seltsamen Stern

In den letzten Jahren ließen drei aufregende Entwicklungen hoffen, die Hubblekonstante in Zukunft genau bestimmen zu können: die Entdeckung einer Supernova in der Großen Magellanschen Wolke, die Entdeckung von Gravitationslinsen und schließlich die wachsende Aussicht, in den Galaxien des Virgohaufens einzelne helle Sterne zu identifizieren.

„Sehet, direkt über uns sah man plötzlich einen gewissen seltsamen Stern . . . Verzaubert und wie erstaunt und überwältigt stand ich still.“ Mit diesen Worten begann Tycho Brahe seinen Bericht über die Entdeckung eines explodierenden Sterns, der Supernova von 1572, der ersten in der Geschichte der Menschheit, die dem prüfenden Blick eines ernstzunehmenden Wissenschaftlers ausgesetzt war.

Zwar hatten die chinesischen Astronomen mindestens seit dem Jahr 185 vor Christus viele Supernovae aufgezeichnet, aber sie scheinen lediglich deren Erscheinen bemerkt und daraus die damals üblichen astrologischen Schlüsse gezogen zu haben. Tycho beobachtete seine Supernova Nacht für Nacht, zeichnete ihre Veränderungen in Helligkeit und Farbe auf und wies nach, daß sie zum angeblich unveränderlichen Reich der Fixsterne gehörte. Übrigens konnte Tycho den neuen Stern kaum übersehen, denn er lag gerade oberhalb des W in der Cassiopeia, eines der bekanntesten Sternbilder.

Nur 32 Jahre später, 1604, konnte Tychos Schüler Johannes Kepler eine weitere Supernova untersuchen, die mit bloßem Auge sichtbar war. Aber merkwürdigerweise ereignete sich in den folgenden vier Jahrhunderten keine mit bloßem Auge sichtbare Supernova, obwohl Astronomen vermuten, daß in der Milchstraße ungefähr alle fünfzig Jahre eine aufleuchten sollte. Die meisten davon bleiben unseren Blicken jedoch verborgen, weil interstellarer Staub ihr Licht schwächt. Die erste Supernova, die in einer anderen Galaxie entdeckt wurde, wurde 1885 in der Andromedagalaxie mit dem Fernrohr entdeckt, und es hätte nicht viel gefehlt, um sie auch mit bloßem Auge sehen zu können. Damals kannte man die Entfernung der Andromedagalaxie nicht – erst vierzig Jahre später erkannte Hubble die riesige Entfernung dieser Galaxie. So konnte man die gewaltige Leuchtkraft des Ereignisses von 1885 erst viele Jahre später erkennen. Fritz Zwicky prägte den Namen „Supernova" für solche Ereignisse. Seitdem suchten die Astronomen routinemäßig nach Supernova-Ereignissen in Galaxien und lernten allmählich, Entfernungen von Galaxien mit Hilfe dieser „Leuchtfeuer" abzuschätzen.

Nach vierhundert Jahren ohne spektakuläre Supernova ist verständlich, daß am 23. Februar 1987 die Mitteilung von Ian Shelton, er habe in der Großen Magellanschen Wolke eine Supernova entdeckt, fieberhafte Aktivität unter den Astronomen auslöste. Die Große Magellansche Wolke ist eine irreguläre Zwerggalaxie, die in einer Entfernung von nur 160 000 Lichtjahren eng um die Milchstraße kreist. Sie wurde in Europa zuerst durch Magellans Erdumsegelung von 1519–1522 bekannt und liegt in der Nähe des Südpols. Daher sagten nach der Supernova-Beobachtung in der Großen Magellanschen Wolke die Observatorien auf der südlichen Halbkugel eilig und aufgeregt die geplanten Beobachtungen ab, um das astronomische Ereignis des Jahrhunderts zu beobachten. Der Ultraviolettsatellit *IUE* (International Ultraviolet Explorer) machte die entscheidenden Beobachtungen, mit deren Hilfe der explodierte Stern identifiziert wurde. Theoretiker ließen eilig neue Computermodelle für explodierende massereiche Sterne laufen, die sich zu Supernovae wie die 1987A entwickeln könnten. In unterirdischen Laboratorien prüften Wissenschaftler, ob ihre Detektoren für Teilchen mit hoher Energie vielleicht den Neutrinoausbruch registriert hätten, den der Kern des sterbenden Sterns beim Kollabieren zum Neutronenstern hervorruft. Es ist eine bemerkenswerte Leistung des menschlichen Geistes, den Tod eines Sterns mit 20 Sonnenmassen so genau berechnen zu können. Die Modelle sagen voraus, daß der größte Teil der beim Kollaps des Kerns freiwerdenden Energie in einem Neutrinoausbruch freigesetzt wird. Die Neutrinos treten mit den umgebenden Oberflächenschichten des Sternes in Wechselwirkung und treiben eine Stoßwelle durch den ganzen Stern. Die Temperatur ist dabei in der Stoßwelle so hoch, daß es zu einer ganzen Reihe verschiedener raschablaufender Reaktionen kommt, durch die Neutrinos eingefangen werden. Durch den Neutrinoeinfang entstehen in Supernovae viele Elemente und Isotope des Periodensystems, vor allem auch radioaktive Isotope. Die wichtigste Reaktion besteht darin, daß ungefähr eine Sonnenmasse Nickel 56 entsteht, das dann radioaktiv zu Kobalt 56 zerfällt, das sich wiederum spontan in Eisen 56 umwandelt. Dieser Zerfallsprozeß führt in den späteren Stadien der Supernova-Explosion der Sternhülle die meiste Energie zu. Tatsächlich wurden Neutrinos in der erwarteten Menge nachgewiesen, und die Helligkeit der Supernova fiel nach dem Maximum langsam exponentiell ab – mit einer Halbwertzeit von 77 Tagen, entsprechend dem radioaktiven Zerfall von Kobalt 56 zu Eisen 56.

Natürlich war alles nicht ganz so einfach, wie ich es hier beschrieben habe. Als wir Ian Sheltons Telegramm erhielten, vermuteten

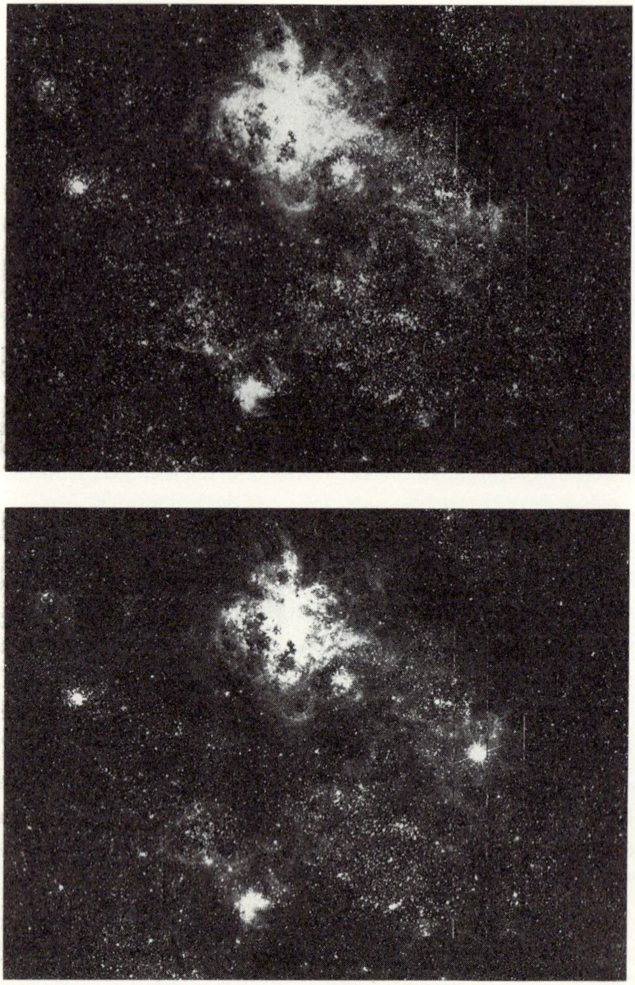

4.7 Die Supernova 1987A in der Großen Magellanschen Wolke. Das obere Bild zeigt einen Teil der Wolke vor der Supernova, das untere zeigt dasselbe Gebiet nach der Explosion (heller Stern rechts von der Bildmitte).

viele, die sich mit Supernovae beschäftigten, daß diese Supernova in wenigen Tagen einer der hellsten Sterne am Himmel werden könnte.

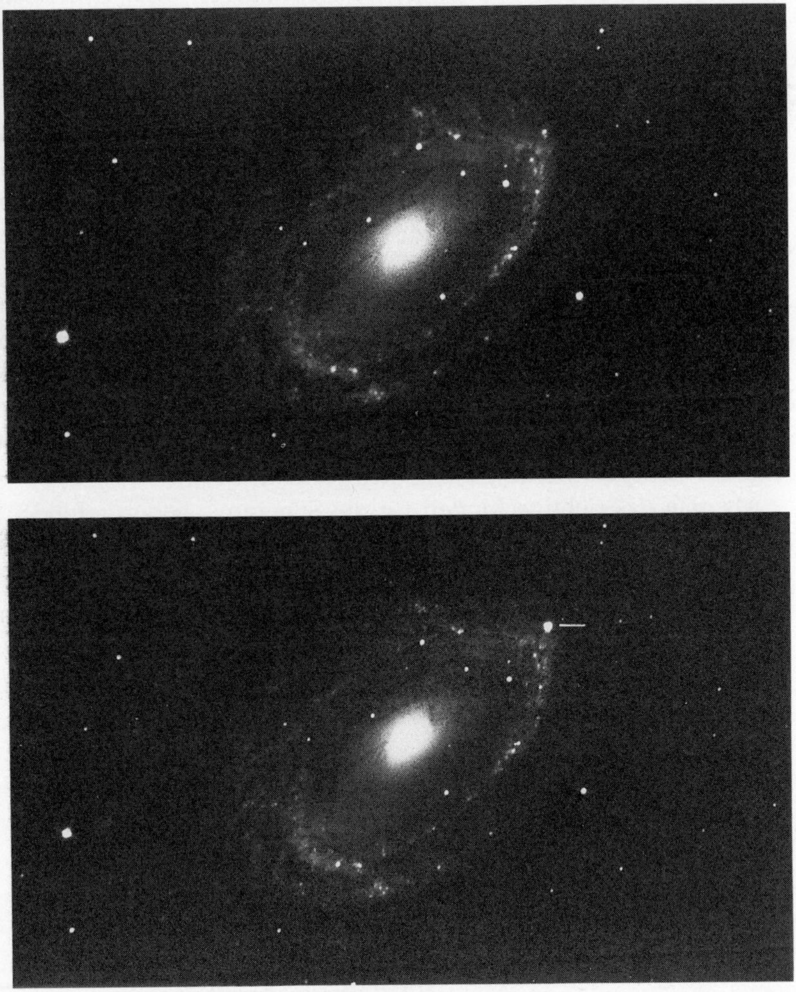

4.8 Eine Supernova in einer entfernten Galaxie.

Stattdessen erreichte sie nur die Größenklasse 2,5 und war damit hundertmal schwächer als erwartet. Die Theoretiker waren erstaunt und mußten wieder von vorne anfangen. Dann entdeckte man, daß der Vorläuferstern keineswegs ein gewaltiger Roter Überriese war, wie man es bei einem sterbenden massereichen Stern erwartet hätte, sondern ein wesentlich kleinerer Blauer Riese, der bereits den größten Teil seiner äußeren Schichten verloren hatte. Nur für einen solchen Stern stimmten die Vorhersagen der Modellrechnungen näherungsweise mit den Beobachtungen an der Supernova SN 1987A überein. Ein entscheidender Faktor dabei ist, daß die Sterne in der Großen Magellanschen Wolke eine viel geringere Häufigkeit der „schweren" Elemente (d. h. schwereren Elementen als Kohlenstoff) haben als die Sterne unserer Galaxie, weil dort die Sterne (die Fusionsöfen für schwere Elemente) nicht so schnell in großer Zahl entstehen wie in unserer Galaxie, wo die Sternentstehungsrate höher ist. Diese Häufigkeit der schweren Elemente in der Großen Magellanschen Wolke hat zur Folge, daß die Entwicklung der dortigen Sterne ganz anders verläuft.

Als man das richtige Modell für die Supernova herausgefunden hatte, war es einfach, ihre Entfernung zu messen. Die Angaben über Temperatur und die Geschwindigkeit des expandierenden Gases, die Ian Shelton in seinem Telegramm vom 23. Februar mitgeteilt hatte, erlaubten eine grobe Schätzung der Entfernung. Diese grobe Abschätzung für die Entfernung der Großen Magellanschen Wolke stimmte gut mit den Ergebnissen vieler anderer Methoden überein. Genauere Beobachtungen und Rechnungen von David Branch, David Arnett und anderen bestätigten dies. Daher liefert die Supernova 1987A eine glänzende Bestätigung der Supernova-Methode für die Entfernungsbestimmung und bringt uns einem endgültigen Wert der Hubblekonstanten näher. Neuere Schätzungen anhand von Supernovae liegen im Bereich von 50 bis 65 km/s/Mpc.

Als sei ein nahes Supernova-Ereignis im Leben nicht Aufregung genug, erschien am 31. März 1993 eine weitere Supernova in der Galaxie Messier 81, die Amateurastronomen aus Madrid entdeckten. M81 liegt in einer Entfernung von zehn Millionen Lichtjahren als größte Galaxie in einer Gruppe von Galaxien, die unserer Lokalen Gruppe mit am nächsten liegt. Diese Entdeckung muß unbedingt dazu genutzt werden, die Entfernungsskala und die Hubblekonstante zu bestimmen, denn M81 ist eine der Galaxien, in denen Cepheiden untersucht wurden. Daher können nun beide Methoden – Entfernungsbestimmungen mit Hilfe von Cepheiden und von Supernovae – verknüpft werden.

Die Entdeckung der Gravitationslinsen

Eine weitere neue Entwicklung, die zur Bestimmung der Hubblekonstanten beitragen kann, stützt sich auf ein davon vollkommen verschiedenes exotisches Phänomen der modernen Astronomie – auf die *Gravitationslinsen.* Weil nach der Allgemeinen Relativitätstheorie die Gravitation den Lichtweg abgelenkt, kann ein Stern oder eine Galaxie wie eine Sammellinse wirken, indem sie das Licht in ihrer Umgebung ablenkt und so ein Bild der Quelle fokussiert (siehe Abbildung 4.9). Gravitationslinsen liefern allerdings nicht so

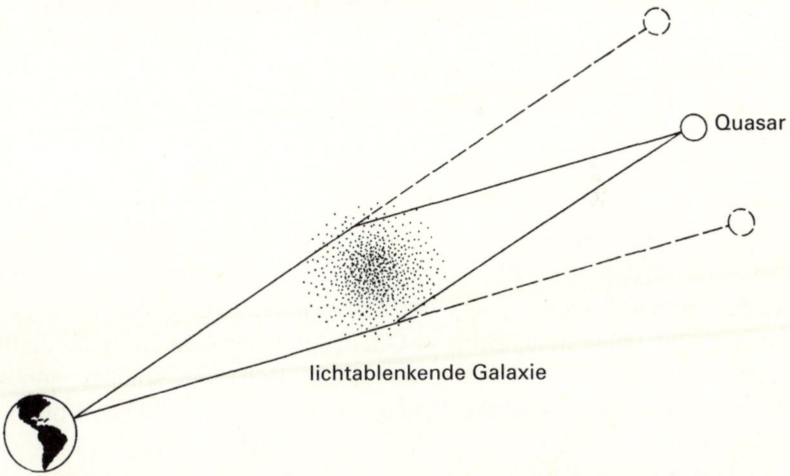

4.9 Gravitationslinsen: Das Prinzip einer Gravitationslinse am Beispiel eines entfernten Quasars mit einer Galaxie, die das Licht in der näheren Umgebung leicht ablenkt, so daß man auf der Erde zwei oder mehr Bilder des Quasars sieht.

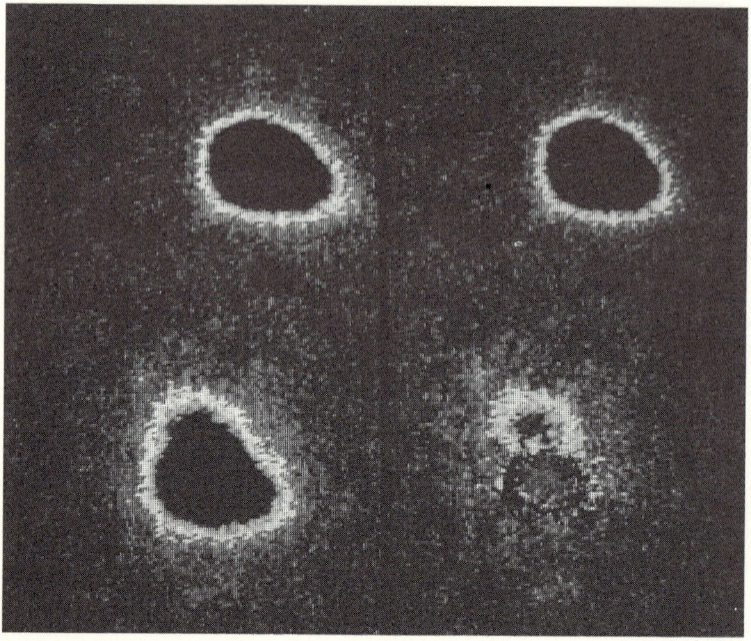

4.10 Die Bilder des Quasars 0957+561 lassen eine Galaxie als Gravitationslinse erkennen. Links sieht man die beiden Quasarbilder in der Originalaufnahme, wobei das untere Bild erkennbar eine Überlagerung mit der Galaxie ist. Zieht man von diesem überlagerten Bild das obere ungestörte Quasarbild ab, so wird die Galaxie erkennbar (rechts unten).

perfekte Bilder wie Glaslinsen, da von einer Quelle mehrere Bilder erzeugt werden können. Am häufigsten treten ein oder mehrere Kreisbögen auf. Wenn Quelle und Linse genau in einer Reihe ausgerichtet sind, entsteht als Bild der Quelle ein Ring. Seit 1979 das erste Beispiel erkannt wurde, hat man viele Beispiele solcher durch Gravitationslinsen erzeugte Bilder entdeckt, meist Quasare hinter Galaxien.

Die Eigenschaften der Gravitationslinsen hat der norwegische Astronom Sjer Refsdahl in den sechziger Jahren erstmals im Detail aufgezeigt. Ich weiß noch, wie wir ihm damals bei einem Treffen vorgehalten haben, daß dies eine viel zu abstruse Vorstellung sei, und daß man solche Linsen wahrscheinlich niemals finden würde. Aber Refsdahl, ein zurückhaltender, aber bestimmter Mann, beharrte auf seinen Rechnungen und zeigte sogar, wie man anhand der Gravitationslinsen die Hubblekonstante messen könnte. Für dieses Verfahren genügte es, eine veränderliche Hintergrundquelle zu beobachten und ihre Veränderungen in zwei verschiedenen Bildern zu identifizieren, die die bündelnde Galaxie erzeugt, indem sie das Licht auf verschiedene Wege lenkt. Inzwischen hat man solche Bilder beobachtet und erste vorläufige Schätzungen für die Hubblekonstante daraus abgeleitet. Diese Werte liegen zwischen 50 und 75 km/s/Mpc, und wahrscheinlich läßt sich die Genauigkeit anhand weiterer Beispiele noch steigern.

Die Entfernung zum Virgohaufen

Eine entscheidende Methode zur endgültigen Festlegung der kosmischen Entfernungsleiter beruht auf der Identifikation und Vermessung einzelner heller Sterne in Galaxien des Virgohaufens. Der Virgohaufen ist für die kosmische Entfernungsleiter so wichtig, weil er der nächste reiche Galaxienhaufen ist. Mehrere tausend Galaxien sind hier in einem Volumen versammelt, dessen Durchmesser kaum größer ist als drei Millionen Lichtjahre – der Durchmesser unserer Lokalen Gruppe mit nur etwa dreißig Galaxien. Solche Haufen können auf Photoplatten oder abbildenden Detektoren noch in riesigen Entfernungen beobachtet werden. Unter den Verfechtern der verschiedenen Methoden zur Entfernungsmessung gibt es zwar enorme Meinungsverschiedenheiten im Hinblick auf die tatsächliche Entfernung des Virgohaufens, aber über die relative Entfernung der verschiedenen Galaxienhaufen besteht eine recht gute Übereinstimmung. Wenn also die Entfernung des Virgohaufens endgültig geklärt werden könnte, wäre die Auseinandersetzung um die Entfernungsskala und die Hubblekonstante im wesentlichen beendet.

Zu den wichtigsten Aufgaben des *Hubbleteleskops* sollte ursprünglich die Vermessung der hellsten Sterne in den Galaxien des Virgohaufens gehören, aber wegen der Fehler im Spiegel war dieses Ziel vor der Korrektur der „Sehschärfe" des Teleskops unerreichbar. Einige Astronomen behaupten, daß man sich diesem Ziel bereits mit erdgebundenen Teleskopen nähere – zum Beispiel in Arbeitsgruppen auf Hawaii (geleitet von Mike Pierce) und auf La Palma auf den Kanarischen Inseln (geleitet von Tom Shanks). Wenn dies zutrifft, sollte die Entfernung des Virgohaufens im unteren Bereich der neueren Abschätzungen liegen, und die Hubblekonstante könnte stattliche 90 km/s/Mpc betragen. Die hellsten Sterne von Galaxien sind jedoch keine sehr verläßlichen Standardkerzen für Entfernungsschätzungen. Wir wissen in Wirklichkeit nicht, ob die hellsten Sterne verschiedener Galaxien immer dieselbe Leuchtkraft haben. Zwingendere Beweiskraft hätte es, wenn man in den Galaxien des Virgohaufens veränderliche Cepheiden finden könnte, weil diese veränderlichen Sterne eine eindeutige Beziehung zwischen Pulsationsperiode und Leuchtkraft aufweisen und deshalb zur genauen Entfernungsschätzung dienen können. Beim Virgohaufen ist das allerdings schwieriger als eine Entfernungsbestimmung aufgrund der hellsten Sterne, weil die Cepheiden nicht zu den hellsten Sternen einer Galaxie gehören.

Eine neuere, sehr interessante Entwicklung wurde 1992 bekanntgegeben. Dabei benutzten Allan Sandage und seine Kollegen das *Hubble-Weltraumteleskop*, um Cepheiden in der Galaxie IC4182 zu untersuchen. Obwohl diese Galaxie drei- oder viermal näher liegt als der Virgohaufen, ist sie von besonderem Interesse, weil dort 1937 eine Typ I-Supernova ausbrach. Es handelt sich um die uns nächste Galaxie mit einem solchen Ereignis in neuerer Zeit.

Sandage und seine Kollegen untersuchten ungefähr 27 Cepheiden in IC4182 und konnten anhand ihrer Messungen als genaue Entfernung dieser Galaxie 15 Millionen Lichtjahre angeben. Daraus ergibt sich eine direkte Abschätzung für die Leuchtkraft der Supernova von 1937, die wiederum dazu dienen kann, die Entfernungen viel weiter entfernter Galaxien abzuschätzen, in denen ebenfalls Typ I-

Supernovae aufgetreten waren. Aus den Fluchtgeschwindigkeiten dieser Galaxien konnten Sandage und seine Mitarbeiter schließlich dann eine Hubblekonstante bestimmen: 51 km/s/Mpc. Dies ist bis heute der überzeugendste Hinweis darauf, daß die Hubblekonstante wohl am unteren Ende des derzeit allgemein akzeptierten Bereichs liegt.

Wie wir noch sehen werden, weisen auch andere Entwicklungen in der Kosmologie nachdrücklich auf eine Hubblekonstante am unteren Ende des möglichen Bereichs hin, und ich würde mich sehr wundern, wenn die Hubblekonstante außerhalb des Bereichs zwischen 50 und 70 km/s/Mpc läge, der einer Expansionszeit des Universums von 14 bis 20 Milliarden Jahren entspricht. Weil die Schwerkraft die Expansion verlangsamt, dürfte das Alter des Universums kleiner sein als die Expansionszeit. In den einfachsten Modellen für das Universum entspricht das Alter zwei Dritteln der Expansionszeit, also 9 bis 13 Milliarden Jahren. Neuerdings liegt die beste Schätzung für die ältesten Sterne in unserer Galaxie bei 13 Milliarden Jahren, mit einem Fehler von einer Milliarde Jahren, während radiometrische Datierungen eine Spanne von 10 bis 15 Milliarden Jahren zulassen. Alles könnte genau zusammenpassen. Aber es liegt eine aufregende Zeit vor uns, in der die Genauigkeit dieser verschiedenen Messungen einen Grad erreichen wird, der wirklich endlich etwas Neues über das Universum vermitteln könnte.

Das Universum des Urknalls

Wir wollen nun etwas genauer untersuchen, was das Hubblesche Gesetz über unser Universum verrät. Edwin Hubbles Entdeckung der Fluchtbewegung der Galaxien – die umso schneller ist, je weiter die Galaxien entfernt sind – hat aufgezeigt, daß wir offenbar in einem expandierenden Universum leben. Wenn man nun diese Expansion in die Vergangenheit extrapoliert, also die Zeit gleichsam rückwärts laufen läßt, so gelangt man zu einem singulären Ereignis – dem Beginn der Expansion vor 10 bis 15 Milliarden Jahren.

Allerdings ist die Entstehung des Universums in einem „Urknall“ nicht die einzig mögliche Erklärung für das Hubblesche Gesetz. Herman Bondi, Tommy Gold und Fred Hoyle hatten 1948 ein Steady-State-Modell vorgeschlagen, in dem das expandierende Universum als ein stationärer Zustand erklärt wird: die mittlere Dichte im Universum wird auf einem konstanten Wert gehalten, indem ständig neue Materie erzeugt wird.

Der Nachweis, daß das Universum in der Tat in einem Urknall begann und in seinen frühen Phasen von Strahlung beherrscht war, kam 1965 mit der Entdeckung der Hintergrundstrahlung im Mikrowellenbereich, die in Kapitel 8 im Detail beschrieben wird. Das Universum wurde tatsächlich in einem nuklearen Feuerball geboren. Es gibt drei Belege, die die meisten Astronomen vom Urknallmodell überzeugten und allmählich alle anderen Modelle verdrängt haben. Zum einen läßt sich die Homogenität und Isotropie der Hintergrundstrahlung, die gleichmäßig aus allen Richtungen kommt, nicht mit einem Ursprung im Sonnensystem oder der alles andere als homogenen Verteilung der Galaxien vereinbaren. Ein zweiter Beleg ist das Spektrum der Hintergrundstrahlung, das heißt, wie die Intensität für unterschiedliche Frequenzen variiert. Dieses Spektrum stimmt nämlich mit dem Spektrum eines idealen „Schwarzen Körpers“ überein, bei dem sich Materie und Strahlung im thermischen Gleichgewicht befinden –“schwarz“ heißt hier, daß der Körper ein perfekter Absorber oder Strahler ist. Im Labor läßt sich ein Schwarzer Körper annähernd durch einen Hohlraum realisieren, der – ähnlich wie ein Ofen – auf konstanter Temperatur gehalten wird. Auch die Oberflächen von Sternen sind nahezu Schwarze Körper. Für das Spektrum eines Schwarzen Körpers hat nun Max Planck, der Begründer der Quantentheorie, gezeigt, daß die Form des Spektrums, die Wellenlänge, bei der das Intensitätsmaximum liegt und die Intensität, die dort erreicht wird, nur von der Temperatur des Strahlers abhängen. Wenn wir also ein solches Spektrum vor uns haben, wissen wir, daß Materie und Strahlung in der Quelle bei einer bestimmten Temperatur im thermischen Gleichgewicht sind. Nun sind Materie und Strahlung im heutigen Universum keineswegs im thermischen Gleichgewicht, so daß die Form des Spektrums der kosmischen Hintergrundstrahlung aus einem Zustand der Vergangenheit stammen muß, in dem ein solches Gleichgewicht bestand. Das Spektrum bestätigt, daß es sich tatsächlich um eine Reststrahlung aus einem heißen Urknall handeln muß. Als dritter und entscheidender Beleg erwiesen sich die beobachteten Häufigkeiten der leichten Elemente Deuterium, Helium und Lithium im Universum, die sich mit der Elemententstehung in Sternen nicht erklären lassen, aber mit den Vorhersagen des Urknallmodells in Einklang stehen.

Der Mikrowellenhintergrund ist über den ganzen Himmel hin ungemein gleichförmig – wobei winzige Abweichungen von einem Promille auftreten: in entgegengesetzten Richtungen ist die Strahlung auf der einen Seite einen Hauch heller, auf der anderen ein wenig schwächer. Diese leichte Abweichung von perfekter Gleichförmigkeit läßt sich am einfachsten damit erklären, daß unsere Galaxie (wie auch ihre benachbarten Galaxien) mit einer Geschwindigkeit von ungefähr 600 km/s durch den Raum rast. Anhand von 2 400 Galaxien, die der *IRAS*-Satellit entdeckt hatte, haben meine Kollegen und ich vor kurzem die Massenverteilung im Universum in einem Umkreis von 300 Millionen Lichtjahren kartiert und festgestellt, daß sich die Bewegung unserer Galaxie einfach durch die Schwerkraft von ungefähr einem Dutzend großer Galaxienhaufen in dem beobachteten Volumen erklären läßt. (Ich werde diese Entdeckung in Kapitel 9 genauer beschreiben.)

Wenn man die Bewegung unserer Galaxie durch den Raum berücksichtigt, sieht der Mikrowellenhintergrund in allen Richtungen gleich aus – bis auf eine Abweichung von 1 : 100 000! Das ist bemerkenswert einförmig. Die Mikrowellenstrahlung, die wir beobachten, stammt aus derart weit voneinander entfernten Bereichen, daß die Homogenität in den verschiedenen Richtungen nicht auf einem wechselseitigen physikalischen Einfluß beruhen kann – ein solcher Einfluß kann nicht schneller als mit Lichtgeschwindigkeit über Entfernungen hinweg wirken. Die Mikrowellen, die wir heute empfangen, wurden nach dem Urknall nur einige hunderttausend

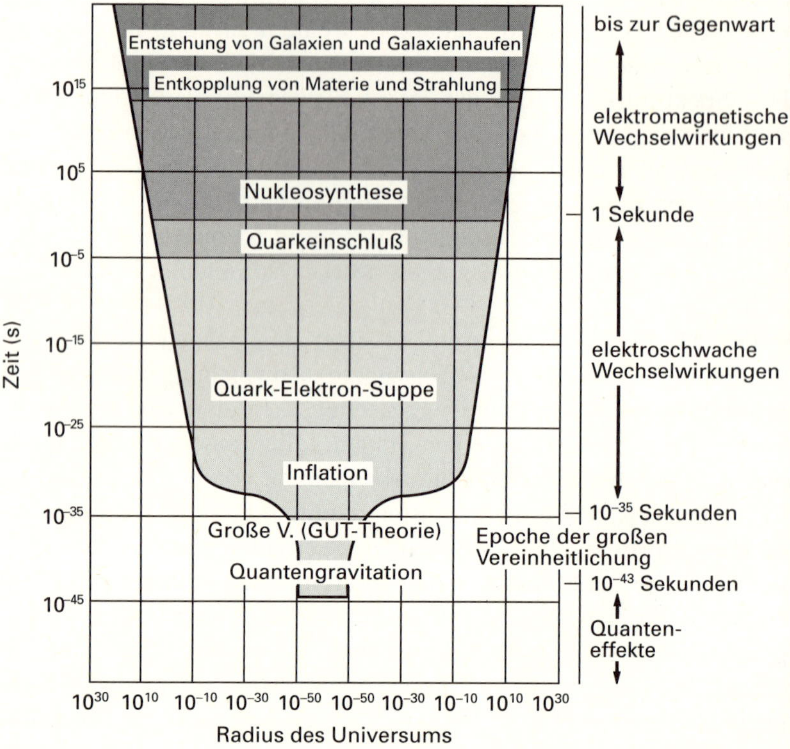

4.11 Die Entwicklung des Universums in schematischer Darstellung. In den 10^{43} Sekunden nach Beginn des Urknalls dominieren Quanteneffekte, wobei die vier Grundkräfte der Physik (Elektromagnetismus, schwache und starke Kernkräfte und Schwerkraft) noch in einer einzigen „Urkraft“ vereinigt sind. Danach separiert sich die Schwerkraft als erste eigenständige Kraft ab, während die drei anderen Kräfte in einer „Großen Vereinheitlichung“ zusammenbleiben. Wenn sich am Ende dieser Epoche 10^{35} Sekunden nach dem Beginn des Urknalls die starke Kernkraft von der „elektroschwachen“ abtrennt, beginnt die Inflationsphase. Die Materie im Universum liegt jetzt in Form einer „Teilchensuppe“ aus Elektronen und Quarks (den Bauteilen von Protonen und Neutronen) vor, aber die beherrschende Energieform ist Strahlung. Erst nach einer Sekunde verbinden sich die Quarks zu Protonen und Neutronen, und die schwache Kernkraft und die elektromagnetische Kraft trennen sich. Nun beginnt die Nukleosynthese der Atomkerne, die sich bis zum Ende der ersten drei Minuten des Universums fortsetzt. Im 300 000 Jahre alten Universum ist die Materie schließlich soweit abgekühlt, daß sie für Strahlung durchlässig wird – die Entstehung von Galaxien und Galaxienhaufen kann beginnen.

Jahre ausgestrahlt. Bis zu diesem Zeitpunkt konnte Materie also nur in einem Umkreis von einigen hunderttausend Lichtjahren von anderer Materie beeinflußt werden. Um zu sehen, welchem Volumen diese Entfernungen heute entsprächen, müssen wir die Tatsache berücksichtigen, daß das Universum sich seither um den Faktor 1 000 ausgedehnt hat. Somit würde das Volumen im Umkreis oder „Ereignishorizont" der abstrahlenden Materie heute einem Gebiet von einigen hundert Millionen Lichtjahren im Durchmesser entsprechen. Das ist ein ziemlich kleines Gebiet im Vergleich zu den zwanzig Milliarden Lichtjahren, die zwei Gebiete auf entgegengesetzten Seiten des Himmels trennen. Wie konnten alle diese isolierten Materiestücke eigentlich „wissen", daß sie gleich sein mußten? Dieses *Problem des Ereignishorizonts* ist ein echtes Paradoxon, das sich im einfachen Urknallmodell nur durch die Annahme beseitigen läßt, daß das Universum von Anfang an homogen war.

Dieses führt uns zu einem zweiten Problem im Urknallmodell, das im letzten Jahrzehnt im Zentrum der kosmologischen Forschung stand und in diesem Buch der springende Punkt ist. Die Galaxien, die Sterne und wir selbst sind ein schlagender Beweis dafür, daß das heutige Universum bei weitem nicht gleichförmig ist. Wie könnten diese faszinierenden Strukturen aus einem völlig glatten und gleichförmigen Anfangszustand entstanden sein? Bis vor kurzem nahm man allgemein an, daß die Schwerkraft hier eine entscheidende Rolle spielt, indem sie kleine Unregelmäßigkeiten in der Dichte verstärkt. Allerdings ergibt sich dabei das Problem, daß die Entstehung von Galaxien und Galaxienhaufen nicht mehr Zeit beanspruchen darf, als bis zum Auftauchen der ältesten bekannten Galaxien tatsächlich zur Verfügung stand. Der Mechanismus, durch den die Schwerkraft Dichteschwankungen verstärken könnte, dauert zu lange. Außerdem ist zu fragen, wie die anfänglichen Dichteabweichungen zustandekamen. In dem einfachsten relativistischen kosmologischen Modell müssen wir uns wieder mit der Annahme behelfen, daß bereits zu Beginn kleine Unregelmäßigkeiten vorhanden waren und daß sie gerade die passende Form für die Entstehung der heutigen Strukturen aufwiesen.

Kosmische Inflation

Als Lösung für beide Probleme wurde 1981 das *Inflationsmodell* vorgeschlagen – und zwar von Alan Guth. Ich werde diese Theorie, die in Kapitel 10 noch genauer erläutert wird, hier kurz vorstellen. Nach dem Inflationsmodell blähte sich das gesamte Universum, das wir heute sehen, aus einem einzigen infinitesimalen „Keim" in kürzester Zeit inflationär auf. Die entfernten Materiebereiche, aus denen der heute beobachtete Mikrowellenhintergrund stammt, waren vor Beginn dieser Inflation nahe genug beieinander, um sich gegenseitig zu beeinflussen. Aber woher stammte die Energie für den gewaltigen Expansionsschub? Mathematisch verhält sich das Universum so, als ob es plötzlich einen riesigen Wert für Einsteins „kosmologische Konstante" angenommen hätte. Einstein hatte diese Konstante eingeführt, um ein statisches Modell für das Universum aufstellen zu können, wobei sich hinter der kosmologischen Konstante physikalisch eine Kraft verbirgt, die der Gravitation der

4.12 Alan Guth vom Massachusetts Institute of Technology (MIT), der Erfinder des Inflationsmodells für das Universum.

Materie entgegenwirkt – ich spreche deshalb im folgenden auch von kosmologischer Repulsion. Später waren er und andere Relativistiker der Ansicht, daß dieser Term in den Gleichungen verschwinden sollte. Guth belebte die Vorstellung einer kosmologischen Repulsion und gab ihr eine neue Deutung: sie entspricht der Energiedichte des Vakuums. Unter den extremen Bedingungen der sehr frühen Phasen des Urknalls könnte, den Theorien der Teilchenphysik zufolge, ein anormaler Vakuumzustand mit extrem hoher Energiedichte vorgelegen haben. Paradoxerweise wird also gefordert, daß die Energie für die inflationäre Expansion aus dem Vakuum selbst stammt! Dieses scheint fast wie eine Rückkehr zu Aristoteles und dem *horror vacui*, der ein Geschoß in der Luft vorwärts treibt.

In vielen Versionen des Inflationsmodells ist der Auslöser des Expansionsschubs ein Phasenübergang der Materie im Universum, der normalerweise mit der Epoche der sogenannten Großen Vereinheitlichung in Verbindung gebracht wird. Am Ende dieser Epoche traten zwei Grundkräfte der Physik erstmals getrennt auf, die starke Wechselwirkung (die die Kerne der Atome zusammenhält) und die „elektroschwache" Wechselwirkung, die die elektromagnetische und die schwache Kernkraft (die für Radioaktivität der Atomkerne verantwortlich ist), in sich vereinigt. Vor diesem Phasenübergang, der – kaum vorstellbar – 10^{-35} Sekunden nach Beginn des Urknalls stattfand, waren diese drei Kräfte in der Großen Vereinheitlichten Kraft vereinigt. Mit diesem Modell läßt sich auch die Herkunft kleiner Dichteunterschiede im frühen Universum erklären, wie sie angenommen werden müssen, um der Entstehung von Galaxien und Galaxienhaufen Rechnung zu tragen. Schließlich kann das Inflationsmodell auch erklären, warum wir in einem Universum leben, das hauptsächlich aus Materie und nicht aus Antimaterie besteht.

Zu den Voraussetzungen, die man bei diesem Modell machen muß, gehört die Annahme, daß das Universum zu einem sehr hohen Anteil, vielleicht zu 97 Prozent, aus unsichtbarer Materie einer sehr exotischen Form besteht. Denn nach dem Inflationsmodell müßte das Universum die kritische Dichte erreichen, die ein offenes, unbegrenzt expandierendes Universum von einem geschlossenen Universum unterscheidet, das schließlich in einem „Endknall" wieder in sich zusammenstürzt. Die sichtbare Materie in den Galaxien macht nur etwa 1 Prozent der kritischen Dichte aus. Nimmt man die dunkle Materie hinzu, die nach allgemeiner Ansicht in der Umgebung der meisten Galaxien vorhanden ist, so steigt die Materiedichte auf ungefähr 10 Prozent des kritischen Wertes. Das Inflationsmodell sagt sogar eine beherrschende Verbreitung dunkler Materie voraus. Interessanterweise deutet die oben erwähnte Galaxienvermessung des *IRAS* auf eine allgegenwärtige Verbreitung dunkler Materie hin (siehe Kapitel 9). Aber die Natur dieser Materie bleibt rätselhaft. Und selbst wenn wir solche Materie entdecken könnten, wäre dies noch kein Beweis für die Richtigkeit des Inflationsmodells. In der Tat sehe ich kaum einen Weg, wie sich dieses Modell durch Beobachtungen überprüfen ließe – auch wenn Theoretiker wie Stephen Hawking behaupten, daß winzige Schwankungen oder Rippeln in der Hintergrundstrahlung ein direkter Hinweis auf eine Inflationsphase sei. Trotz der gewaltigen Anstrengungen der Theoretiker scheint das Modell bislang eine zwar faszinierende, aber doch recht metaphysische Spekulation zu sein.

Es ist interessant, das Inflationsmodell und die Allgemeine Relativitätstheorie im Hinblick auf die drei Kriterien für ein gutes neues Modell zu vergleichen: Konsistenz mit erfolgreichen Teilen älterer Theorien, Erklärung bislang nicht erklärbarer Erscheinungen und Vorhersage völlig neuer Phänomene. Eine kosmische Inflation steht mit dem schon bestehenden Heißen Urknallmodell in Einklang, weil sich das Universum nach der Inflationsphase genauso weiterentwikkelt wie im Standardmodell für den Urknall. Es erklärt in der Tat einige Phänomene, die man mit dem alten Modell nicht verstehen kann – so löst es das Problem des Ereignishorizonts und erklärt, wie die winzigen Dichteschwankungen als Voraussetzung für die Entwicklung von Galaxien und Galaxienhaufen bereits im sehr frühen Universum zustandekommen konnten. Allerdings gibt es keine spezifischen Vorhersagen, die sich nur im Rahmen des Inflationsmodells ergeben. In den meisten Versionen des Modells (aber nicht in allen) liegt die Dichte des heutigen Universums sehr nahe am kritischen Wert, durch den sich ein für immer expandierendes offenes Universum von einem geschlossenen unterscheidet, in dem die Expansion zum Stillstand kommt und sich schließlich umkehrt. Aber der kritische Wert ist auch im alten Standard-Urknallmodell sehr naheliegend und wurde von verschiedenen Theoretikern schon lange vor dem Aufkommen des Inflationsmodells vorgeschlagen. Einige Versionen der Inflationstheorie, aber nicht alle, sagen ein besonders einfaches Verteilungsmuster für die Stärke der anfänglichen Dichteschwankungen in verschiedenen Größenordnungen voraus. Aber eine solche einfache Verteilung war bereits im Standard-Urknallmodell 15 Jahre früher vorgeschlagen worden. Wenn das Inflationsmodell nicht mit einigen konkreteren Vorhersagen aufwarten kann, wird es eine interessante Idee bleiben – eine gute wissenschaftliche Theorie ist es damit noch nicht.

5
Ein Infrarotsatellit wird Wirklichkeit

Ich kann mich noch gut an die Zeiten erinnern, als die Eroberung des Weltraums noch eine Utopie war. Als Junge hing ich jede Woche am Radio, um die Sendung „Reise in den Weltraum“ zu hören. Als Teenager erlebte ich die unglaublichen Erfolge der sowjetischen Raumfahrt – den ersten Sputnik, den Flug der Hündin Laika um die Erde und schließlich Jurij Gagarin, der als erster Mensch im Raum Geschichte machte. Als ich dann im Fernsehen den Dokumentarfilm der BBC „Roter Stern im Raum“ sah, in dem auch die traditionelle Gedenkminute sowjetischer Kosmonauten vor einer Mission in Gagarins Büro gezeigt wurde – mit der Uhr, die zum Zeitpunkt seines Todes angehalten worden war – war ich ergriffen.

Unvergeßlich ist für mich auch die Sitzung der Royal Astronomical Society in London, bei der an einem Freitag des Jahres 1966 die erste Aufnahme von der Mondoberfläche gezeigt wurde, die eine Kamera von *Surveyor I* der NASA aufgenommen hatte. Plötzlich gab es eine richtige Landschaft mit Felsen, Staub und entfernten Hügeln. Die Raumfahrtmissionen zur Erforschung des Sonnensystems erlebte ich als befreienden Aufbruch, aber zu den wirklich großen Entdeckungen, die sich in ihrer historischen Bedeutung mit den Entdeckungsreisen der Seefahrer des 15. und 16. Jahrhunderts vergleichen lassen, gehört meines Erachtens die Erschließung der unsichtbaren Wellenlängen, die in den letzten dreißig Jahren mit neuen Teleskopen gelang und bei der Raummissionen eine Schlüsselrolle spielten.

Der Siegeszug der Infrarotastronomie

Als in den sechziger Jahren Infrarotdetektoren auf der Basis infrarotempfindlicher Festkörper entwickelt wurden, konnten Infrarotbeobachtungen in den Spektralbereichen, die erdgestützten Teleskopen zugänglich sind, rasch ausgedehnt werden. Diese Bereiche – die sogenannten Beobachtungsfenster der Atmosphäre – liegen bei Wellenlängen von 1,2; 1,6; 2,2; 3,5; 5; 10 und 20 Mikrometern. Bei den größeren Wellenlängen des Infrarot (drei Mikrometer oder mehr) wirkt sich Wasserdampf in der Atmosphäre, der diese Strahlung stark absorbiert und abstrahlt, störend aus. Deshalb sind diese Fenster nur an guten, trockenen Teleskopstandorten im Gebirge wirklich „durchsichtig". Hier wurden Kalifornien und Arizona (später auch Hawaii) wichtige Zentren der Infrarotastronomie.

1965 begannen Gerry Neugebauer und Robert Leighton am California Institute of Technology mit einer auf drei Jahre angelegten Himmelsdurchmusterung bei einer Wellenlänge von 2,2 Mikrometern mit einem kleinen 1,6-Meter-Teleskop auf Mount Wilson in der Nähe von Los Angeles. Die Daten, viele Kilometer Papier, die mit den „zittrigen" Signalen der Detektoren vollgeschrieben waren, wurden von Hilfsassistenten, meist Studenten, visuell ausgewertet, wobei nur sehr deutliche, starke Signale in den Katalog aufgenommen wurden – Neugebauer war entschlossen, für die Veröffentlichung ganz auf Nummer Sicher zu zugehen. Die meisten Infrarotquellen, die bei der Durchmusterung gefunden wurden, waren Sterne, die im Infrarotbereich vielfach unerwartet hohe Helligkeiten aufwiesen, weil Staubwolken in ihrer Umgebung das sichtbare Licht des Sterns absorbieren und die so aufgenommene Energie bei Infrarotwellenlängen wieder abstrahlen.

1967 entdeckten Gerry Neugebauer und sein damaliger Student Eric Becklin im Sternbild Orion bei einer Wellenlänge von zehn Mikrometern eine Infrarotquelle völlig anderen Typs. Es stellte sich heraus, daß dieses Becklin-Neugebauer-Objekt ein sehr junger Stern war, der sich gerade im Zentrum einer dichten Wolke aus Gas und Staub gebildet hatte, ganz in der Nähe der vier Trapezsterne, die den zentralen „Stern“ im Schwert des Orion bilden. Die charakteristische (absolute) Temperatur der Quelle betrug nur 600° Kelvin (etwa 300° Celsius), und war damit viel niedriger als die Oberflächentemperatur der kältesten bekannten Sterne, die bei 2 000° Kelvin liegt. Bald darauf fanden Frank Low und Douglas Kleinmann von der Universität von Arizona im selben Bereich des Himmels ein noch jüngeres und kälteres Objekt – einen Haufen gerade entstehender Sterne, die Temperaturen von nur etwa 60° Kelvin aufwiesen. Es zeigte sich immer deutlicher, daß die Beobachtungen bei größeren Wellenlängen neuartige astronomische Objekte und neue astrophysikalische Prozesse zutage bringen würden.

Wenn wir zu größeren Wellenlängen, und das heißt zu niedrigeren Frequenzen, übergehen, beobachten wir gleichsam ein kälteres Universum, denn die Energie der Photonen oder „Lichtteilchen“ ist proportional zur Frequenz und beruht im wesentlichen auf thermischen Prozessen in der Quelle – sei es eine heiße Gaswolke, wie zum Beispiel ein Stern, oder eine dichte Staubwolke. Die Energie, die die Photonen bei solchen Prozessen aufnehmen, entspricht annähernd der mittleren Energie der Atome in den Gas- oder Staubmolekülen, wobei diese mittlere Energie ein direktes Maß für die Temperatur des Gases oder Staubs ist. Infrarote Photonen haben somit nicht nur niedrigere Frequenzen und Energien als optische, sondern sie wurden auch bei einer niedrigeren Temperatur – entsprechend der geringeren mittleren Energie der strahlenden Gas- und Staubatome – abgestrahlt. Wenn im strahlenden Gebiet Materie und Strahlung exakt im thermischen Gleichgewicht wären, dann entspräche das Strahlungsspektrum exakt dem eines Schwarzen Körpers, und die Wellenlänge des Maximums im Spektrum wäre durch eine exakte Beziehung mit der Temperatur der Materie verknüpft.

Viele astronomische Objekte, die wir im Infrarotbereich beobachten, sind nur näherungsweise Schwarze Körper, aber die Beziehung zwischen der beobachteten Wellenlänge im Maximum des Spektrums und der Temperatur der Materie bleibt hinreichend genau. Je größer die beobachteten infraroten Wellenlängen sind, desto kälter ist das Universum, das wir sehen.

Ende der sechziger Jahre entwickelte Frank Low Detektoren für wesentlich größere Wellenlängen, die für den Nachweis von Strahlung im fernen Infrarotbereich mit Wellenlängen zwischen 100 Mikrometern und einem Millimeter geeignet waren. Damit ließen sich wesentlich kältere Quellen mit Temperaturen von nur wenigen Dutzend Grad über dem absoluten Nullpunkt (bei –273 Grad Celsius) beobachten – am absoluten Nullpunkt ist die mittlere Energie der Atome gleich null und die Atome hören auf, sich zu bewegen. Diese großen Wellenlängen sind wichtig, um herauszufinden, wieviel Energie Galaxien insgesamt abstrahlen und welche Rolle der interstellare Staub spielt. Dieser Staub absorbiert einen merklichen Anteil des sichtbaren Lichts von Sternen in Spiralgalaxien – wie unserer eigenen – und strahlt ihn dann im fernen Infrarotbereich wieder ab. Bei seinen Beobachtungen im fernen Infrarotbereich setzte Low diese Detektoren zuerst an erdgestützten Teleskopen im Wellenlängenfenster bei einem Millimeter ein, bei dem ein Gutteil der Strahlung die Erdatmosphäre durchdringt und den Erdboden erreicht. Später ging er dazu über, mit einem kleinen flugzeuggetragenen Teleskop den Wellenlängenbereich von 100 bis 350 Mikrometern zu beobachten, wobei das Flugzeug oberhalb der am meisten absorbierenden Atmosphäreschichten flog. Doch erreichte man zunächst nur geringe Fortschritte und entdeckte bei diesen Wellenlängen nur sehr wenige Objekte.

Zwischen 1971 und 1974 führten Steve Price und Russ Walker am US Air Force Geophysics Laboratory mit einer Rakete eine Himmelsdurchmusterung bei Wellenlängen von 4, 11, 20 und 27 Mikrometern durch. Leider folgten sie nicht dem strengen Auswahlverfahren der 2-Mikrometer-Durchmusterung und veröffentlichten einen vorläufigen Katalog mit zahlreichen Scheinquellen. Meine

Mitarbeiterin Stella Harris und ich fanden heraus, daß sich nahezu alle echten Quellen als gewöhnliche Sterne oder als Sterne mit (circumstellarer) Staubhülle oder auch als gerade entstehende Sterne identifizieren ließen. Wir begannen anhand von Computerprogrammen, die ich für den Strahlungstransport in einer Staubwolke entwickelt hatte, detaillierte Modelle für die Infrarotspektren aller in dieser Durchmusterung zuverlässig identifizierten Staubhüllen von Sternen aufzustellen.

In den siebziger Jahren führten viele Astronomen Beobachtungen im fernen Infrarotbereich durch, bei denen Teleskope mit Ballonen, Raketen oder Flugzeugen in die obere Atmosphäre gebracht wurden – hier seien die Arbeitsgruppen von William Hoffmann an der Universität von Arizona, von Jim Houck und Martin Harwit an der Cornell Universität, von Dick Jennings am University College in London, von Ed Erickson am Ames-Zentrum der NASA in Kalifornien und von Al Harper an der Universität von Chicago erwähnt. Gegen Ende des Jahrzehnts war klar, daß viele Galaxien einen großen Teil ihrer Strahlungsenergie im fernen Infrarotbereich aussenden.

Die ersten Pläne für den Infrarotsatelliten *IRAS*

1973 begannen Astronomen, Pläne für eine neue Raummission zu schmieden. Einem Vorschlag aus den Niederlanden folgend strebte man eine Durchmusterung bei fernen Infrarotwellenlängen zwischen 10 und 100 Mikrometern an – also bei jenen Wellenlängen, die im Hinblick auf den Gesamtenergieausstoß der Galaxien und die Rolle des interstellaren Staubs interessant sind. Das Licht der Sterne wird zu einem großen Teil durch interstellaren Staub absorbiert – in manchen Galaxien über 99 Prozent, wie wir später herausfanden. Die Staubkörner erreichen dabei Temperaturen von ungefähr 20 bis 50° Kelvin und strahlen die aufgenommene Energie bei Wellenlängen im fernen Infrarot wieder ab. Diese Körner sind in der Regel

0,01 bis 0,1 Mikrometer groß und treten überwiegend in zwei Varianten auf: als Silikate oder als amorpher Kohlenstoff (vergleichbar sehr feinem Sand oder Ruß).

Die Wellenlängen, bei denen die Staubkörner im fernen Infrarotbereich strahlen, sind wegen der starken Absorption durch die Erdatmosphäre – vor allem durch Wasserdampf und Kohlendioxid – vom Erdboden aus nicht beobachtbar. Deshalb erforderten die Beobachtungen im fernen Infrarotbereich eine Weltraummission, bei der ein Teleskop mit empfindlichen Detektoren über die Erdatmosphäre gebracht werden mußte. Aus technischen und finanziellen Gründen benötigten die niederländischen Astronomen für diese Mission Partner, und sie wandten sich an die NASA. Dort lag bereits ein Vorschlag der amerikanischen Infrarotastronomen Gerry Neugebauer und Frank Low für Infrarotbeobachtungen im Rahmen des *Explorer*-Programms vor. In dem engen finanziellen Rahmen dieses Programms waren kleine Satelliten vogesehen, von denen jährlich ein oder zwei gestartet werden sollten. In diesem Rahmen schien der gemeinsame niederländisch-amerikanische Vorschlag durchführbar, und 1975 stellte man eine Gruppe zusammen, die die Ziele der Mission festlegen sollte. Die Niederländer legten auch Wert darauf, britische Astronomen zu beteiligen, so daß der europäische Anteil bei 50 Prozent liegen sollte. Sie wandten sich an den Science Research Council der britischen Regierung und so nahmen schließlich Dick Jennings, Peter Clegg und Phil Marsden, drei führende beobachtende Astronomen Großbritanniens, in Washington an der entscheidenden vorbereitenden Konferenz teil. Diese Mission sollte eine der erfolgreichsten astronomischen Missionen überhaupt werden – mit dem Infrarotsatelliten *IRAS* – ein Kürzel für *Infrared Astronomical Satellite*.

Um die Geldmittel für eine britische Teilnahme zu sichern, mußte dem Science Research Council ein wissenschaftlich begründeter schriftlicher Antrag zu der Mission vorgelegt werden. Dick Jennings, Peter Clegg und Phil Marsden luden interessierte Astronomen zu einer Konferenz an der Universität von Sussex in Brighton ein, bei der ein entsprechender Antrag vorbereitet wurde. Dabei gab es parallele Arbeitsgruppen zu verschiedenen Gebieten der Astronomie. Ich leitete ein solche Sitzung für den Bereich extragalaktische Astronomie und Kosmologie und schrieb einen Teil des Antrags. Es war zwar von vornherein klar, daß die Mission wichtig war, um einzelne Galaxien zu untersuchen, aber die Vorstellung, mit dieser Infrarotdurchmusterung des Himmels auch das Universum als Ganzes erforschen zu können, schien doch recht spekulativ zu bleiben, da sich im Bereich der infraroten Wellenlängen für die Kosmologie nur geringe Fortschritte ergeben hatten. Schließlich sollte sich *IRAS* gerade in der Kosmologie als Sensation erweisen – trotz aller Entdeckungen in anderen Bereichen. Im weiteren Verlauf erklärte sich der Science and Engineering Research Council bereit, eine britische Beteiligung an *IRAS* von 10 Prozent zuzusagen, und unterzeichnete eine entsprechende Vereinbarung mit der NASA und der zuständigen niederländischen Vertretung.

Man braucht viele Jahre, um ein Raumfahrzeug zu planen, zu bauen, zu testen und schließlich zu starten. Astronomische Missionen sind eine besonders komplexe organisatorische und technologische Herausforderung; man braucht sehr stabile Plattformen, eine genaue Steuerung und Ausrichtung und hochempfindliche Detektoren. Bei der *IRAS*-Mission wurde zum ersten Mal ein Teleskop in den Weltraum geschickt, das auf sehr tiefe Temperaturen heruntergekühlt wurde. Diese Kühlung diente dazu, zu verhindern, daß das Teleskop selbst Infrarotstrahlung abgibt, und das thermische Rauschen der Elektronen im Detektor selbst möglichst gering zu halten. *IRAS* bestand im wesentlichen aus einem Teleskop mit einem Spiegeldurchmesser von 60 Zentimetern, der in einem riesigen Thermosgefäß – dem Dewargefäß oder kurz Dewar – saß. Als Kühlmittel in diesem Dewar war suprafüssiges Helium vorgesehen, das auf –270° Celsius – nur 3° Celsius über dem absoluten Nullpunkt – abgekühlt war. Das Helium sollte langsam verdampfen und dabei Detektoren und Teleskopaufbau auf einer sehr niedrigen Temperatur halten – bis es schließlich irgendwann völlig verbraucht und die astronomisch nutzbare Betriebszeit des Satelliten abgelaufen wäre. Vor *IRAS* hatte man im Weltraum noch keine Supraflüssigkeiten

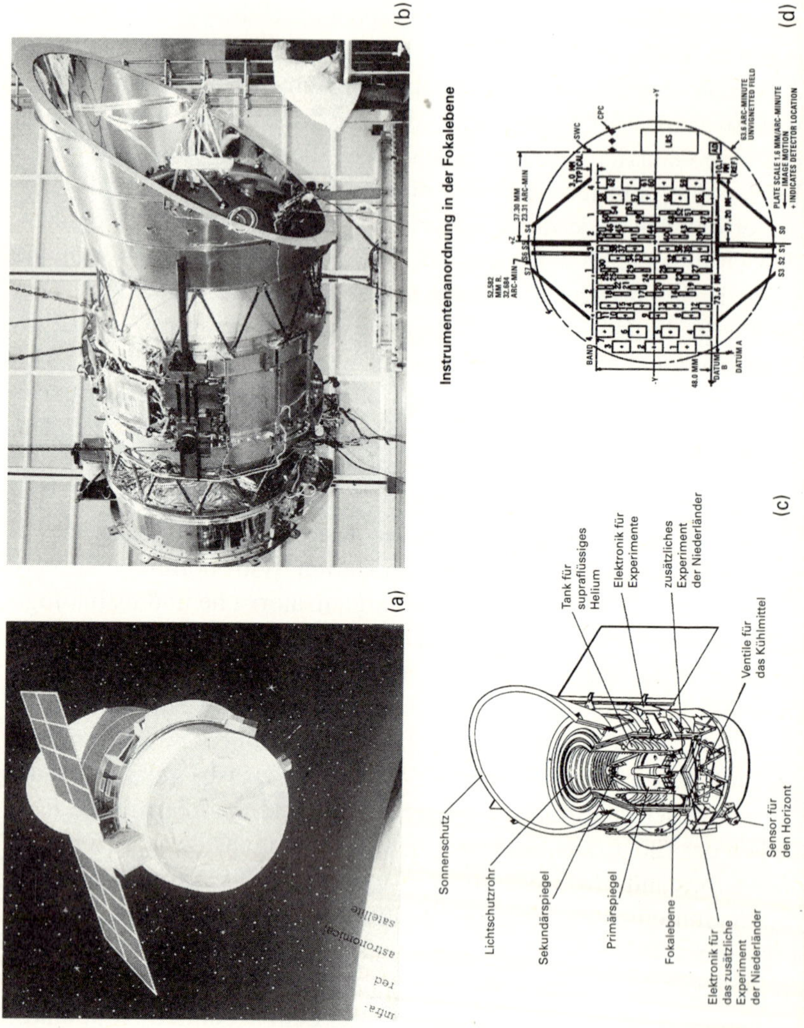

5.1 Der Satellit *IRAS* in seiner Umlaufbahn (a), vor dem Start im Labor (b), in einer schematischen Querschnittszeichnung (c) und in einem Ausschnitt, der die Anordnung der Detektoren im Fokus des Teleskops wiedergibt (d).

verwendet, wie sie beim Abkühlen von Gas unter sehr geringem Druck entstehen – statt sich zu verfestigen, werden die Gase dann so flüssig, daß keine innere Reibung oder Zähigkeit mehr auftritt, eben supraflüssig. *IRAS* bedeutete für die Weltraumtechnologie also in mehrfacher Hinsicht einen kühnen Schritt nach vorne. Damals ging das Gerücht, daß das Militär mehrfach erfolglos versucht habe, auf Tieftemperaturen gekühlte Teleskope zu starten (um damit militärische Marschflugkörper aufzuspüren, aber natürlich keine Galaxien).

An einer Weltraummission sind viele hundert Menschen beteiligt, alle mit verschiedenen Fähigkeiten. In jeder Phase der Mission treten andere Hauptakteure hervor. Durch Zusammenarbeit aller Teams wird sichergestellt, daß die einzelnen Beiträge insgesamt zum gemeinsamen Ziel führen. Bereits in einem der ersten Planungsschritte werden die wissenschaftlichen Ziele der Mission festgelegt. In diesem Fall war das Hauptziel, Himmelskarten im fernen Infrarotbereich bei vier getrennten Wellenlängen zwischen 10 und 100 Mikrometern zu erstellen. In diesem Wellenlängenbereich kann man Objekte mit Temperaturen zwischen 30 und 300° Kelvin (–240° Celsius bis 30° Celsius) besonders gut erfassen, also das kalte Universum der von interstellaren Staubkörnern ausgehenden Infrarotstrahlung, nicht das Universum der Sterne, die wir im optischen Bereich sehen. Zum Vergleich: der menschliche Körper strahlt bei ungefähr 10 Mikrometern Wärme ab, und wenn wir die Wärme von menschlichen Körpern in einem überfüllten Raum oder Zug spüren, verhält sich unser Körper wie ein grober 10-Mikrometer-Detektor.

Wegen der enormen Kosten sind astronomische Weltraummissionen heutzutage in der Regel internationale Großprojekte, bei denen sich die Nationen die Aufgaben teilen. Bei *IRAS* übernahmen die Niederländer den Bau des Satelliten, die Briten die Bodenstation und die Ausstattung zur sofortigen Datenanalyse und die Amerikaner das Kühlgefäß und das Teleskop sowie die Ausstattung für die endgültige Auswertung der Daten. Die NASA sorgte auch für den Start. Die Briten und Niederländer konnten zusätzlich zu den vier Durchmusterungskanälen bei 12, 25, 60 und 100 Mikrometern weitere

Instrumente im Fokus des Teleskops anbringen. Hier steuerten die Niederländer ein Photometer für höhere Bildauflösung bei 100 Mikrometern und ein schwach auflösendes Spektrometer für 8 bis 20 Mikrometer bei. Die Briten schlugen einen zusätzlichen Meßkanal für die Wellenlänge 200 Mikrometer vor, hatten aber zu dem Zeitpunkt, an dem der Entwurf fixiert werden mußte, noch nicht alle technischen Probleme gelöst und gaben dieses Projekt auf. Ironischerweise stellte sich heraus, daß man wegen der Verzögerungen beim Bau des Teleskops genug Zeit gehabt hätte, diese Probleme zu lösen.

Die Jahre der fensterlosen Räume

Die Jahre zwischen 1976 und 1983, als *IRAS* endlich gestartet wurde, waren geprägt von den Arbeitstagungen des wissenschaftlichen Teams, bei denen der Fortgang der Mission überprüft wurde. Diese Treffen fanden zweimal im Jahr statt, wechselweise in den USA und in Europa. In den USA wurden sie jeweils in einem der drei NASA-Forschungszentren abgehalten, die an dem Projekt beteiligt waren: im Goddard Space Flight Center, wo die eigentliche Planung der Mission durchgeführt wurde, im Ames Research Center in Moffet Fields in Kalifornien, das für den Entwurf und die Konstruktion des Teleskops verantwortlich war und im Jet Propulsion Lab (JPL) in Pasadena in Kalifornien, wo der endgültige Zusammenbau und die Tests stattfanden und auch die Anlage zur Auswertung der Daten aufgestellt werden sollten. Ich lernte das Saga Motel in Pasadena und die fensterlosen Konferenzräume des JPL nur allzugut kennen. In den Niederlanden trafen wir uns manchmal an der Leidener Sternwarte und manchmal an der Universität Groningen; in Großbritannien kamen wir am Appleton-Laboratory und später, nach der Verbindung mit dem Rutherford-Laboratory am Rutherford-Appleton-Laboratory (RAL) zusammen. Bei diesen Arbeitstagungen hatten der Leiter der amerikanischen Gruppe, Gerry Neugebauer, und der Leiter der niederländischen Gruppe, Reinder van Duinen, gemeinsam den Vorsitz. Trotz einiger Spannungen leisteten sie hervorragende Arbeit und hielten das Team auch in einigen schwierigen Zeiten zusammen. Kurz vor dem Start schied Reinder aus, um eine leitende Position bei dem niederländischen Flugzeughersteller Fokker anzunehmen, und Harm Habing von der Universität von Leiden übernahm seine Aufgaben.

5.2 Gerry Neugebauer (links) und Frank Low (rechts).

Gerry Neugebauer und Frank Low waren bei den Treffen des wissenschaftlichen *IRAS*-Teams die beiden beherrschenden Persönlichkeiten. Neugebauer war zielstrebig und genau und sorgte sich um jedes einzelne Detail der Mission, und wenn Probleme auftauchten, gab er nicht eher Ruhe, als bis sie gelöst waren. Von allen Wissenschaftlern im *IRAS*-Team war er derjenige, der in dem Ziel, eine wirklich zuverlässige und vollständige Himmelskarte im fernen Infrarot zu erstellen, im höchsten Maße meine Hoffnungen teilte. Wer zu seinem inneren Zirkel der Besessenen stieß, wurde sonntags zum Mittagessen in ein schäbiges mexikanisches Restaurant in Altadena eingeladen, für das er eine Vorliebe hatte. Der Erfolg von *IRAS* ist zu einem großen Teil ihm und seiner Entschlossenheit zu verdanken, alles auf den richtigen Weg zu bringen.

Frank Low war – schon äußerlich – eine ganz andere Persönlichkeit. Er war groß und verließ sich auf seine eigene Intuition und Erfahrung. Oft stellte sich heraus, daß er recht hatte. Er hielt nicht viel vom *IRAS*-Katalog der Punktquellen, dem ich den größten Teil meiner Zeit widmete (ich denke, er wird dies inzwischen anders sehen), und war hauptsächlich an der *IRAS*-Kartierung ausgedehnter Infrarot-Emissionsgebiete interessiert. Wie Neugebauer hatte er viel Temperament, das bisweilen auch mit ihm durchging, so daß die Sitzungen ziemlich hitzig werden konnten. Keiner der beiden ließ sich von theoretischen Argumenten sonderlich beeindrucken. Ich habe beide, jeden in seiner Art, wertschätzen gelernt.

Zwischen dem amerikanischen und dem niederländisch-britischen Team gab es deutliche Unterschiede. Das amerikanische Team, das in einem Auswahlverfahren zusammengestellt worden war, setzte sich fast ausschließlich aus experimentell arbeitenden Wissenschaftlern zusammen, deren Interesse und Erfahrung vor allem darin lag, Instrumente zu bauen und zu beobachten. Das niederländische und britische Team war aus Delegierten der Wissenschaftsadministration und begeisterten Trittbrettfahrern (wie ich selbst einer war) zusammengestellt und wies einen wesentlich höheren Anteil von theoretisch orientierten Astronomen auf. Während also die Amerikaner die Entwurfs- und Bauphase des *IRAS* beherrschten, spielten die Niederländer und Briten bei der Auswertung der Daten und der wissenschaftlichen Begleitung der Mission eine zunehmend entscheidende Rolle.

Ich selbst wurde erst kurz vor dem Start von *IRAS* offiziell ein Mitglied des wissenschaftlichen *IRAS*-Teams, aber man hatte mir dies lange vorher in Aussicht gestellt. Allerdings hatte ich anfangs keinerlei Garantie, die *IRAS*-Daten einsehen und nutzen zu können, und mußte das Risiko auf mich nehmen, daß meine jahrelangen Bemühungen vergebens sein könnten. Die Situation ergab sich unter anderem daraus, daß die Amerikaner ihr eigenes wissenschaftliches Team nicht vergrößern wollten und auch keinen Grund sahen, warum sie einer Vergrößerung des europäischen Teams zustimmen sollten. Schließlich wurde jedoch jeder gebraucht

Am Appleton-Laboratory, wie es damals noch hieß, wurde an Plänen für die Bodenstation, dem wesentlichen britischen Beitrag zu dem Projekt, gearbeitet. Eine der ersten Aufgaben war dabei der Entwurf des Systems für die erste rasche Datenauswertung. Dieses System sollte dazu dienen, täglich die Meßdaten zu überprüfen und zu beurteilen, ob Messungen wiederholt werden sollten. Hierzu mußten wir uns überlegen, wieviele Quellen *IRAS* entdecken würde, und diese Fragestellung schien mir eine reizvolle Aufgabe zu sein. Ich stützte mich auf das, was über die verschiedenen astronomischen Objekte – Sterne, Staubwolken und Sternentstehungsgebiete in der Milchstraße – aus Beobachtungen im nahen Infrarotbereich bei 2 bis 10 Mikrometern bekannt war und extrapolierte diese Daten für größere Wellenlängen im fernen Infrarot, um zu einigen groben Schätzungen zu gelangen. Einige wenige Quellen waren im fernen Infrarotbereich bereits von flugzeuggetragenen Teleskopen in der oberen Atmosphäre oder Stratosphärenballonen aus beobachtet worden. 1978 kam ich – in einem Bericht an die Mitglieder des *IRAS*-Teams – zu dem Schluß, daß *IRAS* ungefähr 100 000 Sterne – beziehungsweise überwiegend deren Staubhüllen – und ungefähr 20 000 Galaxien finden würde. Bei den Galaxien waren überwiegend solche mit starken Emissionslinien zu erwarten, bei denen die Sternentstehungsrate extrem hoch ist (und die später unter dem Namen „Starburst"-Galaxien bekannt wurden), aber es sollten auch 5 bis 10 Prozent Seyfertgalaxien darunter sein. Seyfertgalaxien zeichnen sich durch einen aktiven Kern aus, der auf einer Photoplatte als helles sternähnliches Zentrum erscheint, und bei dem man sehr rasche Bewegungen mit Geschwindigkeiten von bis zu Zehntausenden von Kilometern pro Sekunde beobachtet. Die Seyfertgalaxien sind eng mit Quasaren verwandt (siehe Kapitel 11), und man nimmt an, daß ihre Energie aus einem massereichen Schwarzen Loch im Zentrum der Galaxie stammt. Meine Vorhersage über die

Anzahl der Galaxien beruhte vor allem auf den 10-Mikrometer-Beobachtungen von George Rieke und Frank Low von der Universität von Arizona und erwies sich als überraschend zutreffend, obwohl sie recht grob war.

Ein anderes Phänomen, das ich 1978 ansprach, war das Problem der Filamente aus interstellaren Staubwolken, die bei ungefähr 100 Mikrometern sehr stark strahlen. Allan Sandage hatte einige Jahre zuvor in hohen galaktischen Breiten solche Staubfilamente entdeckt und vermutet, daß der Staub in unserer Galaxie eine „zirrusähnliche" Verteilung habe. Ich schätzte ab, wie „hell" die Strahlung von diesem Staub im fernen Infrarot sein könnte. Auf diesen infraroten Zirrus bei 100 Mikrometern war ich in meinem Bericht zwar ausführlich eingegangen, vergaß es aber wie alle anderen auch und war ebenfalls ziemlich überrascht, als er fünf Jahre später tatsächlich bei den Messungen auftrat.

Probleme vor dem Start

Beim Bau von *IRAS* lief keineswegs alles glatt; und einige Male stand die Mission kurz vor dem Scheitern. Als die Kosten des Teleskops und des Dewars ständig stiegen, wurde klar, daß die finanzielle Beteiligung der NASA sich verdoppeln oder sogar nahezu verdreifachen würde (von 37 Millionen auf 92 Millionen US-Dollar). Eine teure Test- und Eichanlage, die von NASA-Ames gebaut wurde, blieb funktionsuntüchtig, weil kein hinreichend gutes Vakuum erzeugt werden konnte. Der Hauptvertragspartner, Rockwell, schaffte es sogar, beim Test aus Versehen ungefähr ein Drittel der Vorverstärker für die Detektoren zu zerstören. Man entschied sich, die Vorverstärker so zu ändern, wie Frank Low es einige Zeit lang empfohlen hatte, und erteilte JPL den Auftrag, den Detektorbereich wiederaufzubauen. Ein „Tiger-Team" wurde für diese Aufgabe ausersehen und schaffte es tatsächlich, sie bis Ende 1981 abzuschließen. Als der Start näherrückte, versagte jedoch plötzlich eine ganze Gruppe von Detektoren wegen eines Kurzschlusses den

Dienst. Jim Houck, ein Mitglied des US-Teams von der Cornell Universität, hatte die rettende Idee, die Detektoren umzupolen und neu zu erden – und es funktionierte. Der Dewar schien ein Kälteleck zu haben und erreichte nicht die erforderlichen Temperaturen. Man befürchtete, daß das Kühlmittel schon in wenigen Tagen verdampfen und nicht für die geplante Betriebszeit von einem Jahr ausreichen würde. Die Abdeckung des Kühlbehälters, die während des Starts das Teleskop und die Detektoren schützen und kühl halten sollte, wollte sich während der Tests nicht wieder lösen. Ungefähr drei Jahre lang verschob sich der Starttermin ständig weiter nach hinten – immer blieb der Abstand von zwei Jahren bis zum Start gewahrt. Für die Niederländer und die Briten, die ihre Aufgaben in der vorgegebenen Zeit erfüllt hatten, wurde es schwierig, die Expertenteams trotz der Verzögerungen beisammen zu halten. Endlich wurde das Teleskop für den Einbau in den Satelliten nach Holland verschifft und der komplette *IRAS* wurde für die abschließenden Tests zurück zum JPL in Pasadena transportiert.

Im November 1982 traf sich das wissenschaftliche Team und hörte sich den Lagebericht zum Stand der Satellitenmission an. Es klang nicht gut. Die Detektoren erwiesen sich im Test als viel verrauschter als erwartet. Einige Detektoren arbeiteten überhaupt nicht, was zu Lücken in der Durchmusterung führen würde. Die geschätzte Betriebszeit würde sich gegenüber den geplanten 460 Tagen auf nur 221 Tage verkürzen – was für die Durchmusterung kaum ausreichte. Meine Schätzung für die Zahl der mit *IRAS* beobachtbaren Quellen reduzierte sich von Hunderttausenden auf nur 1 000, wobei die meisten davon in unserer Galaxie liegen würden. Das wissenschaftliche Team stimmte darüber ab, ob man empfehlen sollte, den Start von *IRAS* weiterzuverfolgen oder ob man das Teleskop für einen Austausch der defekten Detektoren öffnen sollte (was eine Verzögerung von mehreren Monaten bedeutete). Die Abstimmung ging unentschieden aus.

An diesem Punkt trafen die Manager der NASA eine ihrer berühmten Blitzentscheidungen, in denen die Empfehlungen der Wissenschaftler und Techniker zugunsten der Intuition der Manager übergangen wurden. Beim Start der Raumfähre *Challenger* führte vermutlich eine solche Entscheidung zur Katastophe – es hatte Warnungen gegeben, weil die Raketen in den Tagen vor dem Start außergewöhnlich tiefen Temperaturen ausgesetzt gewesen waren. Im Fall des *IRAS* erwies sich die Intuition der NASA als goldrichtig. Man entschloß sich, *IRAS* zu starten, sei er nun fertig oder nicht. Das Startdatum wurde auf den 25. Januar 1983 festgesetzt.

Ich hatte mich bereits entschlossen, die Mission am JPL zu verfolgen, um an der endgültigen Auswertung der Daten und der Vorbereitung des *IRAS*-Katalogs zu arbeiten. Ich war für einen Teilbereich verantwortlich – für das Softwarepaket, das die Datenströme von den Detektoren überprüfen und die echten astronomischen Strahlungsquellen herausfiltern sollte. Ich arbeitete eng mit Tom Hibbard zusammen, dem Softwareentwickler am JPL, der die Computerprogramme geschrieben hatte. Eine weitere Hauptperson war John Fowler, der die Software entwickelt hatte, die aus den vielen verschiedenen Abtastbildern oder Scans jeder Quelle eine möglichst gute Bestimmung der Helligkeit und Position der Quelle liefern sollte. Fowler war ein ausgezeichneter Mathematiker, und seine Software war immer elegant. Er war auch eine starke Persönlichkeit und ließ sich vom NASA-Management nicht verunsichern. Einmal begann das Militär Interesse an *IRAS* zu zeigen, weil dessen Teleskop auch Satelliten in höheren Umlaufbahnen als *IRAS* aufspüren konnte – insbesondere auch solche, von denen die Militärs eventuell nichts wußten. Fowler sollte ein Programm schreiben, mit dem man Satellitendurchgänge erkennen und die Daten an das Militär weitergeben konnte. Er wies dies entschieden zurück. Vermutlich wurde diese Aufgabe schließlich von weniger widerstandsfähigen Geistern einige Jahre nach der Mission durchgeführt, als Teil des „Star Wars"-Programms.

Kurz vor dem Start von *IRAS* brach ich zu einem viermonatigen Aufenthalt in Pasadena auf, um alle Probleme mit der Software aus dem Weg zu räumen und die Erstellung des Katalogs sicher auf den Weg zu bringen. Meine Familie sollte in den beiden mittleren Monaten zu mir stoßen. Als ich nach Pasadena aufbrach, reisten andere in die entgegengesetzte Richtung zur Bodenstation am RAL. Ich mietete das Haus von Conway Snyder, einem alten Hasen, dessen Spezialität es war, Computerroutinen zu schreiben, die Satelliten auf spezifische Aufgaben, wie beispielsweise die Kartierung eines Himmelsausschnitts, ansetzten. Während er am RAL in Chilton in Oxfordshire arbeitete, lebten meine Familie und ich in seinem großen Holzbungalow im Vorort La Crescenta von Los Angeles.

Der Start von *IRAS*

Der Start selbst war ein unvergeßliches Erlebnis. Wir wurden in Bussen von Pasadena zur Vandenberg Air Force Base gefahren, die wir freilich nicht unbedingt mit der Vorstellung von einem Luftwaffenstützpunkt in Verbindung brachten. Tatsächlich ist es eine Raketenabschußbasis – hier sind die interkontinentalen Minuteman-Raketen stationiert. An dem gleichen Wochenende, an dem *IRAS* gestartet wurde, hatte die amerikanische Friedensbewegung eine Protestdemonstration an der Vandenberg Base organisiert, und als ein langjähriger Atomwaffengegner konnte ich mir nicht recht vorstellen, wie ich auf die Konfrontation mit einer Kette von Demonstranten reagieren sollte. Aber dann wurden wir durch einen Hintereingang gelotst und bekamen von dem Protest nichts mit. Für einige von uns ist es ein ernstes moralisches Dilemma, mit der NASA zusammenzuarbeiten, weil wir damit auch stark in militärische Projekte eingebunden sind. Es gehört zu den großen Vorzügen der Europäischen Raumfahrtbehörde ESA, daß ihre Charta jegliche Beteiligung an militärischen Aufgaben untersagt – und dies wird hoffentlich niemals angetastet.

Wir wurden auf ein freies Feld ungefähr anderthalb Kilometer von der Startrampe entfernt gefahren. Aus dieser Entfernung war die riesige weiße Delta-Rakete mit ihrer wertvollen Last an der Spitze und mit den aufgemalten Flaggen der drei Staaten deutlich zu sehen. Die Wissenschaftler, die für die Detektoren und das Teleskop die Hauptverantwortung trugen, befanden sich im Kontrollraum und überwachten aus der Ferne das Wohlergehen ihrer „Babies" auf elektronischem Weg. Zu meiner Überraschung stieß Gerry Neugebauer hier draußen zu uns, einer Gruppe von Wissenschaftlern, die nicht direkt mit der Hardware befaßt waren. Vielleicht hielt er es einfach nicht aus, den Start in allen Details aus der Nähe zu verfolgen. Es ist ein nervtötendes Warten, und schon mehrere wissenschaftliche Satelliten scheiterten beim Start, entweder weil sie nicht die richtige Erdumlaufbahn erreichten oder weil sie dort ihren Betrieb nicht aufnahmen. Aus einem Lautsprecher hörten wir die typischen Kommentare der NASA zum Start:

> Es ist Startzeit minus 30 Minuten, und der Countdown läuft.
> Der Bereichsleiter erhielt von der Küstenwache die Bestätigung,
> daß im Startbereich kein Schiffsverkehr ist.
>
> Es ist Startzeit minus 5 Minuten und die Uhr wurde gestoppt.
> Wir werden sie eine Stunde lang anhalten, während alle Systeme
> überprüft werden. Dies ist ein normaler Vorgang für einen
> Delta-Start. Vielleicht interessiert es Sie, zu erfahren, daß das
> Delta-Team über 200 erfolgreiche Starts mit einer Erfolgsquote
> von 97 Prozent durchgeführt hat .
>
> Der Startoffizier meldet, daß alle Systeme bereit sind.
> Wir nehmen den Countdown wieder auf.
> Startzeit minus 5 Minuten und es wird weiter gezählt.
>
> Startzeit minus 30 Sekunden . . .

Die Stille, die bei Einbruch der Dunkelheit kurz vor dem Start des Satelliten unter den Wissenschaftlern herrschte, die sieben Jahre lang darauf hingearbeitet hatten, läßt sich nicht beschreiben. Mit dem Einbruch der Nacht – in jenem Moment, in dem die Schattengrenze uns überquert, die Tag und Nacht trennt – leuchtet der Himmel in einem gewaltigen Blitz auf, dem Sekunden später ein stetiges Donnern folgt. Ein gleißender Feuerball breitet sich über dem Boden aus. Noch hat sich die Rakete nicht bewegt, aber nun hebt sie langsam ab und trennt sich von dem ungeheuren Rauchkissen. Der strahlende Blitz beim Zünden der ersten Stufe treibt die Rakete aufwärts. Es erscheint ein zweiter Blitz, weniger hell. Ist sie explodiert? Ich höre, wie Gerry Neugebauer ein „Herrgott nochmal" durch die zusammengebissenen Zähne hervorstößt und weggeht. In Wirklichkeit hat die zweite Stufe perfekt gezündet. Wenige Minuten später ist sie verschwunden. Es ist überwältigend und bewegend – zumindest für mein Leben ein historischer Moment.

5.3 Der Start von *IRAS* am 23. Januar 1983.

Später gibt es in einem weiträumigen Gebäude im nahegelegenen Air Force Weiler in Lompoc eine Feier. Wissenschaftler, Softwareentwickler, Vertragspartner aus der Industrie, Manager und Raumfahrtspezialisten, die die Raummissionen koordinieren, die Telemetrie planen, die Flugbahn berechnen und dann zur nächsten Mission weitergehen, sie alle feierten gemeinsam den Start. Wir erfahren nun, daß das Delta-Team *IRAS* perfekt in die geplante Umlaufbahn gebracht hat – von der geplanten Höhe von 900 Kilometern weicht seine Bahn maximal 10 Meter ab. Spät in der Nacht versammeln sich einige in einem Motelzimmer und sehen den Start noch einmal in den Fernsehnachrichten. Die NASA hatte eine mitreißende Presseerklärung über das technische Wunderwerk *IRAS* herausgebracht. Es war nach längerer Zeit, in der die NASA mit Wasserstofflecks in einem der Haupttriebwerke der Raumfähre *Challenger* zu kämpfen hatte, der erste erfolgreiche Start gewesen. Von Demonstrationen an der Vandenberg Air Force Base war in den Nachrichten nichts zu hören.

Als ich später mit meiner Frau Mary telefonierte, erzählte sie, daß über den Start auch im britischen Fernsehen ausführlich berichtet worden sei. Sie sagte, man habe es sogar in John Cravens Newsround gebracht, einer BBC-Nachrichtensendung für Kinder, so daß es insbesondere unsere Söhne Adam und Jonathan, damals elf und neun Jahre alt, sahen. John Craven erwähnte, daß britische Fachleute nach Pasadena gereist seien, um dort bei der Mission zu helfen.

IRAS verweigert die Arbeit

Die folgenden Tage waren enttäuschend und besorgniserregend. Anscheinend gab es mit *IRAS* ernstliche Probleme. Jedesmal, wenn der Satellit die Bodenstation in Chilton überflog, antwortete er zwar auf die Befehle, mit den Testprogrammen zu beginnen, aber wenn er zurückkehrte, befand er sich immer in der Sicherheitsposition – er war von der Erde weggerichtet und die Instrumente waren abgeschaltet. Um herauszufinden, was da vor sich ging, wies die NASA alle Bodenstationen ihres Deep Space Network, die normalerweise Missionen zu anderen Planeten überwachen, an, den Vorbeiflug von *IRAS* zu beobachten und dessen Daten über den Zustand der Raumsonde und des Teleskops abzufragen, die routinemäßig nur zweimal täglich zum Boden übermittelt wurden. Auf diesem Weg konnte die NASA *IRAS* dabei erwischen, wie er die Anweisungen von der Bodenstation ignorierte und in die Sicherheitsposition überging. Mit brillanter Detektivarbeit konnte Richard van Holtz mit seinem Team aufdecken, daß das Problem bei einem Sensor lag, der die Orientierung zur Sonne registrierte. Die Elektronik des Sensors wurde zu stark aufgeheizt und erzeugte elektrische Signale, die der Bordcomputer als falsche Orientierung des Satelliten interpretierte, wodurch das Teleskop gefährdet war – um ein Verdampfen des Kühlmittels Helium zu verhindern, durfte das Teleskop niemals zur Sonne oder Erde hin ausgerichtet sein, deshalb gab der Computer sofort Befehl, den Satelliten in die Sicherheitsposition zu bringen. Das von-Holtz-Team in Chilton behob den Fehler, indem es ihn erst einmal im Computer simulierte und dann ein neues Programm schrieb, um die Wirkung der störenden Signale zu unterdrücken. Diese neue Software wurde dann zum Computer des Satelliten übermittelt und in dessen ROM überschrieben. Danach funktionierte *IRAS* wieder.

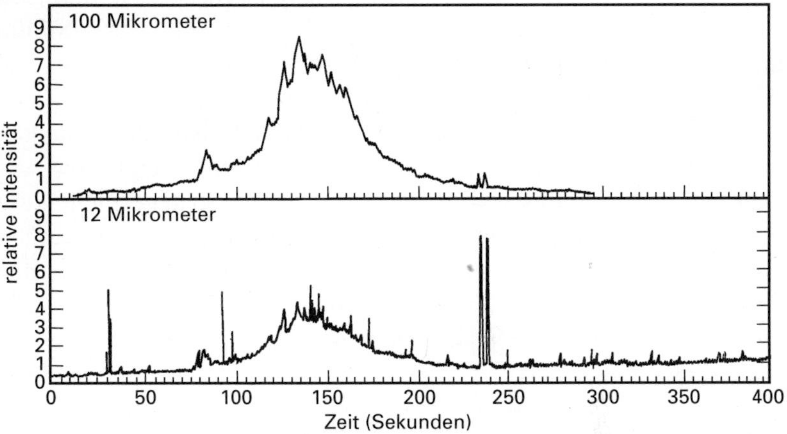

5.4 Die ersten Himmelsaufnahmen von *IRAS* bei den beiden Wellenlängenbereichen 12 und 100 Mikrometer. Das deutlich ausgeprägte Maximum der Intensitätskurve spiegelt die Milchstraße wieder, die schmalen Spitzen entsprechen Sternen.

Die ersten Daten wurden über Mikrowellenempfang erfolgreich rund um die Erde von Chilton nach Pasadena übertragen. Zwar war die Abdeckung immer noch nicht von ihrem Platz über dem Kühlgefäß des Teleskops entfernt worden, so daß noch keine Aufnahmen vom Himmel möglich waren, aber wir konnten elektrische Signale der Detektoren ablesen, und damit wie bei echten Beobachtungen verfahren, um unsere Programme zu testen. Alles schien schief zu gehen, nichts funktionierte wie erwartet und die Stimmung am JPL war schlecht. Insofern waren Tom Hibbard und ich besonders froh, am nächsten Morgen beim Treffen der *IRAS*-Wissenschaftler und -Ingenieure berichten zu können, daß wir nach nur einem Tag die Daten erfolgreich auf unserem Nachweissystem laufen lassen konnten. Wenigstens das funktionierte, auch wenn es nur der einfachste Teil des Systems war.

Nach fünf Testtagen hielt man die Umgebungsbedingungen des Satelliten für hinreichend sicher, um die Abdeckung zu entfernen. Eigentlich gab es keine Alternative, weil die Abdeckung, die durch ein eigenes Kühlgefäß mit flüssigem Helium gekühlt wurde, allmählich begann, sich aufzuwärmen. Die Wissenschaftler drängten sich aufgeregt im Büro des Leiters des *IRAS*-Projekts, Gerry Smith, um über Radio die in Chilton erteilten Befehle zu verfolgen. Die Abdeckung löste sich plangemäß ab und wir konnten Fred Gilletts Ausruf „Ich sehe Quellen" hören. Das charakteristische Ansteigen und Abfallen der Linien auf dem Ausgabestreifen zeigte, daß die Detektoren astronomische Quellen registrierten. Später erhielten wir noch am gleichen Tag ein Fax der ersten Aufnahme des gesamten Himmels. Darauf waren die Milchstraße und Dutzende von Quellen deutlich zu sehen. Die Himmelsdurchmusterung bei den Wellenlängen des fernen Infrarot hatte begonnen.

6
Die ersten *IRAS*-Beobachtungen

Es ist ungemein aufregend, den Himmel zum ersten Mal in einem neuen Wellenbereich zu sehen. Könnten dabei völlig neuartige Objekte auftauchen? In den siebziger Jahren hatte ich mit meinen Kollegen vom Queen Mary and Westfield College, London, Peter Clegg und Peter Ade, gemeinsam versucht, den Himmel bei einer Wellenlänge von einem Millimeter mit dem National Radio Astronomy Observatory Millimeter Wave Teleskope in Kitt Peak in Arizona zu beobachten. Leider waren unsere Detektoren für eine gute Aufnahme nicht empfindlich genug, und obwohl wir das Teleskop auf Dutzende der bestbekannten extragalaktischen Objekte richteten, konnten wir nur eine Handvoll auch im Millimeterbereich nachweisen.

Bei *IRAS* bestand kein Zweifel, daß wir viele neue Quellen sehen würden. Es war jedoch ein langer Weg, um aus den Milliarden von elektrischen Signalen, die der Satellit zur Erde schickte, eine bildähnliche Übersicht zu gewinnen. Nach unseren ersten Blicken auf die Abtaststreifen (Scans) folgte eine arbeitsintensive Phase von mehreren Monaten, in denen wir unsere Programme optimierten, um sicherzustellen, daß wir alle Quellen, die auf den Abtaststreifen sichtbar waren, identifizieren konnten. Eine besondere Gruppe von

Scans, die schon in einer sehr frühen Phase der Mission gemacht worden waren und zur sogenannten „Minidurchmusterung“ gehörten, wurde immer wieder untersucht, wobei ständig kleine Veränderungen hier und winzige Verbesserungen dort angebracht wurden.

Die Arbeitsatmosphäre am Jet Propulsion Laboratory der NASA

Eine Hauptperson bei der bildlichen Darstellung der Daten war Tom Chester. Er war der Kopf einer Gruppe von Software-Ingenieuren am JPL, die für die Erstellung der *IRAS*-Kataloge verantwortlich zeichnete. Er verfügte über ein enzyklopädisches Wissen zum System und allen seinen Problemen, und es war ein Genuß, mit diesem außergewöhnlich liebenswürdigen Experten zusammenzuarbeiten. Aber ein NASA-Manager, der unsere Anstrengungen überwachen sollte, machte uns das Leben schwer. Er verstand wenig von dem, was wir machten, aber er mischte sich ständig ein. Später wurde er in eine andere Abteilung der NASA versetzt, und im stillen freuten wir uns, daß es die NASA nicht für nötig hielt, ihn zu ersetzen.

Das NASA-Klima schien die Beschäftigten und insbesondere ihre Manager dazu anzuregen, ständig einen neuen Jargon, vor allem Akronyme und neue Metaphern, zu erfinden. So brachte jemand bei Sitzungen immer wieder den Spruch an: „Schlag mich nochmal damit“, wenn er ein Votum nicht verstanden hatte, für einen anderen waren wir immer „zwischen Fels und Stein“. Der Wettstreit um neue Metaphern führte zu einigen spektakulären Kalauern, die John Fowler in einer wundervollen Sammlung – zusammen mit verschiedenen Stilblüten – festgehalten hat. Ich zitiere einige Kostproben:

> Ihr Burschen habt mich umgedreht, seit ich das erste Mal durch diese Tür ging. (Feb. 1977, JPL)
> Wir sprechen über etwas, über das immer noch gesprochen werden muß. (Sept. 1977, JPL)

Möglicherweise haben wir das Wasser durcheinander gebracht. (Nov. 1977)
Ich habe sie um den Faktor zwei verdoppelt. (Feb. 1980, JPL)
Ich fische gerade nach Strohhalmen. (Aug. 1980)
Bläst Du nicht in Dein eigenes Horn? (März 1981, JPL)
Können wir verbal zusammenkommen? (März 1981)
Das hat mir wirklich den Dampf aus den Segeln genommen. (Februar 1982, JPL)

Hibbards Wolken

In den ersten Tagen nach dem Abstoßen der Teleskopabdeckung waren wir nicht sicher, ob das Teleskop richtig ausgerichtet war. Tom Hibbard und ich überprüften die Computerprogramme, die die Rohdaten der Infrarotdetektoren durchsuchten und die astronomischen Quellen herausfinden sollten. Eines Nachmittags brachte mir Tom einige Detektorenausdrucke, die die Meßwerte für einen Umlauf vom vorangegangenen Tag wiedergaben. Den größten Teil des Umlaufs benahmen sich die Detektoren ganz normal und reagierten von Zeit zu Zeit auf eine astronomische Quelle, aber an einem bestimmten Punkt gerieten plötzlich alle Detektoren durcheinander. „Was soll dieser Unsinn?“ fragte Tom. Unser erster Gedanke war, daß uns einige Reste von der Abdeckung des Satelliten diesen Streich gespielt haben könnten. Aber nachdem ich bis lange in die Nacht hinein über dem Spaghetti-Wirrwarr der Signale gesessen hatte, stellte ich fest, daß dasselbe auch bei einigen anderen Umläufen an diesem Tag geschehen war, und zwar immer an ungefähr derselben Himmelsposition. Allmählich fiel mir auf, daß das Ergebnis der verschiedenen Umläufe sich zu einer Karte zusammensetzen ließ. Der Satellit überstrich in der Tat Hunderte von äußerst hellen Quellen, und als ich *Nortons Sternatlas* zur Hand nahm, um grob abzuschätzen, wohin der Satellit „geblickt“ hatte, fiel der Groschen. Wir hatten die Große Magellansche Wolke „entdeckt“. Ich heftete die Scans an die Wand des Flurs neben meinem Büro, versehen mit der Beschriftung „Hibbards Wolken“. Anhand einer sorgfältigen

Analyse der Ausrichtung des Satelliten durch einen weiteren *IRAS*-Wissenschaftler, Eric Young, bestätigte sich, daß das Durcheinander tatsächlich der Tarantelnebel in der Großen Magellanschen Wolke war.

Der Tarantelnebel, katalogisiert als der Stern 30 Doradus, gehört zu den größten bekannten Geburtswolken von Sternen. Er ist ungefähr 160 000 Lichtjahre von uns entfernt. Einige Astronomen vermuteten, daß der Tarantelnebel einen Stern von mehr als tausendfacher Sonnenmasse enthält – dieser Stern wäre mindestens zehnmal massereicher als irgendein bekannter Stern der Milchstraße! Eher ist jedoch anzunehmen, daß der Nebel von einem kompakten Haufen aus zehn oder zwanzig massereichen Sternen zum Leuchten gebracht wird.

Angesichts der üblichen Schwierigkeiten, Geldmittel vom Kongress zu erhalten, versuchte die NASA verzweifelt, irgendwelche frühen Resultate von *IRAS* zu veröffentlichen. So kam es, daß meine Schneide-und-Klebe-Karte von Graphikern des JPL in grellen blutroten Farben nachgezeichnet und an die internationale Medienwelt weitergegeben wurde.

Die Begegnung mit dem Kometen IRAS-Iraki-Alcock

Bald nach der Entdeckung von Hibbards Wolken machte *IRAS* eine noch etwas bedeutendere Beobachtung – in Form eines neuen Kometen. Auf eine Initiative der NASA hin hatten sich an der Bodenstation in Chilton die beiden jungen britischen Wissenschaftler, John Davies und Simon Green zusammengetan, um die Daten eines jeden Tages auf bewegte Objekte am Himmel abzusuchen. Interessant waren dabei nicht etwa Objekte, die sich sehr schnell bewegen – dies konnten nur vorbeifliegende Satelliten sein. Aber die Objekte, die ihre Position während eines Tages im Vergleich zu den „Fixsternen" deutlich verändern, waren interessante Kandidaten für Asteroiden oder Kometen. *IRAS* fand einige Kometen, aber der erste, am 26.

April 1983 entdeckt, war besonders aufregend, denn es handelte sich um den erdnächsten Kometen innerhalb von 200 Jahren. Als die Bahn des Kometen, der einen ungefähr 400 000 Kilometer langen Schweif hinter sich herzog, in Chilton zum ersten Mal berechnet wurde, war nicht auszuschließen, daß er die Erde treffen könnte. Eine optimistische Interpretation der Berechnungen besagte, daß er vorbeifliegen würde, aber wir waren uns nicht sicher. Wir saßen herum, verdauten diese unglaubliche Neuigkeit und diskutierten, ob wir die Weltbevölkerung vor der beängstigenden Entdeckung warnen sollten. Ich persönlich war dafür, weil wir uns im Falle einer Einschlagskatastrophe in London oder New York mit unserem Schweigen zumindest äußerst unbeliebt gemacht hätten. Wissenschaftliche Vorsicht bewog uns dann dazu, einige Tage abzuwarten, um eine bessere Abschätzung der Bahn zu bekommen. Die Kollisionsgefahr erwies sich dann als immer geringer.

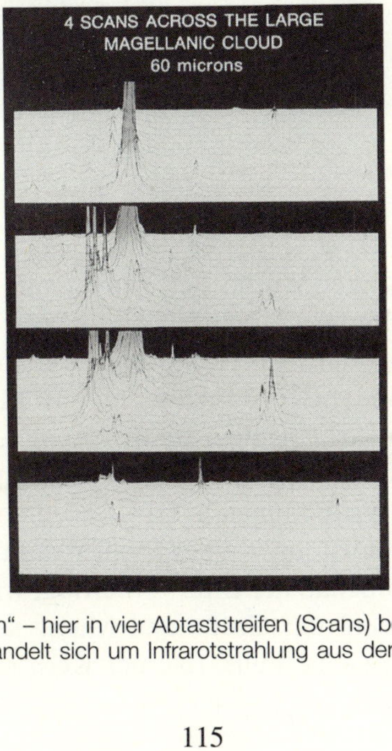

6.1 „Hibbards Wolken" – hier in vier Abtaststreifen (Scans) bei einer Wellenlänge von 60 Mikrometern. Es handelt sich um Infrarotstrahlung aus der Großen Magellanschen Wolke.

Weil keiner der *IRAS*-Wissenschaftler zuvor einen Kometen entdeckt hatte, wußte niemand so recht, in welcher Form man diese Entdeckung bekanntgab. Im wesentlichen kommt es darauf an, die Bahndaten an das Cometary Data Centre in Harvard zu melden. Der neue Komet wird dann nach seinem Entdecker benannt. Das *IRAS*-Team meldete diese erst, nachdem der Komet auch bereits von zwei Amateurastronomen gesichtet worden war, von dem Japaner Iraki und George Alcock aus Großbritannien. Was den Namen IRAS-Komet hätte bekommen können und korrekt Iraki-Alcock-Komet heißen sollte, wurde schließlich IRAS-Iraki-Alcock-Komet genannt.

6.2 Der Komet IRAS-Iraki-Alcock.

Zwei Wochen später wurde der Komet mit bloßem Auge als schwacher Lichtschimmer sichtbar, und in den Fernsehnachrichten wurde den Leuten erklärt, wo sie ihn finden konnten. Auch von uns fuhren einige zu einem Beobachtungszentrum für Amateure in den Bergen östlich von Los Angeles, um den Kometen zu sehen. Wenn man erst einmal wußte, wohin man schauen mußte, war er leicht zu finden, und als ich wieder unten in La Crescenta war, wo ich wohnte, konnte ich ihn selbst unter einer Straßenlaterne sehen.

Während der Komet an der Erde vorbeiflog, wurde er mit Radioteleskopen vermessen, um Größe und Masse seines Kerns abzuschätzen. Es stellte sich heraus, daß der Kern einen Durchmesser von etwa zehn Kilometern und eine Masse von einer Million Millionen Tonnen hatte. Wäre er auf die Erde eingeschlagen, dann hätte es eine unvorstellbare Katastrophe gegeben, vergleichbar dem katastrophalen Meteoriteneinschlag, der dem Zeitalter der Dinosaurier ein Ende gesetzt haben soll. Es weist immer mehr darauf hin, daß das Massenaussterben vor 65 Millionen Jahren, bei dem ein Drittel aller Arten auf der Erde, einschließlich der Dinosaurier, ausgelöscht wurde, durch den Einschlag eines Kometen oder Asteroiden von der Größe des Kometen IRAS-Iraki-Alcock verursacht wurde. Wäre dieser Komet auf der Erde eingeschlagen, dann hätte er einen Krater von ungefähr 20 Kilometern Durchmesser geschlagen und eine unvorstellbare Staubwolke wäre in die Erdatmosphäre gelangt und hätte für viele Monate die Sonne in weiten Teilen der Erde verdunkelt. Jedenfalls scheint vor 65 Millionen Jahren in der Tat im Golf von Mexiko ein Asteroid eingeschlagen zu sein, der nicht nur Klimaveränderungen aufgrund der riesigen Staubwolke, sondern auch Flutwellen-Tsunamis mit Höhen von einem Kilometer mit sich brachte, die zu dem Massenaussterben zumindest beitrugen.

Der Komet IRAS sollte uns also nachdenklich machen. Wir müssen unseren Planeten nicht nur vor den Schädigungen durch unsere eigenen Verhaltensweisen schützen, sondern wir müssen uns auch überlegen, wie wir eine kosmische Katastrophe überleben könnten, der wir im April 1983 nur knapp entgangen sind. Gefährlich könnte es aber erst wieder im Jahr 2126 werden, wenn der Komet Swift-Tuttle, der im Jahr 1862 entdeckt wurde und die Bahn der Erde 1992 erneut kreuzte, wiederkehrt. Nach den Voraussagen wird er die Erdbahn am 11. Juli 2126 kreuzen, wobei die Erde die Kometenbahn ihrerseits nur einen Monat später, am 14. August, kreuzen wird. Sofern sich der Komet bei seinem Umlauf, der 134 Jahre dauert, um einen einzigen Monat verspätet, ist ein Zusammenstoß mit der Erde möglich. Da der Komet jedoch mit ungefähr 60 bis 70 Kilometern pro Sekunde sehr schnell ist, wird er in nur drei Minuten an der Erde vorbeigeflogen sein, so daß unsere Nachkommen schon sehr viel Pech haben müßten, um in dieser kurzen Zeit einem Zusammenstoß anheimzufallen. Über die Jahrtausende gerechnet wird der Komet Swift-Tuttle allerdings häufig dicht an der Erde vorbeifliegen.

Der letzte von *IRAS* entdeckte Asteroid, IRAS 1983TB, stellte eine Verbindung zwischen Kometen und drei weiteren faszinierenden Körpern im Sonnensystem her: *Apolloasteroiden*, *Meteoriten* und *Meteoren*. Asteroiden sind Gesteinsbrocken mit Durchmessern zwischen einem und Hunderten von Kilometern, die die Sonne überwiegend in einem Gürtel zwischen Mars und Jupiter, dem sogenannten Asteroidengürtel, umkreisen. Einige jedoch, die Apolloasteroiden, kreuzen die Umlaufbahn der Erde, zum Glück meist in einem hinreichend weit von der Erde entfernten Bahnabschnitt. Aber manchmal trifft einer von ihnen auf die Erde, was dann dramatische Folgen haben kann. Solche Zusammenstöße waren in der Frühzeit des Sonnensystems sehr häufig, und wie sie gewirkt haben, verdeutlichen die vielen Krater auf der Mondoberfläche, die sich dort weitgehend unverändert erhalten haben. Entsprechende Krater auf der Erde fielen inzwischen der Erosion durch Wind und Regen zum Opfer. Wie schon oben erwähnt, hat möglicherweise ein Apolloasteroid das Aussterben der Dinosaurier und vieler anderer Arten verursacht, indem er eine gewaltige Staubwolke emporschleuderte, die monatelang den Tag zur Nacht machte. Wo liegt nun der Ursprung dieser bedrohlichen kosmischen Wanderer?

Meteoriten sind Brocken aus Gestein, Eisen oder kohligen Einschlüssen, die vom Himmel zur Erde niederstürzen. Zu allen Zeiten wurden sie verehrt und gefürchtet. Die Kaaba, der heilige schwarze Stein in Mekka, dem Zentrum des Islam, ist höchstwahrscheinlich ein Meteorit. Ein ähnlicher Stein wurde von nordamerikanischen Indianern verehrt. Es dauerte jedoch viele Jahrhunderte, bis die Astronomen die Erkenntnis akzeptierten, daß tatsächlich Steine vom Himmel fielen. Zwar wurde spätestens seit der Renaissance vermutet, daß die Himmelskörper aus demselben Material wie die Erde bestehen könnten, aber sie blieben immer noch der platonischen Vorstellung von der Unverletzlichkeit der Erde verhaftet. Im Jahr 1803 schickte die französische Akademie der Wissenschaften eine Expertenkommission nach L'Aigle, um Berichten nachzugehen, denen zufolge Tausende von Steinen vom Himmel auf die Stadt herabgefallen seien. Nur widerwillig ließen sie sich vor Ort überzeugen. Erst ein so überaus seltenes Ereignis wie das Zerbersten eines Meteoriten über einem bewohnten Gebiet konnte Wissenschaftler von einer Realität überzeugen, die viele Individuen im Laufe der Geschichte aus eigener Erfahrung kannten.

Meteore dagegen sind Staubteilchen, die in der Erdatmosphäre aufleuchten, sich aufheizen, bis sie als Sternschnuppe aufglühen. Meteore oder Sternschnuppen sieht man besonders häufig an bestimmten Nächten des Jahres. Ich erinnere mich an eine im Freien verbrachte Sommernacht in Frankreich, in der ich viele hundert sah – sie gehörten zu den berühmten Perseiden. Im Jahr 1866 fiel Giovanni Schiaparelli auf, daß Meteorströme immer dann auftreten, wenn die Erde die Bahn eines sterbenden Kometen kreuzt, der auf seiner Bahn verstreute Trümmer zurückläßt. Die eindruckvollsten Meteorströme sind mit bekannten Kometen verbunden. Die im August aufleuchtenden Perseiden zum Beispiel bewegen sich auf derselben Bahn wie der Komet Swift-Tuttle, die Leoniden, die man im November beobachtet, folgen dem Kometen Tempel und die Aquariden, die im Mai kommen, gehören zum Halleyschen Kometen.

Es stellte sich heraus, daß der Asteroid 1983TB dieselbe Bahn wie der Geminidenstrom hatte. Er erschien als ein Apollometeorit, ein toter Felsbrocken ohne Gas- und Staubschweif. So wurde mit einem Schlag bewiesen, daß zumindest einige Apolloasteroiden schlicht und einfach Kerne toter Kometen sind, die ihre Hülle aus Staub, Gas und Eis verloren haben. Auch viele Meteoriten sind vermutlich Überreste von Kometen. Aus detaillierten Analysen der Zusammensetzung von Meteoriten weiß man, daß einige von ihnen aus Kollisionen zwischen Asteroiden im Asteroidengürtel hervorgegangen sind. Andere sind Bruchstücke, die Asteroiden beim Einschlag auf dem Mond oder auf anderen Planeten herausgeschlagen haben. Bei einigen Kometen, hier sei besonders der Komet Tempel erwähnt, konnte *IRAS* die Trümmerspur entlang der Bahn nachweisen.

Im Januar 1993 traf sich eine Gruppe von Astronomen, Physikern und Ingenieuren in Tucson, Arizona, um über die möglichen Katastrophen durch Kometen und Asteroiden zu diskutieren. Sie schlugen ein Netz von Teleskopen vor, eine sogenannte „Raumwacht“, um Körper, deren Bahn die Erde kreuzte, aufzuspüren und deren

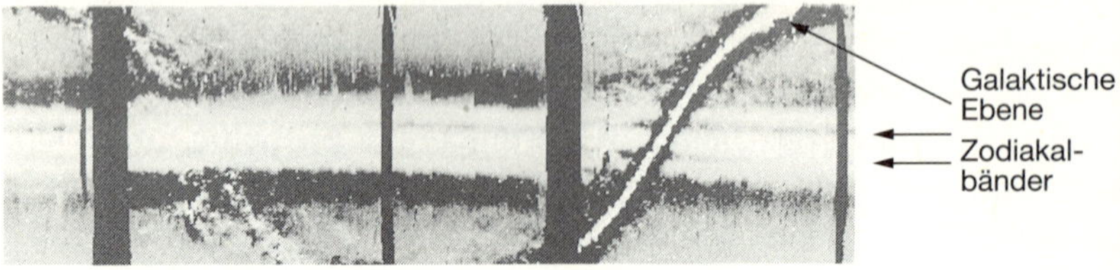

6.3 Die Zodiakalbänder aus Staub, die von *IRAS* entdeckt wurden – hier als ein breites Paar horizontaler Bänder sichtbar, die sich in der Nähe der hellen Ekliptikebene über den Himmel erstrecken. Das S-förmige Band ist Strahlung von der Milchstraße.

Bahn zu überwachen. Dies scheint ein sehr guter Vorschlag zu sein – im Gegensatz zu Überlegungen der NASA, die ernsthaft in Erwägung zog, Hunderte von atomaren Sprengköpfen als Verteidigung gegen nahe Asteroiden um die Erde kreisen zu lassen. In diesem Fall ist wohl die Medizin bei weitem mehr zu fürchten als die Krankheit.

Weitere Einblicke in die gewaltige Vergangenheit des Sonnensystems vermittelten Staubbänder, die das *IRAS*-Team über den gesamten Himmel in der Nähe der *Ekliptikebene* entdeckte. Dies ist die Ebene, in der die Erde um die Sonne kreist und in der auch näherungsweise die Bahnen der Planeten und Asteroiden liegen. Frank Low hatte die Idee, eine Serie von Himmelsaufnahmen als Gesamtheit darzustellen, und so wurden die Korridore zwischen unseren Büros damit gepflastert. Auf jeder Aufnahme waren zwei Bänder sichtbar, die sich auf beiden Seiten der Ekliptikebene entlangzogen. Es stellte sich heraus, daß sich diese Bänder wenigstens zum Teil als Trümmer aus Kollisionen zwischen Asteroiden erklären lassen, die sich auf ähnlichen Bahnen innerhalb des Asteroidengürtels bewegen, gelegentlich miteinander zusammenstoßen und entlang ihrer Bahnen ein Trümmerfeld hinterlassen. Mein Forschungsteam und ich versuchten einige Jahre lang herauszufinden, ob die Bänder zum Teil auch auf weiter entfernte Quellen zurückgehen könnten – vielleicht auf einen Staubring im äußeren Sonnensystem, der mit der Kometenwolke verbunden ist – konnten aber diesen Punkt noch nicht endgültig klären.

Die Arbeitsatmosphäre in der Bodenstation in Chilton

Während wir am JPL endlos immer wieder die Daten der Minidurchmusterung durchrechneten, um die Software für die *IRAS*-Kataloge anzupassen, drängte die Durchmusterung unbarmherzig vorwärts. Peter Clegg, ein Kollege und Freund, der für die wissenschaftliche Auswertung an der Bodenstation am Rutherford-Appleton-Labor in Chilton in Oxfordshire verantwortlich war, hat den typischen Tagesablauf für mich beschrieben:

> Normalerweise hielten sich ungefähr dreißig Leute im Kontrollzentrum auf, die sich in drei Gruppen aufteilten: das Team für den Betrieb des Satelliten, überwiegend Holländer, das amerikanische Teleskopteam und das britische Wissenschaftlerteam. Richard van Holtz, der Mission Operations Manager, führte das Oberkommando und war für die Funktionstüchtigkeit des Satelliten verantwortlich. Als Astronom vor Ort war ich dafür verantwortlich, sicherzustellen, daß die wissenschaftlichen Ziele der Mission erreicht wurden, und erhielt dafür enorme Unterstützung durch das Team von Phil Marsden von der Universität Leeds und Jim Emerson, Stella Harris und Helen Walker vom Queen Mary College.
>
> Nach Jahren der Vorbereitungen für die Mission waren wir natürlich während des Starts aufgeregt und angespannt. Obwohl *IRAS* in Kalifornien startete, kamen alle Befehle nach dem Abheben aus Chilton, entweder direkt zum Satelliten, wenn er über uns vorbeikam, oder über das Netz der Bodenstationen der NASA. Wir konnten erfolgreich das Kommando übermitteln, das kurz

nach dem Abheben das für das Überleben des Satelliten wichtige Heliumventil öffnete, aber als er zum ersten Mal über Chilton flog, schafften wir die Verbindung erst im letzten Moment; es waren einige bange Minuten. Bei der nächsten Überquerung neunzig Minuten später ging alles gut, und die Teams für das Raumfahrzeug und das Teleskop begannen, *IRAS* und seine Instrumente zu überprüfen. Eine Woche später entfernten wir die Abdeckung, die das Vakuum abgeschlossen und das Teleskop beim Start geschützt hatte. Als die Abdeckung abgestoßen war, sahen wir, wie die Signale der Detektoren prompt nachließen, als *IRAS* zum ersten Mal die kalten Tiefen des Raumes aufnahm. Zwölf Stunden später schauten wir uns die ersten Daten an und waren von ihrer Qualität begeistert. In der Tat brauchte ich einige Minuten, um mich zu überzeugen, daß wir echte Daten sahen und nicht irgendwelche künstliche Simulationen, wie wir sie für den Test der Verarbeitungskette benutzt hatten.

In den ersten Wochen hielten sich die meisten von uns während der beiden Überflüge am Tag im Kontrollzentrum auf – und darüber hinaus auch großenteils während der übrigen Zeit. Bei dem „ersten“ Überflug hatten wir ungefähr zwölf Minuten Zeit, den Satelliten anzufunken und ihn anzuweisen, die Daten der vergangenen zwölf Stunden von den Bändern an Bord herunterzusenden oder „abzuladen“ und schließlich auch noch eine Befehlsfolge für die nächsten zwölf Stunden an ihn zu senden. Manchmal schafften wir dies beim ersten Überflug nicht vollständig und mußten neunzig Minuten später den Sicherheitsüberflug nutzen, der sechs Minuten dauerte. In diesen Fällen konnte es ziemlich hektisch werden. Zwischen den Überflügen prüften wir die abgeladenen Daten und bereiteten einen Zeitplan für die Wiederholung von verrauschten oder fehlenden Messungen vor. Wir planten auch das Beobachtungsprogramm für einzelne astronomische Quellen, das in den Zeiten lief, die nicht für die generelle Durchmusterung benötigt wurden.

Ungefähr nach dem ersten Monat wurden diese Abläufe zur Routine – auch wenn *IRAS* jederzeit Aufregung hervorrufen konnte, sobald wir zu leichtferig wurden –, und wir gingen dazu über, einen Schichtdienst einzurichten. Auf diese Weise schafften wir es, jedes zweite Wochenende zu Hause verbringen zu können.

Ein gerade entstehendes Planetensystem?

In den ersten Monaten des Jahres 1983 machte *IRAS* eine bemerkenswerte Entdeckung bei der Wega. Dieser Stern ist sehr hell und bei optischen Wellenlängen außerordentlich gut untersucht, so daß er als Kalibrierungsstern für die *IRAS*-Durchmusterung gewählt wurde. Wir hatten angenommen, daß wir einfach die Messungen im sichtbaren Bereich und nahen Infrarotbereich zu den Wellenlängen im fernen Infrarot, die von *IRAS* untersucht wurden, extrapolieren konnten. Jedoch stellten George Aummann und Fred Gillett, zwei amerikanische Mitglieder des *IRAS*-Teams, das in der Bodenstation in Chilton an dem Eichungsproblem arbeitete, bei der Wega etwas höchst Ungewöhnliches fest. Während die anderen hellen Sterne, die der Kalibrierung dienten, sich der Vorhersage gemäß verhielten, war die Wega im fernen Infrarot wesentlich heller als erwartet. Der Überschuß schien aus einer Quelle mit einer Temperatur von 80° Kelvin (–193° Celsius) zu stammen – zum Vergleich: Die Oberflächentemperatur des Sterns beträgt 10 000 Kelvin. Daraus läßt sich folgern, daß die Wega im Abstand von ungefähr 80 Erdbahnradien von einer dünnen Schicht aus festen Teilchen („Staub") umgeben ist. Dabei lassen die Beobachtungen darauf schließen, daß die Teilchen mit einem Durchmesser von mindestens einem Millimeter im Vergleich zu den meisten Messungen für interstellaren Staub relativ groß sind.

Nun ist Wega ein sehr stabiler Stern, der seine optische Leuchtkraft nicht verändert und auch kein Material über seine Oberfläche verliert. Die Staubhülle, die Wega umgibt, ist vermutlich daher seit ihrer Entstehung dort gewesen. Die Materiemenge erwies sich als durchaus vergleichbar mit der Masse aller Planeten des Sonnensystems. Wir sehen anscheinend ein Planetensystem in der Entstehung.

Die *IRAS*-Wissenschaftler überprüften sofort andere Wega-ähnliche Sterne und fanden weitere Staubhüllen, von denen die am besten untersuchte den Stern Beta Pictoris umgibt. Erdgebundene

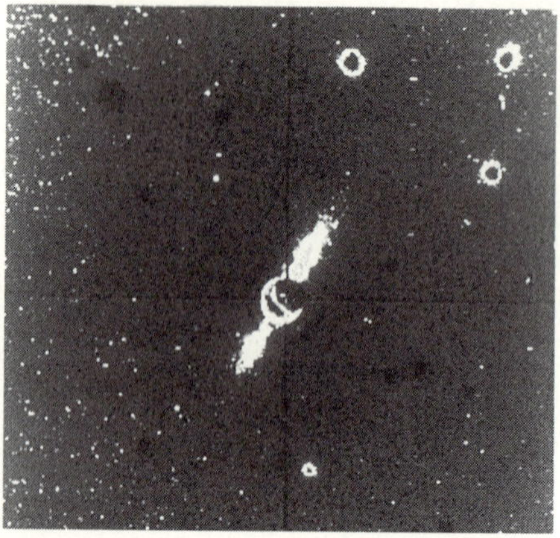

6.4 Eine Aufnahme der Staubhülle um Beta Pictoris, aufgenommen bei optischen Wellenlängen.

Beobachtungen, die Bradford Smith und Richard Terrile am Las-Campanas-Observatorium in Chile durchführten, zeigten, daß der Staub um diesen Stern eine Scheibe bildet, genau wie man es bei einer protoplanetaren Scheibe erwartet. Sie stellten fest, daß die Scheibe einen Gesamtdurchmesser von 800fachem Abstand Sonne-Erde hat, aber daß der innere Teil der Scheibe von Beta Pictoris – innerhalb eines dreißigfachen Erdbahnradius – staubfrei sei. Diese Zone entspricht der Größe des Gebiets, in dem sich im Sonnensystem die Planeten befinden. Vielleicht sind also aus dem Material innerhalb dieses Radius bereits Planeten entstanden. Jedoch ist die Existenz der staubfreien Zone nicht unumstritten, und es gibt keine direkten Hinweise auf Planeten bei Wega oder Beta Pictoris.

Die Suche nach dem Planeten X

Neben unserer natürlichen Neugier im Hinblick auf andere Planetensysteme hat die Frage, ob es in unserem Sonnensystem einen zehnten Planeten geben könnte, einiges Interesse geweckt. In der

Antike waren nur die fünf mit bloßem Auge sichtbaren Planeten bekannt. William Herschel entdeckte 1781 bei Fernrohrbeobachtungen am Nordhimmel den Uranus; Neptun wurde 1846 von Johann Galle aufgrund der Störungen, die er auf die Bahn des Uranus ausübt, als Planet entdeckt. Pluto konnte 1930 von Clyde Tombaugh im Rahmen eines Programms, das die Ursache kleiner unerklärter Störungen der Bahnen von Uranus und Neptun klären sollte, gefunden werden. Allerdings wissen wir inzwischen, daß Pluto zu klein ist, um diese Störungen hinreichend zu erklären. Die Diskrepanz ist sogar noch bedenklicher, wenn frühere Beobachtungen des Neptun – die Galilei 1613 und Lalande 1795 machten – richtig protokolliert wurden. Galilei beobachtete 1613 den Jupiter, als in dessen Nähe der Neptun zu sehen war, und er hat dabei anscheinend auch die Position des Neptun aufgezeichnet; allerdings befand sich Neptun nach Galileis Aufzeichnungen nicht genau dort, wo er hätte sein müssen, sofern es keinen zehnten Planeten gibt. Lalande vermaß 1797 die Positionen von Sternen und verzeichnete einen vermeintlichen „Stern“ an einer Position, an der kein Stern gewesen sein kann – vielmehr sollte, den Berechnungen der Planetenpositionen zufolge, damals der Neptun ungefähr an der von Lalande aufgezeichneten Position gewesen sein – aber wiederum gab es eine gewisse Diskrepanz zur tatsächlich vermerkten Position.

Auf der anderen Seite haben die Daten von *Pioneer* und *Voyager* bei ihren langen Reisen zu den äußeren Planeten des Sonnensystems und darüber hinaus gezeigt, daß es keinen zehnten Planeten in der heutigen Ekliptikebene geben kann. Die Bahnebene eines solchen Planeten müßte also in deutlichem Winkel quer zur Bahnebene der Erde und der übrigen Planeten liegen. Einige Astronomen glauben noch an die Existenz des Planeten X und suchen nach ihm.

Zweimal glaubte ich, ich hätte den Planeten X in den Daten von *IRAS* gefunden – beide Male im Jahr 1984. Zunächst tauchte eine helle kalte Quelle auf der *IRAS*-Karte vom Galaktischen Zentrum auf, die genau in der Ekliptikebene lag. Bald stellte sich heraus, daß diese Quelle sich nicht über den Himmel bewegte wie ein Planet, und sein Infrarotspektrum bewies, daß es sich um einen Roten

Riesen mit einer dichten Staubhülle handelte. Allerdings bekam das Magazin *New Scientist* Wind von der Sache und druckte die Geschichte unter dem Titel: „*IRAS* entdeckt den zehnten Planeten!"

Im zweiten Fall hatte ich ziemlich systematisch nach kalten, sich bewegenden Objekten gesucht und zu meiner Verblüffung tatsächlich eines gefunden. Leider stellte der *IRAS*-Wissenschaftler Russ Walker, als er für mich die Position mit einer Liste bekannter Kometen und Asteroiden abglich, fest, daß das bewegte Objekt der Komet Bowell war, der erst ein Jahr zuvor jenseits des Jupiter entdeckt worden war. Seither habe ich die *IRAS*-Daten nach Quellen durchforscht, die als Planetenkandidaten in Frage kommen könnten – ohne jeden Erfolg. Zwar ist immer noch nicht vollkommen auszuschließen, daß sich irgendwo in den *IRAS*-Daten nicht doch ein zehnter Planet finden läßt, aber ich bin mir zu mindestens 70 Prozent sicher, daß ein Planet X nicht existiert. Die 70 Prozent entsprechen dem Teil des Himmels, in dem ich ihn anhand der *IRAS*-Daten sicher gefunden hätte: die übrigen 30 Prozent berücksichtigen einen kleinen Bereich, der nicht von *IRAS* durchmustert wurde, und das größere Gebiet der Milchstraße, wo es fast unmöglich wäre, ihn zu finden. Die Entdeckung des Planeten X wäre die Krönung der *IRAS*-Mission gewesen, aber es sollte nicht sein.

7
Neue Perspektiven

Seit die USA, die Niederlande und Großbritannien 1976 beschlossen hatten, in einem Gemeinschaftsprojekt ein auf Tieftemperaturen gekühltes Teleskop in den Weltraum zu schicken, das den Himmel in den Wellenlängen des fernen Infrarot durchmustern sollte, war mir klar, daß *IRAS* für kosmologische Untersuchungen genutzt werden konnte – für die Kartierung des Universums. Bei der ursprünglichen Planung hatten wir gehofft, mit *IRAS* hunderttausende Quellen zu sehen, darunter zehntausende Galaxien. Aber die Detektorempfindlichkeit erwies sich bei Tests auf der Erde als so schwach, daß wir unmittelbar vor dem Start nach meinen Schätzungen nur noch 1000 Quellen erwarteten, darunter nur wenige außerhalb unserer eigenen Galaxie. Teleskop und Detektoren funktionierten dann aber im All so perfekt, daß sogar die ursprünglichen optimistischeren Pläne und Hoffnungen mit Leichtigkeit übertroffen wurden.

War *IRAS* in den Jahren vor dem Start mit alles lähmenden Problemen, mit ärgerlichen und endlosen Verzögerungen und explodierenden Kosten verbunden gewesen, so wurde er nach dem Start durch seine ausgezeichnete Leistung plötzlich zu einem großen Erfolg. Jetzt war uns klar, daß bei dieser einmaligen Durchmusterung wunderbare Entdeckungen bevorstanden, und die Astronomen, die natürlich alle wissen wollten, was entdeckt worden war, und die Daten selbst sehen wollten, bedrängten uns. Die Gruppe, die für die Erstellung der *IRAS*-Kataloge verantwortlich war, mochte die Daten nicht freigeben, bevor sie ordentlich kalibriert und bestätigt waren. Wir wußten, daß in der Vergangenheit voreilig Kataloge astronomischer Quellen mit einem hohen Anteil von Scheinquellen veröffentlicht worden waren – was die jeweiligen Autoren später dann bereut hatten. Und wir wußten auch, daß einige Kollegen nicht gut auf uns zu sprechen waren, als sie etwa ein Jahr auf den *IRAS*-Katalog warten mußten – im Hinblick auf die hohe Qualität des Katalogs hat sich die Zeit meiner Meinung nach gelohnt.

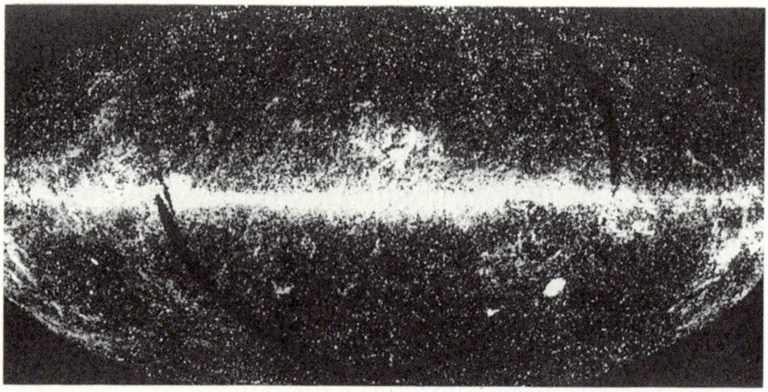

7.1 Die Verteilung der Infrarotquellen, die bei der *IRAS*-Durchmusterung entdeckt wurden. Die Quellen, die sich in der Ebene der Milchstraße häufen, sind überwiegend Sterne und Staubwolken, in denen gerade neue Sterne entstehen. In größerem Abstand von der Milchstraße (in höheren galaktischen Breiten) sind die meisten Quellen entfernte Galaxien.

Die *IRAS*-„Minidurchmusterung“ und der Infrarotzirrus

In den ersten vierzehn Tagen nach dem Start hatten Peter Clegg und sein Team an der Bodenstation dem Satelliten das Programm für eine genaue Durchmusterung eines Streifens am Himmel – die

IRAS-„Minidurchmusterung“ – übermittelt. Später untersuchte das wissenschaftliche Analyseteam am Jet Propulsion Laboratory über Monate hinweg die Daten der Minidurchmusterung, um die Auswertungsprogramme zu optimieren, Infrarotquellen zu entdecken und zweifelsfrei nachzuweisen. Im Juli 1983 waren die Hunderte von Parametern, die bei der Vorbereitung des *IRAS*-Katalogs gebraucht wurden, endgültig adjustiert, und wir konnten mit der Erstellung der Kataloge beginnen, die fast ein Jahr dauern sollte – sofern die Daten eines Tages mit einer Rechenzeit von einem Tag verarbeitet werden konnten. Die *IRAS*-Mission selbst dauerte zehn Monate – danach war das Kühlmittel, das flüssige Helium, aufgebraucht. Dabei wurden insgesamt 97 Prozent des Himmels durchmustert.

Es stellte sich heraus, daß der Starttermin von *IRAS* für extragalaktische Untersuchungen außergewöhnlich ungünstig war und infolgedessen ein völlig falscher Eindruck vom Himmel zustande kam. Die Minidurchmusterung während der ersten vierzehn Tage sicherte uns gute Daten aus einem kleinen Himmelsausschnitt für den Fall, daß das Helium vorzeitig zur Neige gehen sollte, erfaßte allerdings so ziemlich den ungünstigsten Ausschnitt des Himmels, den wir wählen konnten – nämlich einen Bereich der Milchstraße selbst. In diesem Ausschnitt wurden dichte Molekülwolken im

7.2 Tom Chester (links), Leiter der Software-Gruppe für die Vorbereitung der *IRAS*-Kataloge, und Tom Soifer (rechts), Leiter der Arbeitsgruppe zur Planung und Qualitätskontrolle der *IRAS*-Kataloge.

Orion, Taurus und Ophiuchus aufgenommen, und es gab Tausende von Zirrusquellen und lokalen Sternentstehungswolken. Für die Feinabstimmung unserer Software war es so ziemlich das schwierigste Gebiet, das man sich aussuchen konnte. Aber vielleicht war gerade dies auch die richtige Voraussetzung für den exzellenten Katalog, den wir schließlich erhielten. Um die Software für diesen schrecklich verwirrenden und komplexen Bereich der Minidurchmusterung zum Laufen zu bringen, hatten wir uns monatelang abgerackert, aber bei den hohen galaktischen Breiten, jenseits der verwirrenden Einflüsse des Zirrus und der Sternentstehungsgebiete in unserer Galaxie, sollte sich das in hoher Qualität auszahlen. Wir sahen die Karten dieser hohen Breiten erst im Juli 1983.

Natürlich war der Infrarotzirrus an sich schon eine große Entdeckung von *IRAS*. Infrarotstrahlung bei Wellenlängen von 60 und 100 Mikrometern war zwar nicht ganz unerwartet, aber die Helligkeit bei Wellenlängen von 12 und 25 Mikrometern überraschte dann doch. Offenbar hatten in den Zirruswolken einige interstellare Staubkörner eine wesentlich höhere Temperatur als vorhergesagt. Wie sich herausstellte, paßte dies gut zu zwei früheren Entdeckungen, für die es bis dahin keine Erklärung gab. 1973 hatten Fred Gillett vom Kitt Peak National Observatorium in Arizona und seine Kollegen in den Spektren mehrerer Quellen breite unidentifizierte Linien gefunden; und 1981 hatte Kris Sellgren im Rahmen ihrer Dissertation bei heißen Sternen

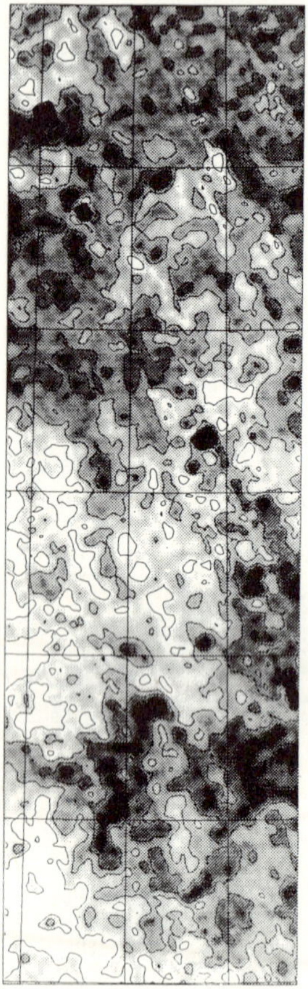

7.3 Der Infrarotzirrus, abgestrahlt von dünnen Filamentstrukturen aus interstellarem Staub.

ausgedehnte Emissionen im Wellenlängenbereich von 5 bis 20 Mikrometern entdeckt. Ungefähr zur selben Zeit berichtete Steve Price über die *AFGL*-Raketen-Durchmusterung und die Beobachtung, daß die diffuse Strahlung der Milchstraße bei Wellenlängen von 4 bis 20 Mikrometern heller als erwartet war. Ich erinnere mich, daß wir über die mögliche Ursache diskutiert hatten und ich ohne viel Nachdenken auf Strahlung von zirkumstellaren Staubhüllen tippte.

Alle diese Erscheinungen lassen sich in der Tat auf sehr kleine Körner mit weniger als einem tausendstel Mikrometer Durchmesser oder auf große Moleküle im interstellaren Medium zurückführen. Insbesondere kommen hier Moleküle von polyzyklischen aromatischen Kohlenwasserstoffen in Frage, die auf der Erde häufig vorkommen (z. B. in Teer oder Autoabgasen). Diesen Überlegungen ging der junge französische Astronom Jean-Loup Puget mit seiner Arbeitsgruppe intensiv nach.

IRAS-Galaxien

Als wir das Teleskop nach der Entdeckung von Hibbards Wolken auf die richtige Himmelsposition ausgerichtet hatten, konnten wir viele *IRAS*-Quellen korrekt identifizieren. Dabei wurde ziemlich schnell klar, daß der Wellenlängenbereich um 12 Mikrometer von Sternen unserer Galaxie beherrscht wird, während der 60-Mikrometer-Kanal einen ganz anderen Himmel erkennen läßt. In der Ebene der Milchstraße beobachteten wir hauptsächlich Strahlung von Staubwolken, in denen gerade neue Sterne entstehen. Am übrigen Himmel jedoch sahen wir die Strahlung von Tausenden von Galaxien. Wenige Wochen nach dem Start stellte ich für das Gebiet der Minidurchmusterung eine Liste von Quellen zusammen, die wir für die Feinabstimmung unserer Algorithmen benutzten; viele Quellen wurden dabei vorläufig identifiziert. Zu diesen galaktischen Quellen gehörte unter anderem die dunkle Wolke Barnard 3, die sich als der erste *IRAS*-„Protostern“ entpuppte – hier befindet sich ein Stern in der Entstehung. Ausgangspunkt für die ersten Auswertungen bei den

IRAS-Galaxien waren vorhandene optische Kataloge, aus denen viele dieser Galaxien stammten – diese Untersuchungen wurden von Tom Soifer vom California Institute of Technology geleitet. Andere Quellen in meiner Liste, die keine optischen Gegenstücke hatten und die sich nicht zu nahe an der Milchstraße befanden, bildeten die Grundlage für die Untersuchung der „unidentifizierten" Quellen unter Leitung von Jim Houck. Meist erwiesen sich diese Quellen als weiter entfernte Galaxien. Bis zum Sommer 1983 hatten wir einige Artikel über die ersten Entdeckungen von *IRAS* vorbereitet und reichten sie beim *Astrophysical Journal* ein. Sie wurden dann als Sonderausgabe der *Astrophysical Journal Letters* vom 1. März 1984 veröffentlicht. Gleichzeitig wurden die Ergebnisse in Pressekonferenzen in den USA, den Niederlanden und Großbritannien mitgeteilt – und kamen so in die Zeitungen.

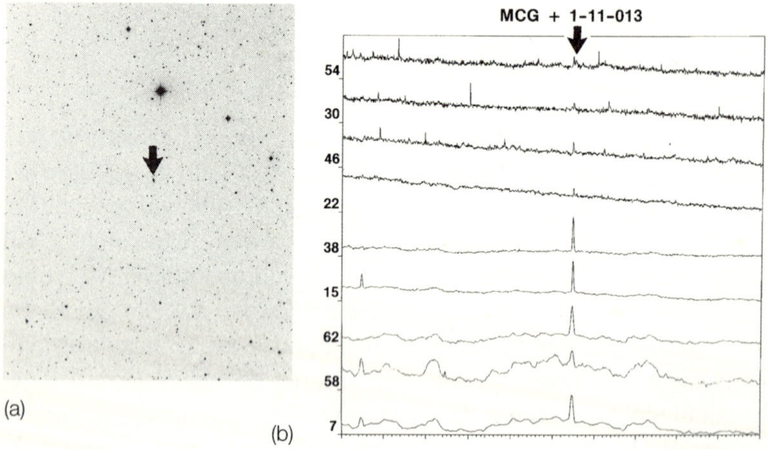

7.4 Eine der ersten Galaxien, die anhand ihres Infrarotspektrums (b) mit einer *IRAS*-Quelle (a) identifiziert wurde.

Inzwischen hatte ich damit begonnen, Quellen in den hohen galaktischen Breiten zu untersuchen, die frei von „Verunreinigungen" durch Strahlungsquellen unserer eigenen Galaxie waren. Die vier

Wellenlängenbereiche der Durchmusterung bei 12, 25, 60 und 100 Mikrometern erfaßten, wie schon erwähnt, jeweils Materiekomponenten verschiedener Temperaturen. Bei 12 Mikrometern war die Durchmusterung für Temperaturen um 300° Kelvin sensitiv, während es bei 100 Mikrometern typischerweise 30° Kelvin waren. Daher erwarteten wir, je nach Wellenlängenbereich, verschiedenartige astronomische Objekte zu sehen. Zunächst untersuchten wir für jeden der vier *IRAS*-Wellenlängenbereiche, wie sich die Anzahl der beobachteten Quellen als Funktion der Helligkeit änderte und inwieweit sich einzelne *IRAS*-Quellen mit Sternen und Galaxien aus bereits vorhandenen optischen Katalogen identifizieren ließen. Dadurch wurde klar, wie abrupt sich der Himmel jenseits der Milchstraßenebene von einem Sternenhimmel – bei 12 oder 25 Mikrometern – in einen Galaxienhimmel – bei 60 Mikrometern – verwandelte. Darüber hinaus ließen sich die wenigen Sterne, die bei 60 Mikrometern gefunden wurden, leicht an ihren unterschiedlichen infraroten Farben erkennen. Bei diesen hohen galaktischen Breiten fernab der Milchstraße fanden wir auch, daß die Qualität der Durchmusterung außerordentlich hoch war. Der Traum, *IRAS* für kosmologische Studien nutzen zu können, war Wirklichkeit geworden.

Bei Infrarotquellen, die nicht mit Objekten in optischen Katalogen identifiziert werden konnten, zeigte ein Vergleich der Positionen mit den Objekten auf Photoplatten von Himmelsdurchmusterungen des Palomar-Observatoriums und des Science and Engineering Research Council (SERC), daß *IRAS* Tausende von Galaxien bei Wellenlängen von 60 und 100 Mikrometern während der Durchmusterung aufgenommen hatte. Und in den hohen galaktischen Breiten wurde bei einer Wellenlänge von 100 Mikrometern sogar auch Strahlung von interstellarem Staub nachgewiesen, der infrarote „Zirrus“. Hier war es wichtig, sicher zu sein, daß der Zirrus nicht die Galaxien unserer Durchmusterung überstrahlte. Meine Gruppe am Queen Mary and Westfield College verbrachte viele Jahre damit, den Zirrus zu untersuchen und genau zu kartieren, über welche Gebiete des Himmels er sich erstreckt.

Bei einer unserer Untersuchungen verglichen wir für verschiedene Helligkeitsbereiche, wie sich die Anzahl der *IRAS*-Galaxien zum galaktischen Nord- beziehungsweise Südpol hin ändert. Dieser Vergleich hing entscheidend davon ab, wie genau die Helligkeit der schwachen Quellen gemessen worden war. Wir waren zuversichtlich, daß die *IRAS*-Messungen zum Strahlungsfluß sehr genau waren, mußten aber unsere Methode gegen Einwände aus verschiedenen Richtungen verteidigen. Schließlich konnten wir meiner Meinung nach die meisten Kollegen überzeugen, daß *IRAS* in der Tat ein bemerkenswertes kosmologisches Werkzeug war. Bei Wellenlängen von 60 und 100 Mikrometern fanden wir zum Nordpol hin pro Fläche mehr schwache Quellen vorgegebener Helligkeit als zum Südpol hin. Da wir offenbar jede Richtung bis in eine Entfernung von mindestens 150 Millionen Lichtjahren durchmustert hatten, war zu vermuten, daß wir uns in einer Dichtestruktur befinden, die zwar keine sehr großen Dichteschwankungen, aber wahrhaft riesige Ausmaße aufweist – mit einem Durchmesser von mindestens 300 Millionen Lichtjahren. Es ist noch immer unklar, wie verbreitet solche Strukturen im Universum sind. Als wir später anhand der *IRAS*-Durchmusterung eine eher statistisch angelegte Untersuchung zur großräumigen Struktur des Universums durchführten, ergaben sich im Hinblick auf unsere Vorstellungen zur Entstehung von Galaxien, Galaxienhaufen und anderen großräumigen Strukturen im Universum drastische Konsequenzen (siehe Kapitel 10).

Die ersten systematischen Folgebeobachtungen zur *IRAS*-Durchmusterung mit erdgebundenen Teleskopen

Als wir im November 1984 den *IRAS*-Punktquellenkatalog herausbrachten, schwebte mir bereits ein Programm zur Untersuchung dieser *IRAS*-Galaxien mit erdgestützten optischen Teleskopen vor. Ich einigte mich mit Tom Soifer, die Himmelsregion rund um den galaktischen Nordpol (bei galaktischen Breiten von mehr als 60°) arbeitsteilig zu untersuchen, wobei ich ein Drittel der Region übernehmen wollte, während er mit seinen amerikanischen Kollegen die übrigen zwei Drittel beobachten würde – wir wollten doppelte Arbeit vermeiden. Ich überredete Andy Lawrence, von der Königlichen Sternwarte in Greenwich zum Queen Mary and Westfield College zu kommen, und wir starteten eine Zusammenarbeit mit meinem alten Studienfreund Michael Penston. Lawrence und die Assistenten von Michael Penston und mir, Kieron Leech und David Walker, vermaßen die Spektren aller *IRAS*-Quellen in einem Gebiet von 844 Quadratgrad rund um den galaktischen Nordpol. Abgesehen von einigen Sternen, die leicht an ihrer Infrarotcharakteristik zu erkennen waren, erwiesen sich über 99 Prozent der 60-Mikrometer-Quellen als Galaxien, deren Fluchtgeschwindigkeiten von 1000 bis hin zu 30000 Kilometer pro Sekunde reichten – also bis zu zehn Prozent der Lichtgeschwindigkeit oder einer Rotverschiebung von 0,1. Mit Hilfe des Hubbleschen Gesetzes konnten wir die Geschwindigkeiten in Entfernungen umrechnen und die Zahl der Quellen pro Einheitsvolumen für die verschiedenen Leuchtkraftklassen abschätzen. Auf diese Weise bestimmten wir die *Leuchtkraftfunktion,* die einen Schlüssel zur Natur der Galaxien darstellt. Am unteren Ende der Leuchtkraftskala sehen wir Infrarotstrahlung von Staub, wie er in den meisten Spiralgalaxien vorhanden ist. Im mittleren Leuchtkraftbereich kommen allmählich Galaxien hinzu, in denen vermehrt Sterne entstehen. Schließlich, in der höchsten Leuchtkraftstufe sehen wir Galaxien, in denen sich die Sternenentstehung explosionsartig verstärkt hat und die unter dem Namen „Starburst"-Galaxien bekannt wurden.

Im weiteren Verlauf entschloß sich Tom Soifer, die Galaxien in der Nähe des galaktischen Nordpols nicht mehr weiter zu untersuchen, sondern sich stattdessen auf eine Stichprobe heller *IRAS*-Galaxien zu konzentrieren, deren Geschwindigkeiten bereits zum größten Teil bekannt waren. Die Leuchtkraftfunktion, die Soifer und sein Team am California Institute of Technology anhand dieser Galaxien erhielten, stimmte gut mit der Leuchtkraftfunktion überein, die wir erhalten hatten oder die bei anderen Durchmusterungen der Rotverschiebung abgeleitet worden war – insbesondere von George Rieke und seinen Mitarbeitern an der Universität von Arizona.

Ich werde auf die Natur der extrem leuchtkräftigen *IRAS*-Galaxien in Kapitel 11 noch zurückkommen. Als verblüffendste Möglichkeit kristallisierte sich nach unserer Pilotdurchmusterung der nördlichen galaktischen Polarregion heraus, daß wir die Verteilung der Galaxien über den gesamten Himmel bis in weit größere Tiefen verfolgen konnten als jede vorangegangene großräumige Durchmusterung. Dies war eine interessante Möglichkeit, um herauszufinden, ob großräumige Strukturen in einem noch größeren Maßstab als dem der bereits bekannten großen Galaxienhaufen existieren – was wiederum ein entscheidender Hinweis auf die Entstehung der Strukturen im Universum sein konnte. Ein weiteres Motiv für großräumige Durchmusterungen war der Versuch, den Ursprung der Bewegung unserer eigenen Galaxie zu erkunden – diese Eigenbewegung läßt sich anhand einer kleinen Anisotropie in der kosmischen Hintergrundstrahlung erkennen, die über den gesamten Himmel Schwankungen von 0,1 Prozent aufweist (siehe Seite 80). Um zu verstehen, woher wir wissen, daß unsere Galaxie sich durch den kosmologischen Raum bewegt, müssen wir *IRAS* erst einmal verlassen und zur Entdeckungsgeschichte der kosmischen Hintergrundstrahlung in den sechziger Jahren zurückgehen, die seither intensiv erforscht wurde. Wir werden sehen, daß zwischen den kosmologischen Entdeckungen der *IRAS*-Durchmusterung und den Beobachtungen der Hintergrundstrahlung ein enger Zusammenhang besteht, wobei die Entdeckung der „Rippeln“ in der Hintergrundstrahlung durch den Satelliten *COBE* einen Höhepunkt darstellt (Kapitel 12).

8
Der Mikrowellenhintergrund

Die Entdeckung der kosmischen Hintergrundstrahlung durch Arno Penzias und Robert Wilson war 1965 eine astronomische Jahrhundertentdeckung, die überraschend kam. Zwar standen mehrere Kosmologen kurz davor, klare Vorhersagen über die beobachtbaren Eigenschaften einer solchen Strahlung machen zu können, aber die Entdeckung beruhte eigentlich auf einem glücklichen Zufall, und die beiden jungen Entdecker – die sich mit Radiowellen, aber nicht mit Kosmologie befaßten – stießen eigentlich durch Zufall auf diese Entdeckung und erkannten die Tragweite zunächst auch gar nicht. Die Hintergrundstrahlung ist ein entscheidender Beleg dafür, daß unser Universum mit einem Urknall begann und in seinen frühen Phasen von Strahlung beherrscht wurde. Als sie 1965 entdeckt wurde, war das Urknallmodell nicht das einzige Modell für das Universum. Insbesondere die Steady-State-Kosmologie, die von einem stationären, in vieler Hinsicht gleichbleibenden Universum ausging, hatte damals viele Anhänger.

Wie wir noch sehen werden, hängen die kosmische Hintergrundstrahlung und das Unternehmen *IRAS* eng miteinander zusammen. Die Hintergrundstrahlung ist zwar über alle Himmelsrichtungen hinweg äußerst gleichförmig, das heißt isotrop; doch anhand kleiner

Abweichungen von dieser Isotropie gelang es einigen Astronomen schließlich 1978, die absolute Bewegung unserer Galaxie durch den Raum zu bestimmen. Die Geschwindigkeit dieser Bewegung war überraschend hoch. Fast ein Jahrzehnt später konnten meine Kollegen und ich diese Bewegung mit der Anziehungskraft von ungefähr einem Dutzend Galaxienhaufen in einem Umkreis von 300 Millionen Lichtjahren erklären. Außerdem haben wir mit Hilfe unserer *IRAS*-Galaxiendurchmusterung die großräumige „Klumpigkeit" des Universums kartiert und konnten so der Frage auf den Grund gehen, wie Galaxien und Haufen entstanden sind. Schließlich stellte sich heraus, daß die „Klumpigkeit" des heutigen Universums direkt mit den „Rippeln" zusammenhängt, die der *COBE*-Satellit 1992 im Mikrowellen-Hintergrund entdeckte. Wenn man die *IRAS*- und *COBE*-Daten zur großräumigen Struktur kombiniert, läßt sich ziemlich genau sagen, wie sich Struktur im frühen Universum herausgebildet haben muß.

Der Siegeszug des Urknallmodells

Die Entdeckung von Penzias und Wilson wurde unter den Kosmologen, die das Urknallmodell des Universums ausarbeiteten, sofort als Bestätigung ihrer Theorie angesehen, während andere Kosmologen, vor allem solche, die rivalisierende Modelle vertraten, diesen Standpunkt erst nach und nach übernahmen. Das Urknallmodell bereitete einigen Wissenschaftlern und Philosophen Unbehagen, weil es ein endliches Alter des Universums und einen explosiven Anfang in einem singulären Schöpfungsmoment voraussagt. Manchen schien dies den religiösen Vorstellungen über die Schöpfung bedenklich nahe zu kommen und sie zogen das Steady-State-Modell eines zeitlosen, ewig gleichen Universums vor.

Der Zeitpunkt, an dem das Urknallmodell das allgemein akzeptierte Modell der Kosmologen wurde, läßt sich vermutlich ziemlich genau angeben. 1973 fand in Krakau in Polen ein Symposium zum 500. Geburtstag von Kopernikus statt, das die Gegenüberstellung von kosmologischen Theorien und Beobachtungsdaten zum Thema hatte. Angesichts der Themenstellung hätte man erwarten können, daß verschiedene kosmologische Modelle einem Vergleich mit astronomischen Beobachtungen unterzogen würden. Aber dann liefen alle Beiträge dieser Konferenz darauf hinaus, zu zeigen, daß das Universum die einfachst mögliche großräumige Struktur aufweist: Das Universum ist nahezu vollkommen gleichförmig, so wie es 1917 zuerst von Einstein untersucht wurde, und dieses homogene und isotrope Universum entwickelte sich aus einem Zustand unendlicher Dichte und Temperatur heraus, eben dem Urknall, wobei es die ersten hunderttausend Jahre als ein von Strahlung beherrschter „Feuerball" verbrachte und schließlich zu dem heute beobachteten, von Materie beherrschten Universum abkühlte.

In einer unterhaltend geschriebenen Einleitung zu den Proceedings der Konferenz stellte der bedeutende russische Physiker und Kosmologe (und einer der Väter der russischen Wasserstoffbombe) Jakow Seldowitsch eine Art Philosophie der Kosmologie vor. Man darf die Gleichungen, die die Entwicklung des Universums beschreiben, nicht einfach rückwärts in der Zeit extrapolieren, so sein Argument, sondern man muß beliebige Varianten des Anfangszustands nehmen, deren Entwicklung bis in die Gegenwart verfolgen und dann mit den Beobachtungen vergleichen. Seldowitsch betonte, daß ein solches Rückwärtsschließen von Vorurteilen und Vorlieben der Autoren nicht frei sei, und vielleicht auch „von der Freudschen unterbewußten Einstellung zu Dingen wie Ordnung, Chaos und Antimaterie" abhängen könne. Daher sei die Gegenüberstellung mit Beobachtungen so wichtig, bei der eine falsche Theorie weggefegt werde. Mir gefiel der Gedanke, die kosmologischen Modelle mit den Kindheitstraumen und Neurosen der Kosmologen in Verbindung zu bringen..

Aber wurden wirklich *mehrere* kosmologische Theorien mit den Beobachtungen verglichen? Abgesehen von wenigen abweichenden, skeptischen und unzufriedenen Stimmen diskutierte man auf dieser Konferenz nur *ein* Modell. Offenbar hatte ein Wechsel zu einem neuen wissenschaftlichen Paradigma stattgefunden, wie ihn

Thomas Kuhn in seinem einflußreichen Buch *Die Struktur wissenschaftlicher Revolutionen* beschrieben hatte. Das isotrope Urknallmodell war zum neuen Paradigma geworden. In diesem Rahmen begannen die Theoretiker, Einzelheiten auszuarbeiten: die Entstehung von Galaxien, die Struktur der ursprünglichen Singularität, die kosmischen Häufigkeiten der leichten Elemente. So traf Kuhns wissenschaftskritische und -soziologische Beschreibung der Prozesse, die seiner Ansicht nach in der wissenschaftlichen Welt bei einer wissenschaftlichen Revolution ablaufen, wohl ziemlich genau auf die Etablierung der Theorie des Heißen Urknalls zu.

In einer Rezension der Konferenz-Proceedings für das Wissenschaftsmagazin *Nature* lenkte ich die Aufmerksamkeit auf diesen Paradigmenwechsel und erlaubte mir die Frage, ob wir, wie bei Ptolemäus und Kopernikus, wieder 2000 Jahre auf den Umsturz dieses Weltbilds warten müßten. Als Antwort erhielt ich einen feinsinnigen Brief von Seldowitsch mit der Frage, welche anderen Theorien ich unterstützen wollte: die in Mißkredit geratene Steady-State-Theorie von Bondi, Gold und Hoyle oder die nicht-kosmologischen Theorien von Arp und anderen zur Rotverschiebung? Auf äußerst liebenswürdige Art war klargestellt: Wer nicht für uns ist, ist gegen uns.

Auf dieser Konferenz wurde zum erstenmal das *Anthropische Prinzip* vorgetragen, von meinem ehemaligen Kommilitonen Brandon Carter. Die Argumentation ist anthropozentrisch: wäre das Universum anders als es ist, so hätten weder Galaxien noch Sterne entstehen können und auch wir Menschen wären nicht da, um es zu beobachten (siehe Kapitel 3). Da hier eine aristotelisch-geozentrische Auffassung vom Universum mit der Menschheit im Mittelpunkt anklang, beendete ich meine Besprechung sarkastisch mit dem Satz: „Komm zurück, Aristoteles, Dir ist alles vergeben."

Seldowitsch kommentierte sardonisch in seinem Brief: „Vielleicht *war* die Situation in Krakau aristotelisch. Ich nehme Ihre Herausforderung an. Aber mir scheint, Sie trauern um so etwas ähnliches wie die Astronomie zur assyrisch-babylonischen oder ägyptischen Zeit: eine geheime Priesterwissenschaft mit astrologischen Auswüchsen."

Penzias und Wilson entdecken durch Zufall die kosmische Hintergrundstrahlung

Als ich 1964 mit kosmologischer Forschung begann, sah die Lage noch ganz anders aus. Zu jener Zeit hatte die Kontroverse um Urknall- und Steady-State-Theorie, die sich an ihren bekanntesten Verfechtern Martin Ryle und Fred Hoyle festmachen läßt, gerade ihren Höhepunkt erreicht. Sie schien die zentrale Frage zu sein, mit der man sich beschäftigen sollte. Aber ein Jahr später wurde eine Entdeckung mitgeteilt, die alles veränderte. Am 13. Mai 1965 erreichte eine bescheidene, knapp abgefaßte Mitteilung mit dem Titel: „A Measurement of Excess Antenna Temperature at 4080 Mc/s" (Messung der überschüssigen Antennentemperatur bei 4080 Mc/s) das *Astrophysical Journal.* Die Arbeit, die nur 600 Worte umfaßte, beschrieb in einer kurzen, beinahe brüsken Art das erste Projekt der

8.1 Arno Penzias (rechts) und Robert Wilson von den AT&T-Bell-Laboratorien entdeckten 1965 die kosmische Hintergrundstrahlung.

beiden jungen Radioastronomen Arno Penzias und Robert Wilson nach ihrem Wechsel zu den Bell-Telephone-Laboratorien. Sie arbeiteten mit einer 20-Fuß-Hornantenne (20 Fuß sind ungefähr 6 m), die Ingenieure der Bell-Laboratorien für das Satellitenprojekt „Echo“ gebaut hatten, bei dem ein Signal von einem Satelliten zurückgeworfen und auf der anderen Seite des Atlantik empfangen wurde. Mit dieser Antenne hatten sie die Helligkeit des Himmels gemessen, wenn die Antenne zum Zenit (in die Senkrechte) zeigte. Diese Helligkeit kann man über die *Temperatur* eines *Schwarzen Körpers* charakterisieren, bei der der Schwarze Körper dieselbe Helligkeit abstrahlt. Ich habe schon erwähnt, daß ein Material, das ein perfekter Absorber oder Strahler ist, als schwarz bezeichnet wird. Das Spektrum der Strahlung eines Schwarzen Körpers hat charakteristische Eigenschaften. Die Form, die Wellenlänge mit der höchsten Intensität und diese maximale Intensität selbst hängen nur von der Temperatur des Schwarzen Körpers ab (siehe Seite 80). Für Material

8.2 Die Hornantenne der Bell-Laboratorien, mit der Penzias und Wilson 1965 die kosmische Hintergrundstrahlung entdeckten.

mit einer Temperatur von 5 800° Kelvin – diese Temperatur herrscht auf der Sonnenoberfläche – liegt die höchste Intensität bei einer Wellenlänge von 0,5 Mikrometern, also im sichtbaren Wellenlängenbereich; für 300° Kelvin (ungefähr die Temperatur des menschlichen Körpers) liegt sie bei 10 Mikrometern; für 30° Kelvin bei 100 Mikrometern und für 3° Kelvin liegt sie bei 1 Millimeter. In jedem Fall besitzt ein Schwarzer Körper bei Wellenlängen in der Umgebung des Intensitätsmaximums eine charakteristische Intensitätsverteilung. Jede bei einer ausgewählten Wellenlänge gemessene Intensität oder Helligkeit kann daher als äquivalente Temperatur eines Schwarzen Körpers beschrieben werden, bei der der Schwarze Körper bei dieser Wellenlänge mit derselben Helligkeit abstrahlen würde. Penzias und Wilson hatten eine Temperatur von 6,7° Kelvin gemessen, von denen 2,3° Kelvin durch atmosphärische Absorption und 0,9° Kelvin durch sogenannte Ohmsche Verluste in der Antenne selbst verursacht waren. Die restlichen 3,5° Kelvin konnte man sich nicht erklären.

Weil dieses überschüssige Signal möglicherweise durch ein Problem in der Antenne selbst verursacht sein konnte, beschrieben die beiden Astronomen, wie sie äußerst sorgfältig die Verbindungen zwischen den drei Teilen der Antenne gereinigt und wieder verbunden hatten, um verschmutzungsbedingte Verluste zu verringern, wie sie auf Lecks geachtet und die Schweißnähte des Antennentrichters auf Verluste hin überprüft hatten (indem sie alle Nähte mit Aluminiumband umwickelten). Bei der Reinigung entfernten sie, was Penzias als „weiße dielektrische Substanz“ bezeichnete und von einem Paar nistender Tauben hinterlassen worden war. Auch die Tauben mußten entfernt werden. Erst wurden sie zu einem anderen Bell-Laboratorium in einiger Entfernung gebracht, aber da sie sofort wieder zur Antenne zurückkehrten, wurden sie, wie Penzias es später ausdrückte, „energischer entmutigt“. Penzias und Wilson testeten die Empfindlichkeit der Hornantenne auf Strahlung vom Boden, indem sie einen kleinen Sender auf die Rückseite des Teleskops richteten. Sie richteten sogar von einem Hubschrauber aus eine bekannte Mikrowellenquelle auf die Antenne und überprüften ihr

Ansprechverhalten. Sie stellten fest, daß „diese überschüssige Temperatur innerhalb unserer Beobachtungsgrenzen, isotrop, unpolarisiert und ohne jahreszeitliche Schwankungen" ist.

Wäre dieser Artikel – wie andere Arbeiten mit der Hornantenne – im *Bell System Technical Journal* erschienen, so hätten die Astronomen sie wohl kaum zur Kenntnis genommen, so wie sie Karl Janskys frühere Entdeckung der Radiostrahlung der Milchstraße an den Bell-Laboratorien aus dem Jahr 1933 kaum registriert hatten, die in Kapitel 2 beschrieben ist. Auch Penzias und Wilson erkannten die große Bedeutung ihrer Entdeckung nicht sofort. Aber zum Glück war Princeton nicht weit, wo Bob Dicke, Jim Peebles und ihre Kollegen die Bedeutung eines 3°-Kelvin-Hintergrunds nur zu gut kannten. Gerade diese Strahlung war theoretisch in einem Universum zu erwarten, das in einem Heißen Urknall entstanden und in seinen frühen Stadien von Strahlung beherrscht war. Ein solches Modell des Universum hatte bereits in den vierziger Jahren George

A MEASUREMENT OF EXCESS ANTENNA TEMPERATURE
AT 4080 Mc/s

Measurements of the effective zenith noise temperature of the 20-foot horn-reflector antenna (Crawford, Hogg, and Hunt 1961) at the Crawford Hill Laboratory, Holmdel, New Jersey, at 4080 Mc/s have yielded a value about 3.5° K higher than expected. This excess temperature is, within the limits of our observations, isotropic, unpolarized, and

No. 1, 1965 LETTERS TO THE EDITOR 421

Note added in proof.—The highest frequency at which the background temperature of the sky had been measured previously was 404 Mc/s (Pauliny-Toth and Shakeshaft 1962), where a minimum temperature of 16° K was observed. Combining this value with our result, we find that the average spectrum of the background radiation over this frequency range can be no steeper than $\lambda^{0.7}$. This clearly eliminates the possibility that the radiation we observe is due to radio sources of types known to exist, since in this event, the spectrum would have to be very much steeper.

A. A. Penzias
R. W. Wilson

May 13, 1965
Bell Telephone Laboratories, Inc.
Crawford Hill, Holmdel, New Jersey

8.3 Auszüge aus dem Beitrag im *Astrophysical Journal*, in dem Penzias und Wilson die Entdeckung der kosmischen Hintergrundstrahlung im Mikrowellenbereich mitteilten.

Gamow vertreten, ein gebürtiger Russe. Gamow hatte 1924 als Student die Vorlesungen Alexander Friedmanns zu den Kosmologischen Modellen der Relativitätstheorie gehört und aus ihnen entscheidende Anregungen erhalten – kurze Zeit später ist Friedmann auf tragische Weise gestorben.

Bob Dicke hatte schon 1946 bei frühen Messungen mit dem von ihm erfundenen Radiometer festgestellt, daß die Temperatur der vermuteten kosmischen Hintergrundstrahlung unter 20° Kelvin liegen mußte. Danach wandte er sich anderen Experimenten zu und entwickelte die Brans-Dicke-Kosmologie, eine Konkurrenztheorie zur Allgemeinen Relativitätstheorie, die sich später als falsch herausstellte. 1965 stellte Dicke, in Zusammenarbeit mit Jim Peebles in Princeton, eine Variante von Gamows Modell für einen Heißen Urknall auf, das die Existenz einer kosmischen Hintergrundstrahlung im Mikrowellenbereich mit dem Strahlungsspektrum eines Schwarzen Körpers voraussagte – diese Ergebnisse waren zwar Themen in Seminaren, aber noch nicht im Druck; und er beauftragte zwei junge Forscher, Peter Roll und David Wilkinson damit, ein System zur Messung dieser Temperatur zu bauen. Im März 1965 reichte Peebles beim *Astrophysical Journal* einen Artikel über den Einfluß kosmischer Schwarzkörperstrahlung auf die Entstehung von Galaxien ein und einen weiteren zur kosmischen Schwarzkörperstrahlung und kosmischen Häufigkeit von Helium bei der Zeitschrift *Physical Review* ein. Die Pläne und Träume der Gruppe in Princeton mußten durch die Neuigkeit von Penzias und Wilsons Entdeckung jäh erschüttert worden sein. Peebles, Dicke, Roll und Wilkinson schrieben in aller Eile einen eleganten Artikel, in dem sie die Bedeutung der Strahlung als Überrest aus der „Feuerballphase" des Heißen Urknalls darlegten und die Physik dieser strahlungsdominierten opaken Phase in der Geschichte des Universums skizzierten. Dieser Artikel steht im *Astrophysical Journal* unmittelbar vor dem Beitrag von Penzias und Wilson zur kosmischen Hintergrundstrahlung, der den wesentlich dramatischeren Titel „Kosmische Schwarzkörperstrahlung" trägt. Peebles mußte seinen bereits eingereichten Artikel über den Einfluß der Hintergrundstrahlung auf die Entstehung von

Galaxien überarbeiten, um die von Penzias und Wilson gefundene Hintergrundtemperatur zu berücksichtigen, aber ein Satz aus der Zusammenfassung, die so sehr von den Ereignissen überholt wurde, wurde nicht abgeändert: „Es spricht in einer Kosmologie, die ein sich entwickelndes Universums beschreibt, viel für das Vorhandensein einer Schwarzkörperstrahlung und möglicherweise läßt sich eine solche Strahlung direkt beobachten."

Penzias und Wilson machten nur eine sehr vorsichtige Bemerkung über die Bedeutung des von ihnen gefundenen 3°-Kelvin-Hintergrunds: „Eine mögliche Erklärung für die beobachtete Überschußtemperatur im Rauschen liefern Dicke, Peebles, Roll und Wilkinson in dieser Ausgabe." Penzias hatte von den Überlegungen der Gruppe in Princeton gehört und sie zum Beobachtungsposten der Bell-Laboratorien in Holmdel eingeladen. Ohne diesen Besuch wäre das Überschußrauschen wahrscheinlich nur in einer Fußnote zu einem anderen Artikel von Penzias und Wilson über die Radiostrahlung der starken Radioquelle Cassiopeia A erwähnt worden: „Die Äquivalenztemperatur der Antenne beträgt ungefähr 7° Kelvin, wenn sie zum Zenit gerichtet ist. Davon werden 2,3° Kelvin von der Absorption durch Sauerstoff in der Atmosphäre verursacht." Dieser Artikel ging in seiner ersten Fassung am 1. April 1965 beim *Astrophysical Journal* ein, einen Monat vor dem Artikel, der die Entdeckung der Hintergrundstrahlung mitteilte.

Während Dicke und seine Gruppe die kosmische Schwarzkörper-Strahlung wahrscheinlich zwangsläufig innerhalb eines Jahres entdeckt hätten, so war gleichfalls zu erwarten, daß die Bell-Laboratorien früher oder später jede Mikrowellenquelle im Hintergrundrauschen identifizieren würden – ebenso wie dort Jansky zuvor die Strahlung der Milchstraße im Radiobereich erkannt hatte. Es nimmt Penzias und Wilsons nichts von ihrem Verdienst, wenn man sagt, daß ein Teil der Anerkennung für ihre Entdeckung der harten, professionellen und zielgerichteten Arbeit der Wissenschaftler und Techniker in den Bell-Laboratorien gebührt, die über Jahre hinweg empfindlichere Empfänger und zuverlässigere Antennen entwickelt hatten. Wie Penzias und Wilson in ihrem historischen Artikel erwähnen, tritt der 3°-Kelvin-Überschuß bereits in früheren Arbeiten von Wissenschaftlern an den Bell-Laboratorien mit derselben Antenne auf (Degrasse, Hogg, Ohm und Scovil). Das Überschußrauschen war in den Bell-Laboratorien ein bekanntes Problem, aber erst durch die sorgfältige Arbeit von Penzias und Wilson konnte nachgewiesen werden, daß es kein Rauschen der Antenne war. Interessanterweise gibt es eine sehr ähnliche Antenne bei Plumeur-Boudou in der Bretagne in Frankreich, die ich einmal im Urlaub gesehen habe. Diese Antenne war das andere Ende des Echo-Experiments und ist nun Teil einer wissenschaftlichen Ausstellung. Französische Radioastronomen haben wahrscheinlich hier eine Gelegenheit verpaßt, die Hintergrundstrahlung ihrerseits zu entdecken!

Es gab in der Tat einen französischen Radioastronomen, der Penzias und Wilson beinahe zuvorgekommen wäre. E. Le Roux arbeitete 1956 an der Kartierung von Strahlung aus der Milchstraße und erhielt dabei eine Obergrenze für die Temperatur einer Hintergrundstrahlung von weniger als 3° Kelvin. Wenn er die Genauigkeit seiner Messungen richtig abgeschätzt hatte, war er nahe daran gewesen, die Hintergrundstrahlung zu entdecken. Noch dichter kam der ukrainische Radioastronom Tigran Schmaonow 1955 an diese Entdeckung heran, als er mit einer Hornantenne Messungen im Mikrowellenbereich vornahm. Er fand Überschußstrahlung mit einer Temperatur von 3° Kelvin. Vor kurzem erzählte mir der russische Radioastronom Juri Pariskij, daß Schmaonow ihn seinerzeit danach gefragt habe, ob solche Strahlung aus der Milchstraße kommen könne. Pariskij hatte darauf die richtige Auskunft gegeben, daß das nicht möglich sei, woraus Schmaonow den Schluß zog, daß er seine Meßfehler unterschätzt haben müsse. Er teilte eine Hintergrundtemperatur von 3,5° Kelvin mit einer Unsicherheit von 3° Kelvin in jeder Richtung mit – und das war noch kein sicherer Nachweis. Eine andere Messung, die im nachhinein als Entdeckung der Hintergrundstrahlung angesehen werden könnte, stammt von dem Kanadier A. McKellar. Als er 1941 am Dominion Observatorium in den optischen Spektren von Sternen CN-Absorptionslinien untersuchte, die auf interstellare cyanogene Radikale (CN) zurückgehen, fiel ihm auf, daß sich diese Radikale oft in einem angeregten Zustand befinden, der einer Temperatur von 2,3° Kelvin entspricht. Dieses Ergebnis war in der Tat allgemein bekannt und in seinem berühmten Lehrbuch über Molekülspektren bemerkt Herzberg: „Diese Temperatur hat natürlich nur eine sehr begrenzte Bedeutung." Fred Hoyle erinnert sich, daß er McKellars Ergebnis herangezogen habe, um Gamow zu überzeugen, daß das Heiße Urknallmodell, für das Gamow und seine Mitarbeiter 1940 eine Hintergrundtemperatur von 5° Kelvin vorhersagten, falsch sei.

Der Nobelpreis für Penzias und Wilson

1978 erhielten Penzias und Wilson den Nobelpreis für Physik. Ich verbrachte damals gerade ein Jahr an der Universität von Kalifornien in Berkeley und wurde durch einen Anruf des Wissenschaftsmagazins *Nature* aufgescheucht, das einen Beitrag über Penzias und Wilson von mir wollte – dafür gab man mir nur 24 Stunden Zeit. In aller Eile schaute ich ihre wissenschaftlichen Veröffentlichungen an und zeichnete die gerade beschriebene Geschichte nach. Ich hatte Gelegenheit, mit Charles Townes, der bereits Nobelpreisträger war und Arno Penzias betreut hatte, über seine Erinnerungen an Penzias zu sprechen. In meinem Artikel wies ich auch auf Penzias und Wilsons bahnbrechende Arbeiten in der Astronomie der Molekülspektren hin (sie entdeckten die berühmte 2,6-Millimeter-Linie des Kohlenmonoxids und viele andere interstellare Moleküle). 24 Stunden später fuhr ich zum Hügel der Space Sciences Group hinauf und tippte mit großer Sorgfalt das Telex für *Nature*. Später freute ich mich über einen Brief von Penzias, in dem er mir mitteilte, daß der *Nature*-Beitrag den „Ehrenplatz auf der Mitteilungstafel unserer Familie innehätte (die Tür des Kühlschranks)".

Neugierig fragte ich Penzias, was ihn bewogen habe, dem Rauschen in der Antenne so unnachgiebig auf den Grund zu gehen. Neben der absoluten Kalibrierung von Cassiopeia A hatten sie damals auch versucht, das Spektrum der Milchstraße zu vermessen (dies gehörte zu den Vorhaben in Penzias Dissertation). Penzias antwortete: „So merkwürdig es klingt, wir verschafften uns Klarheit über das Rauschen in unserer Antenne, während wir den Strahlungsfluß von Cassiopeia A maßen, um den Hintergrund zu bestimmen, der aus unserer eigenen Galaxie stammt. Was ist von diesem tiefschürfenden Satz zu halten?"

Merkwürdigerweise kannten anscheinend alle an der Entdeckung der kosmischen Schwarzkörperstrahlung Beteiligten die wissenschaftliche Literatur nicht. Weder die Bell-Laboratorien noch die Gruppe in Princeton wiesen auf Gamows Hypothese eines Heißen Urknalls hin, die bereits 1948 in *Nature* veröffentlicht worden war, oder auf die Veröffentlichung, in der zwei amerikanische Mitarbeiter Gamows, Ralph Alpher und Robert Herman bereits 1949 vorhersagten, daß gegenwärtig eine Strahlungstemperatur von 5° Kelvin zu erwarten sei.

Gamow nahm ursprünglich an, daß alle Elemente im Urknall entstanden seien, aber schon bald wurde klar, daß die meisten Elemente in Wirklichkeit erst viel später in der Geschichte des Universums im Innern von Sternen gebildet wurden. Dieser zweiten Überlegung ging Fred Hoyle bereits in den vierziger Jahren nach. 1957 schließlich zeigten Margaret und Geoff Burbidge, Willie Fowler und Fred Hoyle endgültig, daß alle Elemente, die schwerer sind als Kohlenstoff, im Innern von Sternen oder in Supernova-Explosionen entstanden sind. Nur für die leichten Elemente – Deuterium (Schwerer Wasserstoff), Helium, Lithium, Beryllium und Bor – war die auf den Wasserstoff bezogene relative Häufigkeit offensichtlich zu groß, als daß sie in den Sternen entstanden sein konnten. Nach der Entdeckung der Hintergrundstrahlung wies Jim Peebles 1966 nach, daß Helium mit der tatsächlich beobachteten Häufigkeit im Urknall erzeugt worden sein konnte. Dann zeigte 1974 Bob Wagoner zusammen mit Willie Fowler und Fred Hoyle, daß der Heiße Urknall auch die Mengen von Deuterium und Lithium richtig vorhersagte. Die französischen Kosmologen Hubert Reeves und Jean Audouze hatten bereits 1972 in Zusammenarbeit mit Willie Fowler und David Schramm gezeigt, daß kosmische Strahlen – das sind Atomkerne, die beinahe mit Lichtgeschwindigkeit unsere Galaxie durchqueren – durch ihre Wechselwirkung mit Heliumatomen im interstellaren Raum Beryllium und Bor erzeugen, ein Vorgang, der mittlerweile als „Spallation" bekannt ist.

Nachdem mein Beitrag in *Nature* erschienen war, erhielt ich einen empörten Brief von Ralph Alpher und Robert Herman: sie glaubten nicht, daß die Bell-Laboratorien und die Princeton-Gruppe weder Gamows noch ihre eigenen Arbeiten kennen würden. Als Beleg sandten sie mir die Kopie eines Artikels, den Peebles im März 1965 bei der Zeitschrift *Physical Review* eingereicht hatte und in dem er auf einen von ihnen stammenden Überblick aus dem Jahr 1953 verwies. Sie waren auch der Ansicht, ich hätte ihnen für ihre Vorhersage der Hintergrundtemperatur von 5° Kelvin mehr Anerkennung zollen müssen. Meinem Eindruck nach hatten Alpher und Herman in der Tat zwar eine Strahlungstemperatur von 5° Kelvin berechnet, aber sie waren sich anscheinend nicht darüber klar, daß dies die Existenz einer Hintergrundstrahlung im Mikrowellenbereich bedeutete.

1964 veröffentlichten Fred Hoyle und Roger Taylor eine weitere Berechnung zur Heliumsynthese in einem Heißen Urknall, ohne einen Zusammenhang mit Hintergrundstrahlung herzustellen. Die Wissenschaftler, die einer klaren Vorhersage der Entdeckung noch am nächsten kamen, waren tatsächlich zwei Russen: A. G. Doroschkewitsch und Igor Nowikow – sie hatten 1963 einen entsprechenden Artikel veröffentlicht. Sie waren sich darüber im klaren, daß ein Heißer Urknall Hintergrundstrahlung im Mikrowellenbereich zur Folge haben mußte, und schlugen in den *Technical Journals* der Bell-Laboratorien nach, um zu prüfen, welche Schranken

8.4 (a) Die Kernreaktionen während des Urknalls. Die meisten Protonen (p) und Neutronen (n) verbinden sich zu Wasserstoff (H) oder Helium (He), in geringen Mengen treten auch Deuterium (^{2}H oder D), Helium-3 (^{3}He) und Lithium (Li) auf. (b) Im Diagramm unten werden die nach dem Urknallmodell vorhergesagten Häufigkeiten der leichten Elemente mit den beobachteten Häufigkeiten verglichen. Die gestrichelten senkrechten Linien kennzeichnen dabei, in welchem Bereich die mittlere Dichte mit den Beobachtungen vereinbar ist. Die beiden durchgezogenen senkrechten Striche (rechts oben) deuten die kritische Dichte (siehe Seite 162) für zwei verschiedene Werte der Hubblekonstante (50 resp. 100 km/s/Mpc) an.

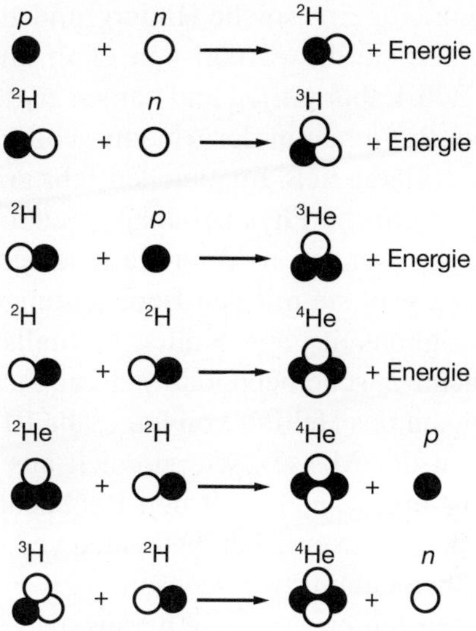
p
n
²H
+ Energie
²H
n
³H
+ Energie
²H
p
³He
+ Energie
²H
²H
⁴He
+ Energie
²He
²H
⁴He
p
³H
²H
⁴He
n

(a)

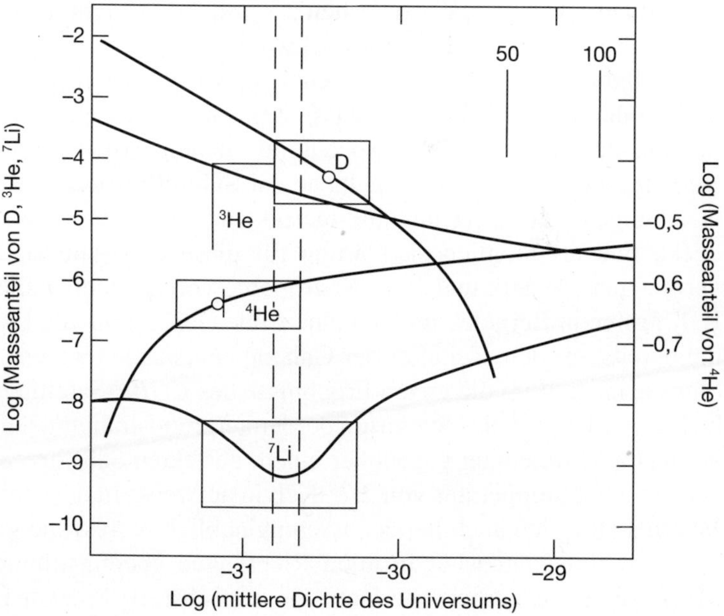
Log (Masseanteil von D, ³He, ⁷Li)
Log (Masseanteil von ⁴He)
Log (mittlere Dichte des Universums)
D
³He
⁴He
⁷Li
50
100
-2
-3
-4
-5
-6
-7
-8
-9
-10
-0,5
-0,6
-0,7
-31
-30
-29

(b)

die Echo-Antenne für eine solche Hintergrundstrahlung zuließ. Leider mißverstanden sie die Artikel von Ohm und anderen Wissenschaftlern der Bell-Laboratorien und kamen zu der Ansicht, daß sich das beobachtete Rauschen in der Antenne völlig durch atmosphärische Strahlung erklären ließ. Im gleichen Jahr griff der herausragende russische theoretische Physiker Jakow Seldowitsch, bislang ein Verfechter der Gamowschen Vorstellung eines Heißen Urknalls, diese Theorie an, weil sie mit den Beobachtungen unvereinbar sei, und zog die Möglichkeit eines Kalten Urknalls ohne Strahlung in Betracht. Er dachte anscheinend, daß sich die theoretische Vorhersage einer Häufigkeit des Helium von ungefähr 10 Prozent der Atome (aber 25 Prozent der Masse), wie sie sich aus dem Modell eines Heißen Urknalls ergibt, nicht mit den Beobachtungen vereinbaren ließ; möglicherweise hat er dabei die beiden verschiedenen Angaben der Häufigkeitsberechnung verwechselt.

In den nächsten Jahren fand man heraus, daß die Strahlung unabhängig von der beobachteten Wellenlänge fast immer dieselbe Temperatur aufwies, ungefähr zwischen 2,7 und 3,0° Kelvin. Das Spektrum entsprach immer dem eines Schwarzen Körpers – das weist auf ein vollkommenes thermisches Gleichgewicht zwischen Materie und Strahlung hin. Für eine gewisse Zeit sah es Ende der siebziger, Anfang der achtziger Jahre so aus, als hätten Arbeitsgruppen in Berkeley und danach auch in Japan im Submillimeterbereich Abweichungen vom Spektrum eines perfekten Schwarzen Körpers entdeckt, und als mögliche Erklärung für diese Überschußstrahlung vermuteten Joe Silk und John Negroponte von der Universität von Kalifornien in Berkeley und ich eine frühe Generation von Sternen, die bereits vor dem Zeitalter der Galaxien entstanden waren. Allerdings zeigten 1990 die ersten Ergebnisse des *COBE*-Satelliten (siehe Kapitel 12), daß das Spektrum der Hintergrundstrahlung nicht die geringste Abweichung gegenüber einem perfekten Schwarzen Körper mit einer Temperatur von 2,7° Kelvin aufweist. In den siebziger Jahren stellte sich auch heraus, wie unglaublich perfekt die gemessene Strahlungsintensität in allen Richtungen übereinstimmt. Die Meßgenauigkeit verbesserte sich von zunächst 10 Prozent Fehler

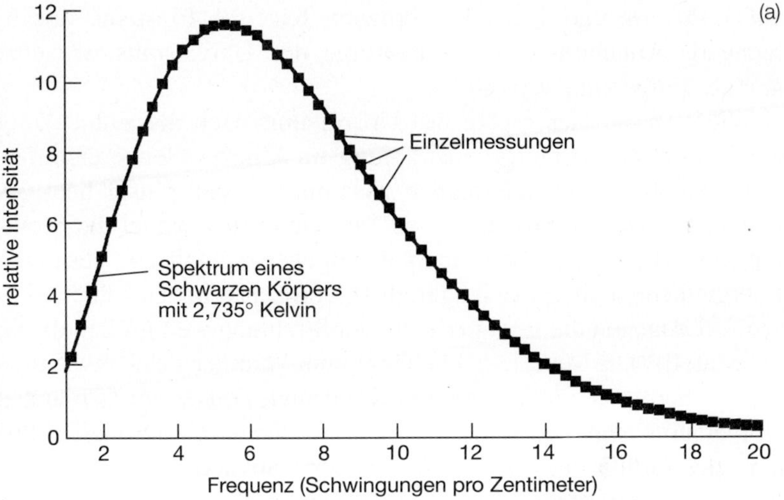

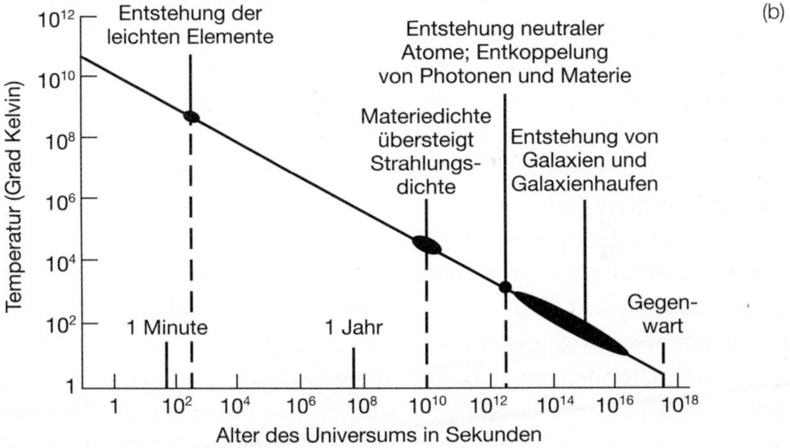

8.5 Das *COBE*-Spektrum der kosmischen Hintergrundstrahlung zeigt eine bemerkenswert gute Übereinstimmung mit dem Planckschen Strahlungsspektrum eines Schwarzen Körpers (a). Die mittlere Temperatur des Universums ist im Laufe der Zeit ständig gesunken, von Werten um viele Milliarden Grad Kelvin eine Sekunde nach dem Urknall bis 3° Kelvin heute (b). Temperatur und Dichte des Universums werden mit zunehmender Expansion auch weiterhin fallen.

auf 1 Prozent und später 0,1 Prozent. Jetzt sah Einsteins vereinfachende Annahme von der Isotropie des Universums wie eine geniale Eingebung aus.

Wie sich die Geschichte des Universums nach der Entdeckung der kosmischen Hintergrundstrahlung im Mikrowellenbereich darstellt, läßt sich folgendermaßen zusammenfassen: Unser heutiges Universum ist von Strahlung und Materie erfüllt, wobei die Strahlung allerdings nur noch einen winzigen Bruchteil zur gesamten Energiedichte beiträgt (weniger als 0,1 Prozent). In den frühen Phasen war dagegen die Energiedichte der Strahlung weit größer als die der Materie. Die Materiedichte hängt vom Volumen des Universums ab, das heißt, sie ändert sich mit der dritten Potenz der Größe des Universums, während sich die Strahlungsdichte mit der vierten Potenz der Größe des Universums ändert. So herrschte im frühen Universum Strahlung vor, und Materie spielte nur eine geringe Rolle. Die Temperatur der Strahlung hat umso mehr abgenommen, je mehr sich das Universum ausdehnte. 300 000 Jahre nach dem Urknall war sie auf 3 000° Kelvin gefallen. Bei dieser Temperatur verbanden sich Elektronen und Protonen zu neutralem atomarem Wasserstoff und das Universum wurde für Strahlung durchsichtig. Strahlung und Materie (nun eine Mischung aus 75 Prozent neutralem atomaren Wasserstoff und 25 Prozent Helium, die die Kosmologen als gewöhnliche baryonische Materie charakterisieren) waren nun entkoppelt. Die Strahlung kühlte danach immer weiter ab, während sich das Universum weiterhin ausdehnte, bis sie die heutige Temperatur von 2,7° Kelvin erreichte, und sie behielt dabei ihr charakteristisches Spektrum – nämlich das eines Schwarzen Körpers – bei. Die meisten Photonen dieser Reststrahlung des Urknalls haben heute Wellenlängen zwischen 300 Mikrometern und 10 Zentimetern (als sie 300 000 Jahre nach dem Urknall zuletzt mit Materie in Wechselwirkung traten, hatten diese Photonen sichtbare oder infrarote Wellenlängen). Die kosmische Hintergrundstrahlung, die wir heute mit unseren Detektoren auffangen, entspricht dem Bild eines homogenen und isotropen Universums, wie es 300 000 Jahre nach dem Urknall aussah.

Doch noch entdeckt – der Ätherwind

Kurz bevor Penzias und Wilson den Nobelpreis erhielten, entdeckte man in der kosmischen Hintergrundstrahlung erstmals Abweichungen von der perfekten Isotropie. In Berkeley, Princeton und Florenz kamen Arbeitsgruppen von George Smoot, David Wilkinson und Francesco Melchiorri übereinstimmend zu dem Ergebnis, daß es über den Himmel hinweg großräumig eine (im mathematischen Sinne) stetige Abweichung von der Isotropie gibt. In einer bestimmten Himmelsrichtung ist die Temperatur etwas höher, das heißt, der Himmel ist dort etwas heller, und in der entgegengesetzten Richtung ist er etwas kälter – diese Abweichung der Temperatur liegt in der Größenordnung von einem Promille! Diese stetige Temperaturabnahme zwischen den entgegengesetzten Himmelsrichtungen wurde unter dem Namen *Dipol-Anisotropie* der Hintergrundstrahlung bekannt. Eine naheliegende Erklärung wäre, daß sich die Erde gegenüber dem Bezugssystem, in dem die Strahlung isotrop ist, bewegt. Dadurch nämlich würde die Strahlung in Bewegungsrichtung

8.6 George Smoot (im Vordergrund rechts) und das U2-Flugzeug, mit dem die Arbeitsgruppe aus Berkeley die kosmische Hintergrundstrahlung vermaß.

der Erde blauverschoben, das heißt, zu höheren Frequenzen hin; die Photonen treffen daher mit höherer Energie auf der Erde ein und die Intensität der Strahlung erscheint höher. Ähnlich ist es in der entgegengesetzten Richtung: die Strahlung ist zu niedrigeren Frequenzen hin rot-verschoben, so daß die Intensität vermindert ist.

Wenn man berücksichtigt, daß sich die Erde um die Sonne und die Sonne ihrerseits innerhalb unserer Milchstraßengalaxie bewegt, so ergibt sich, daß unsere Galaxie mit einer Geschwindigkeit von 600 Kilometern in der Sekunde durch den Raum rast – eine alarmierend hohe Geschwindigkeit. Das stellt eine bemerkenwerte Verbindung zu dem berühmten Michelson-Morley-Experiment aus dem Jahr 1885 her. Mit diesem Experiment wurde der Nachweis erbracht, daß die Lichtgeschwindigkeit im Vakuum konstant ist, unabhängig von der Richtung und der Geschwindigkeit des Beobachters. Diese Tatsache widerlegte die Annahme eines Äthers, wie ihn die Physik des 19. Jahrhunderts für die Lichtausbreitung angenommen hatte. Das Michelson-Morley-Experiment brachte den Durchbruch für die

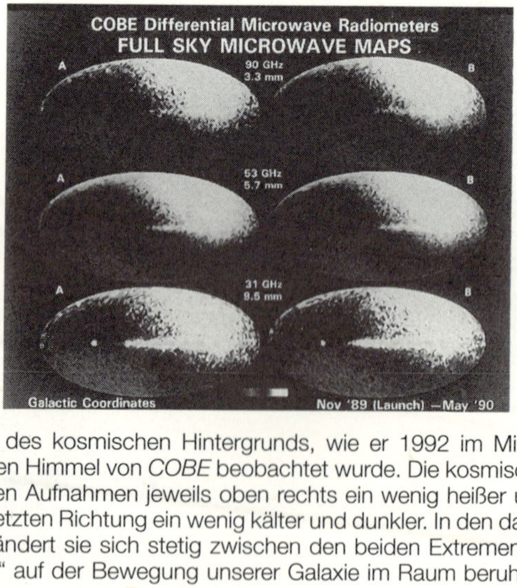

8.7 Der „Dipol“ des kosmischen Hintergrunds, wie er 1992 im Mikrowellenbereich über den gesamten Himmel von *COBE* beobachtet wurde. Die kosmische Hintergrundstrahlung ist in den Aufnahmen jeweils oben rechts ein wenig heißer und heller und in der entgegengesetzten Richtung ein wenig kälter und dunkler. In den dazwischenliegenden Richtungen ändert sie sich stetig zwischen den beiden Extremen. Man vermutet, daß dieser „Dipol“ auf der Bewegung unserer Galaxie im Raum beruht.

Spezielle Relativitätstheorie Einsteins, die bewegte Beobachter dann als äquivalent beschreibt, wenn sie sich relativ zueinander gleichförmig mit konstanter Geschwindigkeit bewegen. (Ruhe und Bewegung sind dabei nicht grundsätzlich unterschieden.) In der Kosmologie ist die Lage jedoch anders. Es scheint ein absolutes kosmologisches Ruhesystem zu geben, in dem das Universum vollkommen isotrop aussieht. Wir befinden uns offenbar *nicht* in diesem Bezugssystem, so daß wir eine Dipolverteilung der Hintergrundstrahlung sehen. Als ich 1977 für *Nature* über die Entdeckung dieses „Dipols“ schrieb, wählte ich den ironischen Titel: „Doch noch entdeckt – der Ätherwind“. Fast ein Jahrzehnt lang hat man über den Ursprung dieser Anisotropie der Hintergrundstrahlung und unserer Bewegung durch den Raum gerätselt und gestritten. Erst durch die Ergebnisse der *IRAS*-Durchmusterung und der Folgebeobachtungen mit erdgebundenen optischen Teleskopen kam man der Ursache auf den Grund.

9

Der *IRAS*-Dipol und der „Tod“ des großen Attraktors

Ich hatte bereits beschrieben, wie Andy Lawrence und ich mit unseren Kollegen am Royal Greenwich Observatorium 1985 die *IRAS*-Galaxien innerhalb eines relativ großen Gebiets um den galaktischen Nordpol auf ihre Rotverschiebungen hin durchmusterten – und den Nachweis erbrachten, welche enorme Aussagekraft die *IRAS*-Durchmusterung für die Kosmologie hat. Dies brachte uns auf die Idee, für den gesamten Himmel eine „Rotverschiebungs-Durchmusterung“ der *IRAS*-Galaxien durchzuführen, in der wir bei einer großen Stichprobe von *IRAS*-Galaxien, die sich über den ganzen Himmel verteilten, die Rotverschiebungen – und das heißt, die Entfernungen – bestimmten. Dabei verfolgten wir zwei Ziele. Zunächst sollte die Ursache der Bewegung unserer Galaxie relativ zum Mikrowellenhintergrund untersucht werden. Zusätzlich wollten wir Strukturen in Größenordnungen suchen, die die der größten bekannten Galaxienhaufen übertreffen.

Marc Davis von der Universität von Kalifornien in Berkeley plante damals ebenfalls eine großangelegte Durchmusterung der Rotverschiebungen von *IRAS*-Galaxien, und ich sprach ihn auf die Möglichkeit einer Zusammenarbeit an. Er wollte jedoch unbedingt sein eigenes Projekt durchführen, so daß wir uns für ein getrenntes

Vorgehen entschieden – seither stehen wir in einem freundschaftlichen Wettstreit.

Die Bewegung unserer Galaxie und ihre Ursachen

Die Bewegung unserer Galaxie äußert sich in einer „Dipol-Anisotropie“ der Hintergrundstrahlung: Die Strahlung sieht in einer Richtung am Himmel – dann, wenn wir in Richtung unserer Bewegung schauen – ein wenig heißer und heller aus, während sie in der entgegengesetzten Richtung ein wenig kühler und schwächer erscheint. In den dazwischenliegenden Richtungen ändert sich die Temperatur stetig über den Himmel hinweg. Bei einer Galaxien-Durchmusterung wie der *IRAS*-60-Mikrometer-Durchmusterung dagegen schwankt die Zahl der Galaxien, die man bei gegebener Helligkeit pro Quadratgrad am Himmel findet, über den gesamten Himmel erheblich stärker – entsprechend den verschiedenen Galaxienhaufen im jeweils durchmusterten Volumen ändert sich diese Anzahl ziemlich unregelmäßig. Allerdings kann man auch hier untersuchen, ob am Himmel bei einer Richtung eine Galaxienverteilung zu finden ist, die einem Dipolmuster nahekommt – und eine höhere mittlere Galaxiendichte in dieser Richtung, aber eine geringere mittlere Galaxiendichte in der entgegengesetzten Richtung aufweist. Die Galaxien-Stichprobe, die ich aus der *IRAS*-60-Mikrometer-Durchmusterung gezogen hatte und die Galaxien aus allen Himmelsbereichen enthielt, erwies sich als ideal für diese Art der Untersuchung. Zum ersten Mal hatten wir eine Auswahl von Galaxien, die fast den gesamten Himmel repräsentierten, sich bis in die größten Tiefen des Raumes verteilten, zudem eine exakt kalibrierte Helligkeit aufwiesen (trotz der ungewohnten Wellenlänge von 60 Mikrometern), und dann noch frei von störenden Absorptionseffekten durch interstellaren Staub in der Milchstraße beobachtet werden konnten.

Die erste dieser Untersuchungen führten 1986 Amos Yahil von der Universität von New York am Stony Brook, damals bei uns am Queen Mary and Westfield College (QMW), David Walker, damals mein Assistent, und ich durch. Wir prüften, für welche Richtung die Verteilung der *IRAS*-Galaxien am besten mit einem Dipolmuster der Galaxiendichte übereinstimmt. Dabei fanden wir heraus, daß die Richtung des Dipols bei den *IRAS*-Galaxien der des Dipols bei der Hintergrundstrahlung bemerkenswert nahekommt. Diese Übereinstimmung läßt sich wie folgt deuten: In der *IRAS*-Durchmusterung sehen wir Galaxienhaufen, deren gemeinsame Gravitation in einer Kraft resultiert, die die Bewegung unserer Galaxie verursacht. Jeder einzelne Galaxienhaufen zieht uns in seine Richtung, wobei die Anziehungskraft von der Masse des Haufens und von seiner Entfernung abhängt. Wenn nun die Galaxien und Haufen in einer Richtung gemeinsam eine stärkere Anziehungskraft ausüben als in der Gegenrichtung, wäre dies die Richtung unserer Bewegung durch den Raum. Anhand von *IRAS*-Daten aus der Rotverschiebungs-Durchmusterung des Queen Mary and Westfield College (QMW) und des Royal Greenwich Observatorium (RGO) konnten Yahil, Walker und ich ableiten, in welchen Entfernungen die Galaxien und Haufen liegen, die unsere Bewegung hervorrufen – sie liegen wahrscheinlich im Umkreis von 300 Millionen Lichtjahren.

Wir konnten auch eine grobe Abschätzung für die mittlere Dichte des Universums angeben, weil die Geschwindigkeit unserer Galaxie von der Masse in dem uns anziehenden Teil des Universums abhängt. Interessanterweise ergab diese mittlere Dichte einen weit höheren Wert, als für die gewöhnliche Materie im Universum zu erwarten wäre. Diese Materie bezeichnet man heute als „baryonische“ Materie, und darunter versteht man einfach den Stoff, aus dem die Atome, wir selbst, die Erde und die Sterne bestehen: Neutronen, Protonen und Elektronen. Die Dichte der baryonischen Materie läßt sich aus den beobachteten Häufigkeiten der leichten Elemente Deuterium (Schwerer Wasserstoff) und Helium im Universum ableiten: Je mehr Helium und je weniger Deuterium im Urknall erzeugt wurde, desto höher ist nach dem Urknallmodell die Baryonendichte im Universum. Helium wird zwar auch bei der Kernfusion von Wasserstoff im Innern der Sterne erzeugt, aber der größte Teil des im Universum vorhandenen Heliums stammt aus den frühen Phasen des Urknalls. Außerdem ist zu berücksichtigen, daß Deuterium in den Sternen überhaupt nicht entsteht, sondern dort teilweise verbraucht wird.

Der kosmologische Dichteparameter Ω

Die Expansion des Universums wird durch die Gravitation der Materie im Universum abgeschwächt. Die theoretischen Modelle sagen hier verschiedene Möglichkeiten voraus. Ist die mittlere Dichte des Universums gering, so reicht die Gravitationskraft nicht aus, um die Expansion zu stoppen – das Universum dehnt sich für alle Zeiten weiter aus. Umgekehrt führt eine hohe Dichte des Universums dazu, daß die Expansion schließlich zum Erliegen kommt und das Universum in sich zusammenzustürzen beginnt, bis es im Endknall erneut einem Zustand unendlicher Dichte entgegengeht. Zwischen diesen Extremen gibt es eine kritische Dichte, die die verschiedenen Modelle voneinander trennt: Modelluniversen, die sich ständig immer weiter ausdehnen, und solche, in denen die Expansion zum Stillstand kommt und sich umkehrt. Die Kosmologen haben dafür einen Parameter eingeführt, den kosmologischen Dichteparameter Ω. Ω ist dabei das Verhältnis aus der momentanen mittleren Dichte des Universums und der kritischen Dichte. Wenn es uns gelänge, Ω zu bestimmen, könnten wir das Schicksal des Universums voraussagen.

Die kritische Dichte bestimmt auch die Raumkrümmung des Universums. Für eine Dichte oberhalb des kritischen Werts (Ω größer als 1) hat das Universum eine positive Raumkrümmung. In einem Raum mit positiver Krümmung addieren sich die Winkel eines Dreiecks zu mehr als 180°, und ein Kreis mit dem Radius *r* hat einen Umfang von weniger als $2\pi r$. Ein Universum mit einer positiven Krümmung schließt sich zu einer Kugel, wenn wir immer weiter in die Tiefe des Raumes hinausschauen. Ein Universum mit einer Dichte unterhalb der kritischen Dichte (Ω kleiner als 1) hat eine negative Raumkrümmung – in einem solchen Raum addieren sich die Winkel eines Dreiecks zu weniger als 180° Grad, und ein Kreis mit dem Radius r hat einen Umfang von mehr als $2\pi r$. Wenn die Dichte exakt dem kritischen Wert (Ω = 1) entspricht, dann ist das Universum flach und der Raum weist eine Euklidische Geometrie auf – mit einer Winkelsumme von 180° Grad und einem Kreisumfang von $2\pi r$.

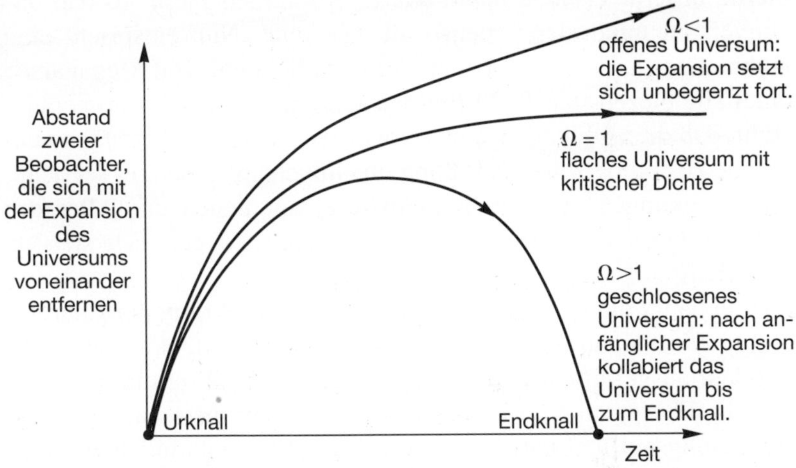

9.1 Die drei Möglichkeiten für die Entwicklung des Universums: Ein geschlossenes Universum stürzt in einem großen Endknall wieder in sich zusammen, während ein offenes Universum bis in alle Ewigkeit weiter expandiert. Zwischen diesen beiden Extremen liegt das flache Universum, dessen Expansion sich verlangsamt und nach unendlicher Zeit zum Stillstand kommt. Welcher Fall beim realen Universum tatsächlich vorliegt, hängt von seiner mittleren Dichte ab.

Alle diese Überlegungen beruhen auf der Annahme, daß die Gravitation die einzige Kraft ist, die das Universum als Ganzes beherrscht. Nun hat Einstein eine zusätzliche Kraft in die Feldgleichungen seiner Allgemeinen Relativitätstheorie eingeführt, die in großräumigen Strukturen wichtig wird, die „kosmologische Abstoßung“. Wenn diese Kraft tatsächlich im Universum auftritt, braucht man zwei Größen, um die Zukunft des Universums vorauszusagen, nämlich die mittlere Dichte und die Stärke dieser kosmologischen Abstoßung.

Die kosmologische Abstoßung kann zur Folge haben, daß das Alter des Universums die Hubblesche Expansionszeit weit übersteigt. (Wenn die Gravitation die einzige Kraft ist, liegt das Alter immer unter der Hubblezeit.) Man schätzt das Alter der ältesten Sterne unserer Galaxie heute auf 13 Milliarden Jahre, so daß das Universum mindestens ebenso alt sein muß. Nun entspricht eine Hubblekonstante von 80 Kilometern pro Sekunde und Megaparsec einer Hubblezeit von 13 Milliarden Jahren. Wenn sich also herausstellt, daß die Hubblekonstante größer ist als dieser Wert, dann *muß* es eine kosmologische Abstoßung im Universum geben (es sei denn, die Rechnungen zur Sternentwicklung, mit denen das Alter der ältesten Sterne in unserer Galaxie bestimmt wird, erweisen sich als fehlerhaft).

Nun hängt die kosmologische Abstoßung direkt mit der Energiedichte des Vakuums zusammen, wie 1965 mein Doktorvater Bill McCrea ausgeführt hat. In der klassischen Physik nimmt man an, daß die Energiedichte des Vakuums und damit die kosmologische Abstoßung null beträgt. In der modernen Elementarteilchenphysik ist dies jedoch nicht offensichtlich, da in dieser Theorie das Vakuum voller Aktivität steckt. Die kosmologischen Inflationsmodelle (siehe Kapitel 4) nehmen für das frühe Universum eine Phase an, in der die Energiedichte des Vakuums – und mit ihr die kosmologische Abstoßung – sehr hoch gewesen ist (siehe auch Kapitel 10).

Kehren wir vorerst aber noch einmal zur Annahme zurück, daß die kosmologische Abstoßung im Universum der Gegenwart verschwindet. Unter dieser Voraussetzung ist der kosmologische Dichteparameter Ω die entscheidende Größe, die man bestimmen möchte. Hier lassen die beobachteten Häufigkeiten der leichten Elemente vermuten, daß die gewöhnliche baryonische Materie nur ungefähr drei Prozent der kritischen Dichte beiträgt, das heißt $\Omega = 0{,}03$. Wenn man das gesamte Sternlicht der Galaxien aufaddiert und die Masse der Sterne bestimmt, die dieses Licht aussenden, zeigt sich, daß die sichtbaren Sterne nur ungefähr ein Prozent zur kritischen Dichte beitragen ($\Omega = 0{,}01$). Offensichtlich liegt der größte Teil der baryonischen Materie nicht in Form sichtbarer Sterne vor. Die Gesamtmasse der leuchtenden und der nicht-leuchtenden Materie in Galaxien kann man nun auf zweierlei Weise bestimmen. Zum einen kann man die Bahnen der Sterne und Gaswolken um die äußeren Teile der Galaxien untersuchen, wobei sich dann aus einem Gleichgewicht zwischen Zentrifugalkraft und Gravitationskraft die Masse im Innern dieser Bahn ableiten läßt. Die andere Möglichkeit besteht darin, Doppelsysteme und Gruppen von Galaxien zu untersuchen, die umeinander kreisen. Aus den Bahngeschwindigkeiten läßt sich dann jeweils die in einem solchen System enthaltene Masse berechnen. Beide Methoden bestätigen, daß Galaxien von Halos – oder Hüllen – aus nicht-leuchtender, „dunkler" Materie umgeben sind. Wenn man die Gesamtmassen der Galaxien aufsummiert, die auf diese Weise bestimmt wurden, um eine Abschätzung für die mittlere Dichte des Universums zu gewinnen, so erhält man ungefähr zehn Prozent des kritischen Werts ($\Omega = 0{,}1$). Damit ist der nicht-leuchtenden baryonischen Materie sicherlich Rechnung getragen.

Könnte es auch Materie zwischen den Galaxien geben? Bereits in den dreißiger Jahren hat der Schweizer Astronom Fritz Zwicky ausgeführt, daß riesige Galaxienhaufen – wie die in den Sternbildern Virgo und Coma – größere Massen haben, als man aufgrund der einzelnen Galaxienmassen erwarten würde. In den sechziger Jahren hofften Allan Sandage und andere noch, daß sich die Gesamtdichte des Universums – bezogen auf alle Materieformen – abschätzen läßt, indem man bei Galaxien untersucht, wie sich die Helligkeit mit der Rotverschiebung ändert. Dabei ließ sich ein sehr ordentliches „Hubblediagramm" der scheinbaren Helligkeit gegen die Rotverschiebung erstellen, indem die hellsten Galaxien verschiedener Haufen ausgewählt wurden. Für die nahen Galaxien nahm die Helligkeit quadratisch mit der Entfernung ab. Bei größeren Entfernungen

(a)

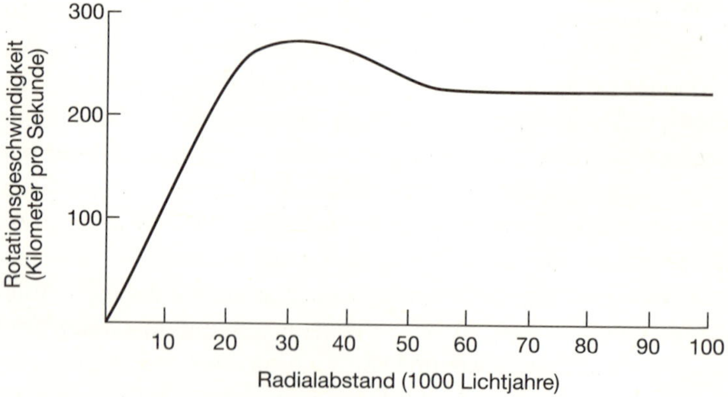

(b)

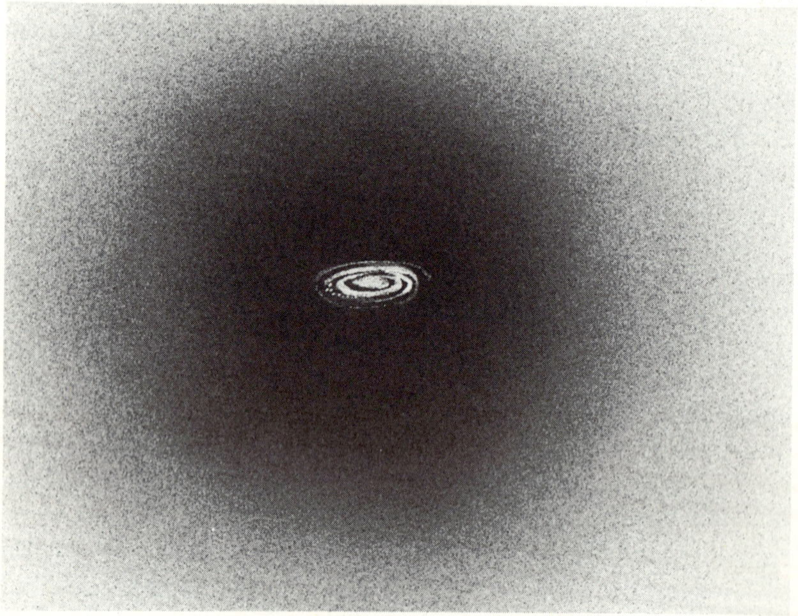

9.2 Die Rotationskurve (a) der Spiralgalaxie M31 verrät große Mengen an dunkler Materie in den äußeren Bereichen. Wäre in der Galaxienscheibe nur die sichtbare Materie vorhanden, dann müßte die Rotationsgeschwindigkeit der Randgebiete mit ansteigendem Radius sinken. Der nahezu konstante Wert der Rotationsgeschwindigkeit weist darauf hin, daß es in der Umgebung der Scheibe einen Halo von dunkler Materie gibt – ein solcher Halo ist hier schematisch wiedergegeben (b).

ändert sich diese $1/r^2$-Abhängigkeit durch relativistische Effekte. Entsprechend der Allgemeinen Relativität hängt die Helligkeitsänderung nun von der Materiedichte im Universum ab. Und dies könnte im Prinzip zur Bestimmung der mittleren Dichte des Universums herangezogen werden. Leider zeigte 1968 eine junge neuseeländische Astronomin, Beatrice Tinsley, in ihrer Doktorarbeit, daß die Sternentwicklung die Galaxien so stark beeinflußt, daß dieses Verfahren im optischen Wellenlängenbereich nicht sinnvoll anwendbar ist. Neuerdings versuchen Simon Lilley und Malcolm Longair, eine ähnliche Methode für Meßdaten von Radiogalaxien im nahen Infrarotbereich anzuwenden. Sie setzen ihre Hoffnungen darauf, daß sich die Sternentwicklung bei infraroten Wellenlängen längst nicht so störend auswirkt, aber bislang hat sich auch mit dieser Methode kein wirklich überzeugender Wert für die mittlere Dichte des Universums ergeben.

Als einzige Hoffnung, die Dichte der gesamten Materie im Universum doch noch zu bestimmen, bleiben uns großräumige dynamische Untersuchungen, die die Bewegungen und Geschwindigkeiten von Galaxien mit der räumlichen Verteilung der Galaxienhaufen in Beziehung setzen, die diese Bewegungen verursachen. Solche Untersuchungen lieferten für die mittlere Dichte bis Mitte der achtziger Jahre im allgemeinen Werte von ungefähr 10 bis 20 Prozent der kritischen Dichte ($\Omega = 0{,}1$ bis $0{,}2$). Dies läßt sich mit der Dichte der normalen baryonischen Materie vereinbaren, die man aus den anfänglichen Häufigkeiten von Helium und Deuterium abgeleitet hatte. Amos Yahil, David Walker und ich erhielten 1986 aus der *IRAS*-Durchmusterung jedoch für die mittlere Dichte des Universums ungefähr 70 Prozent des kritischen Werts ($\Omega = 0{,}7$), wobei der Fehler auch die kritische Dichte ($\Omega = 1$) einschloß. Dieses Resultat war äußerst interessant, weil es zum ersten Mal vermuten ließ, daß die Dichte des Universums nahe am kritischen Wert liegen könnte und damit der größte Teil der Materie im Universum in Form einer nichtbaryonischen Dunkelmaterie vorliegen müßte. Dies war offensichtlich ein Punkt, der sich für nähere Untersuchungen anbot.

Die QDOT-Rotverschiebungs-Durchmusterung von *IRAS*-Galaxien über den gesamten Himmel

Lawrence und ich beschlossen, weitere Mitstreiter für unsere Sache zu gewinnen, nämlich Richard Ellis und Carlos Frenk aus Durham, George Efstathiou und Nick Kaiser aus Cambridge sowie meine beiden Studenten John Crawford und Will Saunders. Mir gefiel das Akronym QCD (für QMW-Cambridge-Durham) für diese Zusammenarbeit, das den Physikern als Kürzel für eine grundlegende Theorie der Teilchenphysik, die Quantenchromodynamik, wohlvertraut ist. Leider mußten wir es zum weniger eleganten QDOT umändern, als Kaiser nach Toronto und Efstathiou nach Oxford gingen. Zuerst einmal standen wir vor der Entscheidung, wie umfangreich unsere Durchmusterung sein sollte. Wie Nick Kaiser bereits früher gezeigt hatte, lassen sich Strukturen einer gewissen Größenordnung am ökonomischsten mit einer repräsentativen Durchmusterungsstichprobe untersuchen, die man zufällig aus dem Katalog zieht – indem man von jeweils *n* Quellen eine Quelle auswählt und deren Rotverschiebung bestimmt. Kaiser und Efstathiou berechneten nun den maximalen Wert von *n*, der für die Messung von Strukturen in der Größenordnung von ungefähr 100 Millionen Lichtjahren ausreichen sollte. Nach ihrer Rechnung sollte *n* für die 60-Mikrometer-*IRAS*-Durchmusterung mit ihren 13 000 Galaxien (ohne die Himmelsgebiete in der Nähe der Milchstraße) höchstens bei 10 liegen. Ich überlegte mir dann, wieviel Teleskopzeit wir wohl in den nächsten Jahren bekommen könnten, und war mir sicher, daß wir etwas mehr als 1/10 der Galaxien schaffen konnten. Ich entschied mich für ein Verhältnis von 1 : 6 für unsere geplante Durchmusterung, für die wir nun entsprechende Anträge stellten.

Den Gremien, die an optischen erdgebundenen Teleskopen die Zeiten zuteilen, wurde mühsam Schritt für Schritt die Beobachtungszeit für unsere Durchmusterung abgerungen. Beim ersten Beobachtungslauf am Isaac-Newton-Teleskop bei La Palma auf den Kanarischen Inseln hatten Nick Kaiser und Andy Lawrence im Juni 1986 einen guten Start. Aber unsere zweite Woche im Januar 1987 ging uns wegen entsetzlich schlechten Wetters verloren. Andy Lawrence und ich erlebten in unserer Beobachtungswoche das schlechteste Wetter seit Menschengedenken auf La Palma. In dieser Woche fielen 760 Millimeter Regen, nahezu so viel wie das *Jahres*mittel von La Palma. Die Straße, die vom „Hotel" der Astronomen bis zum Teleskop hinauf führte, war von Steinen und metergroßen Felsblöcken übersät, und Sturzbäche überfluteten die Straße an mehreren Stellen. Die Windgeschwindigkeiten lagen zwischen 60 bis 130 Kilometern pro Stunde. Das Dach der *Residencia* war teilweise weggeflogen und hatte überall undichte Stellen. Trotz allem machten wir uns jeden Abend zum Teleskop auf dem Berggipfel auf und gaben die Hoffnung erst auf, wenn die Morgendämmerung bevorstand. In diesen langen Nächten, in denen wir auf einen Wetterumschwung warteten, plante ich mein Buch *Das Universum der Sterne* und schrieb die ersten Entwürfe, so daß diese Zeit nicht völlig vertan war. In dieser Woche konnten wir die Teleskopkuppel nicht ein einziges Mal öffnen.

Die ersten wissenschaftlichen Beobachtungen am William-Herschel-Teleskop

Als ich im Juli 1987 die dritte Internationale *IRAS*-Konferenz am Queen Mary and Westfield College organisierte, hatten wir die Durchmusterung erst zu einem Viertel beendet. Marc Davis und Michael Strauss aus Berkeley stellten bereits vorläufige Ergebnisse aus einer Gesamthimmels-Durchmusterung von helleren *IRAS*-Quellen vor. Ich war verzweifelt. Dann bekamen wir durch einen echten Glücksfall einen der ersten Zeitblöcke für wissenschaftliche Beobachtungen am neuen britischen 4,2-Meter-William-Herschel-Teleskop auf La Palma, als wir im Dezember 1987 während der

(a) (b) (c)

(d)

9.3 Mitglieder der QDOT-Gruppe (QMW-Durham-Oxford-Toronto), die gemeinsam mit Andy Lawrence und dem Autor die Rotverschiebungen einer Gesamthimmels-Auswahl von *IRAS*-Galaxien maßen: Carlos Frenk (a), George Efstathiou (b), Nick Kaiser (c) und Will Saunders (d).

Inbetriebnahme eine vierwöchige Beobachtungszeit zugeteilt bekamen. Man warnte uns, daß man möglicherweise die ganze Zeit für technische Arbeiten am Teleskop brauchen würde. Aber tatsächlich funktionierte das Teleskop nahezu einwandfrei. Es ist unglaublich beeindruckend, wenn man nach dem Eingeben der Koordinaten einer Galaxie zusehen kann, wie Sekunden später auf dem Bildschirm das entsprechende Gebiet des Himmels auftaucht. Schließlich muß eine gewaltige Maschinerie bewegt werden, um das Teleskop über den Himmel zu führen. Da wir im Kontrollraum abseits

9.4 Weitere Mitglieder der QDOT-Gruppe: Richard Ellis (links in a) und John Crawford am William-Herschel-Teleskop in dem Augenblick, in dem sie die QDOT-Durchmusterung des nördlichen Himmels abschlossen, sowie Andy Lawrence (b) am Isaac-Newton-Teleskop mit einem Spektrographen für Objekte geringer Helligkeit.

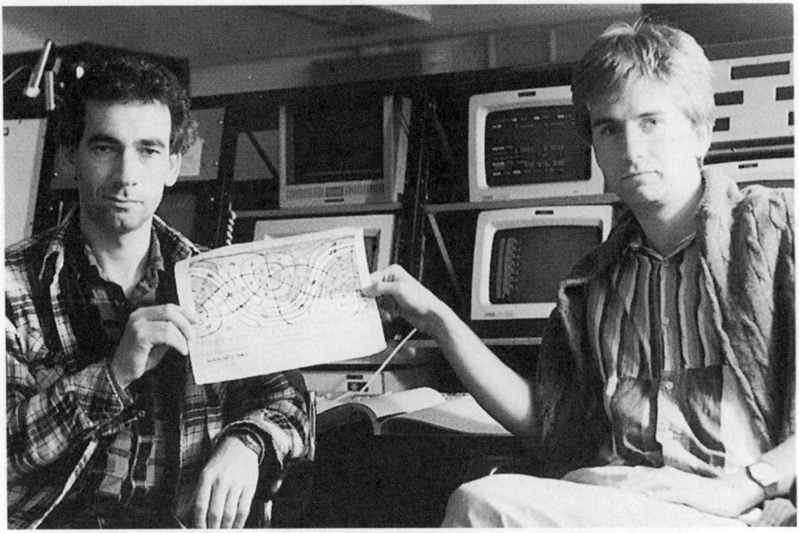

(a)

(b)

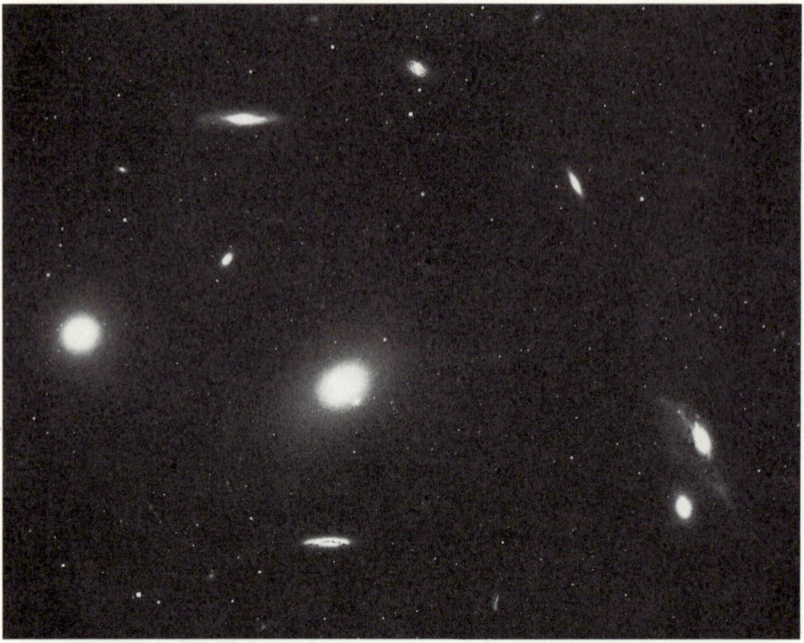

vom eigentlichen Teleskop arbeiten, sehen wir die Bewegungen des Teleskops während der Beobachtungen nicht.

Wir wollten in jeder Nacht mehr als 50 Rotverschiebungen messen und teilten uns in etwa in vier Zweiergruppen auf, die jeweils ungefähr eine Woche lang arbeiten sollten. Die ersten beiden Gruppen – George Efstathiou mit Carlos Frenk und später dann mit Nick Kaiser – hatten kein Glück mit dem Wetter. Und danach gab es auch für Andy Lawrence und mich anfangs nur entmutigende Nächte mit schlechtem Wetter. Nach zwölf der insgesamt zur Verfügung stehenden 28 Nächte hatten wir kaum eine Rotverschiebung gemessen. Dann wurde Lawrence von Richard Ellis abgelöst, das Wetter klarte auf, und wir legten mit einem Wahnsinnstempo los. In unserer fünften Nacht maßen wir 104 Rotverschiebungen, höchstwahrscheinlich ein Rekord, und wir hielten diese rasche Gangart bis zum Ende unserer Beobachtungsperiode bei. Welche Möglichkeiten wir heute haben, wird deutlich, wenn man bedenkt, daß die Pioniere der beobachtenden Kosmologie wie Edwin Hubble eine ganze Nacht damit zugebracht hatten, um die Rotverschiebung einer einzigen Galaxie zu messen. Nun maßen wir alle fünf Minuten eine Rotverschiebung. Wir nahmen auch einige Spektren einer gerade explodierten Supernova auf. Als später Andy Lawrence, erst mit John Crawford, dann mit Will Saunders, weitermachte, hielten sie, trotz einiger Probleme mit dem zunehmenden Mond, das Tempo durch. Lawrence konnte mir passend zum Weihnachtsfest die Entdeckung eines Quasars mit einem ungewöhnlichen Spektrum durchtelefonieren. Tatsächlich sollte der Artikel über diese Entdeckung dann der erste Artikel über Beobachtungsdaten vom neuen William-Herschel-Teleskop sein, der eingereicht wurde. Am Ende unserer Beobachtungszeit hatten wir die Rotverschiebungen von 1100 *IRAS*-Galaxien gemessen und damit 80 Prozent unserer Durchmusterung abgeschlossen. Es folgten zwei Beobachtungsperioden am Anglo-Australian-Teleskop bei Siding Springs in Australien und ein weiterer Durchgang am William-Herschel-Teleskop auf La Palma, in denen wir die Durchmusterung

9.5 Der Virgohaufen (oben) und der Centaurushaufen (unten).

im folgenden Jahr abschließen konnten. Dann übernahm im wesentlichen Xia Xiaoyang von der Universität Peking, die damals in Durham an ihrer Dissertation arbeitete, die langwierige Aufgabe, die Daten zu reduzieren.

Als schließlich die vollständige Liste der Rotverschiebungen der Galaxien vorlag, untersuchten wir zuerst die Leuchtkraftverteilung im Infrarotbereich. Während die meisten Galaxien eine ähnliche Infrarotleuchtkraft wie unsere eigene Galaxie aufweisen – wobei ungefähr 20 bis 30 Prozent des gesamten Energieausstoßes auf den Infrarotbereich entfallen –, gibt es eine kleine Anzahl außergewöhnlich leuchtkräftiger Infrarotgalaxien. Einige von ihnen strahlen über 90 Prozent ihrer gesamten Energie im fernen Infrarotbereich ab. (Wir kommen in Kapitel 11 auf diese superleuchtkräftigen Galaxien zurück.) Darüber hinaus interessierten wir uns für die Frage, ob die Wahrscheinlichkeit einer starken Infrarotabstrahlung vom Alter einer Galaxie abhängt. Wenn man ins Universum hinausblickt, blickt man ja zurück in die Vergangenheit. In unserem Fall hofften wir, auch etwas über die Geschichte der Galaxienpopulation zu erfahren. Unsere QDOT-Stichprobe ließ erkennen, daß Galaxien in der Vergangenheit gewöhnlich stärkere Infrarotstrahler waren als heute. Als letztes Ziel hatten wir uns gesetzt, die Verteilung der *IRAS*-Galaxien über die verschiedenen Infrarotleuchtkräfte genau zu bestimmen, um so die gesamte Massedichte kartieren zu können.

Die Galaxienverteilung im Umkreis von 500 Millionen Lichtjahren

Weil unsere Galaxien bei Infrarotwellenlängen ausgewählt worden waren, hatten wir kein Problem mit der Absorption durch interstellaren Staub in unserer Galaxie und konnten einen viel größeren Teil des Himmels kartieren als alle früheren optischen Durchmusterungen. Während interstellare Staubkörner – typischerweise mit einem Radius von einem hundertstel bis zu einem zehntel Mikrometer –

Strahlung im sichtbaren Wellenlängenbereich stark absorbieren, lassen sie Strahlung im fernen Infrarot fast unbehelligt durch. Da die *IRAS*-Detektoren sehr empfindlich auf Infrarotstrahlung ansprachen, konnten wir tiefer in den Raum vordringen als irgendeine frühere optische Durchmusterung und einen wesentlichen Ausschnitt des Himmels erfassen. Auf diese Weise erhielten wir eine einmalige dreidimensionale Karte der Materiedichte, die einen beträchtlichen Teil des lokalen Universums in einem Umkreis von 500 Millionen Lichtjahren wiedergibt. Als einzige Einschränkung ist zu berücksichtigen, daß *IRAS* nur auf Spiralgalaxien ansprach, in denen auch heute noch Sterne entstehen. „Elliptische“ Galaxien, die die Sternentstehungsphase meist bereits hinter sich haben und ungefähr 20 Prozent aller Galaxien ausmachen, konnte *IRAS* praktisch nicht sehen. An diesem Punkt entzündete sich später die Debatte darüber, ob die Bilder des fernen Infrarot oder die des sichtbaren Bereichs richtig waren.

Anhand der *IRAS*-Karte für die Galaxiendichte konnten wir die Gravitationswirkung abschätzen, die Galaxien und Haufen unserer Nachbarschaft auf unsere Galaxie ausüben. Die Richtung der auf uns insgesamt resultierenden Kraft stimmt gut mit der Richtung überein, in die sich unsere Galaxie relativ zur Hintergrundstrahlung bewegt. Damit hatten wir eine umfassende Erklärung für die Dipol-Anisotropie der Hintergrundstrahlung gefunden – die einzige signifikante Abweichung von einer vollkommen gleichförmigen Intensitätsverteilung über den gesamten Himmel. Zu einem ähnlichen Ergebnis kamen Marc Davis und seine Mitarbeiter bei ihrer Durchmusterung der helleren *IRAS*-Quellen. Allerdings resultiert die Gravitationskraft auf unsere Galaxie, wie wir zeigen konnten, zu einem entscheidenden Teil auf der Gravitation von Haufen außerhalb der Grenzen ihrer Durchmusterung.

Der „Tod“ des Großen Attraktors

Die *IRAS*-Durchmusterung lieferte zwar die erste Karte der Galaxienverteilung über den ganzen Himmel und bis in eine Raumtiefe

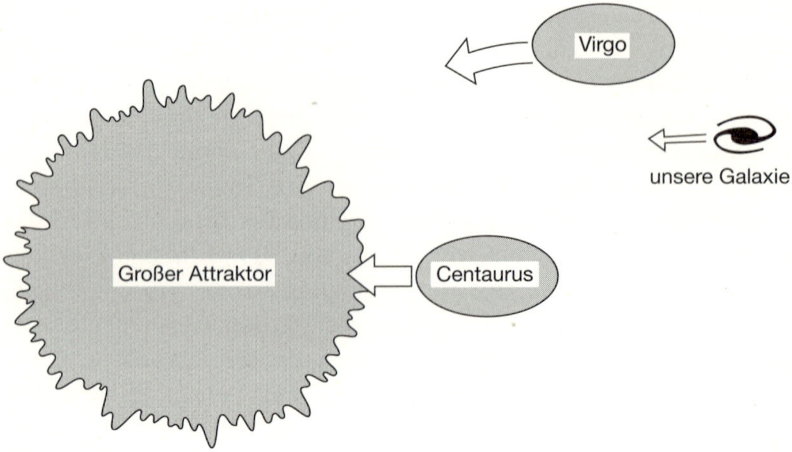

9.6 Das Modell des „Großen Attraktors“ als Erklärung für die Bewegung unserer Galaxie durch den Raum.

von 500 Millionen Lichtjahren, aber es hatte bereits zuvor Ansätze gegeben, um herauszufinden, wie sich großräumige Strukturen in der Galaxienverteilung auf die Bewegung von Galaxien auswirken. In der Umgebung irgendeiner großen Dichtestruktur, beispielsweise eines großen Galaxienhaufens, sollten Galaxien auf den Haufen zustürzen. Nun kann man die Geschwindigkeit einer weit entfernten Galaxie von der Erde aus nicht in allen drei Raumdimensionen messen; man kann die Geschwindigkeit nur entlang der geraden Verbindungslinie von uns zur Galaxie messen – das heißt, man beobachtet nur die Geschwindigkeitskomponente der Bewegung auf uns zu oder von uns weg. Stellen Sie sich vor, Sie hören bei Nacht das Pfeifen eines wegfahrenden Zugs und sollen herausfinden, mit welcher Geschwindigkeit sich der Zug entfernt. Wenn wir die wahre Tonhöhe kennen, können wir anhand der wahrgenommenen Tonhöhe abschätzen, mit welcher Geschwindigkeit sich der Zug von uns entfernt. Fährt der Zug tatsächlich auf gerader Linie von uns weg, führt uns diese Methode im Prinzip auf die wahre Geschwindigkeit des Zugs. Bildet der Weg des Zugs jedoch einen Winkel mit der

Verbindungslinie zwischen uns und dem Zug, dann wird die so bestimmte Geschwindigkeit kleiner sein als die wahre Geschwindigkeit. Wenn sich der Zug senkrecht zur Verbindungslinie bewegt, hören wir gerade die wahre Tonhöhe, weil seine Geschwindigkeit keine Komponente in Richtung der Verbindungslinie hat.

Die Fluchtgeschwindigkeit einer Galaxie entlang der Verbindungslinie zu uns – gemessen über die Rotverschiebung – setzt sich aus zwei Komponenten zusammen: aus der Fluchtgeschwindigkeit der Galaxie, die mit der Expansion des Universums zusammenhängt und immer geradlinig von uns weggerichtet ist, und aus der pekuliaren Geschwindigkeit, in die eine Galaxie durch das Gravitationsfeld anderer Galaxien und Haufen versetzt wurde. (Das Adjektiv „pekuliar" bedeutet hier so viel wie eigen oder individuell.) Die Rotverschiebung einer Galaxie und die daraus berechnete Geschwindigkeit sagt allein noch nicht aus, in welchem Ausmaß die Expansion des Universums und die Pekuliarbewegung der Galaxie jeweils dazu beitragen. Wenn man die Entfernung einer Galaxie jedoch direkt bestimmen kann, dann läßt sich mit Hilfe des Hubbleschen Gesetzes die Expansionsgeschwindigkeit berechnen (sofern man die Hubblekonstante als bekannt voraussetzt; siehe Kapitel 4). Die Pekuliargeschwindigkeit entlang der Verbindungslinie ergibt sich dann aus der Differenz zwischen beobachteter Geschwindigkeit und Expansionsgeschwindigkeit. Tatsächlich wurden solche Untersuchungen für recht viele Galaxien durchgeführt – mit Hilfe der zwei in Kapitel 4 beschriebenen Methoden zur Entfernungsbestimmung, der Tully-Fisher-Methode für Spiralgalaxien (basierend auf einer beobachteten Beziehung zwischen der Rotationsgeschwindigkeit der Galaxie und ihrer Leuchtkraft) und der „D-σ"-Methode für elliptische Galaxien (basierend auf einer Beziehung zwischen der Größe der Galaxie und der mittleren Zufallsgeschwindigkeit in der Galaxie). Mit einer Kartierung der Pekuliargeschwindigkeiten, die Galaxien in verschiedenen Entfernungen und in verschiedenen Himmelsbereichen haben, kann man untersuchen, ob diese Geschwindigkeiten jeweils dem entsprechen, was man aufgrund bereits bekannter Galaxienhaufen in der Nachbarschaft der betrachteten Galaxie erwartet.

Der nächste Galaxienhaufen in unserer Nachbarschaft ist der Virgohaufen, der ungefähr 60 Millionen Lichtjahre von uns entfernt ist. Er wurde von William Herschel gegen Ende des 18. Jahrhunderts entdeckt. Heute kennen wir einige tausend Galaxien im Virgohaufen, und wir wissen, daß die Lokale Gruppe, der unsere Milchstraßengalaxie und der Andromedanebel (M31) als beherrschende Mitglieder angehören, noch im Einflußbereich dieses großen Haufens liegt. Weitere prominente Galaxienhaufen im Umkreis von 150 Millionen Lichtjahren sind der Hydra-, Centaurus- und Fornaxhaufen. Alle diese Haufen sind nach dem Sternbild benannt, in dem sie zum größten Teil liegen, aber es besteht natürlich kein Zusammenhang zwischen den Sternen eines Sternbilds – allesamt recht nahe Sterne innerhalb unserer Galaxie – und den wesentlich weiter entfernten Galaxienhaufen.

Die Bewegung unserer Galaxie, die aufgrund der Dipol-Anisotropie des Mikrowellenhintergrunds (siehe Kapitel 8) entdeckt wurde, ist – das war von Anfang an offensichtlich – nicht direkt zum Virgohaufen hin gerichtet. Das heißt, die Lokale Gruppe von Galaxien fällt nicht einfach auf den nahen Virgohaufen zu. Allan Sandage und Gustav Tammann erklärten dies bereits 1985 damit, daß unsere Bewegung durch den gemeinsamen Einfluß von Virgo-, Hydra- und Centaurusgalaxie zustande kommt. In der Tat fällt die Bewegungsrichtung unserer Galaxie irgendwo zwischen diese drei Haufen.

Ein völlig anderes Bild legte eine Untersuchung von sieben Autoren nahe, die – mit ihrer Erlaubnis – die Sieben Samurai genannt wurden (Donald Lynden-Bell, Alan Dressler, David Burstein, Sandy Faber, Roger Davies, Roberto Terlevich und David Wegner). Sie hatten eine neue Methode zur Entfernungsbestimmung für elliptische Galaxien eingeführt, die „D-σ"-Methode, und eine Stichprobe von mehreren hundert solchen Galaxien untersucht. Dabei stießen sie in der Nähe des Centaurushaufens auf eigentümlich hohe Geschwindigkeiten von über 1000 Kilometer pro Sekunde und schlossen daraus, daß es hinter dem Centaurus eine sehr große Struktur geben müsse, deren Anziehung diese Bewegungen verursacht. Nebenbei wäre dieses gewaltige Objekt auch die Hauptursache für die Bewegung

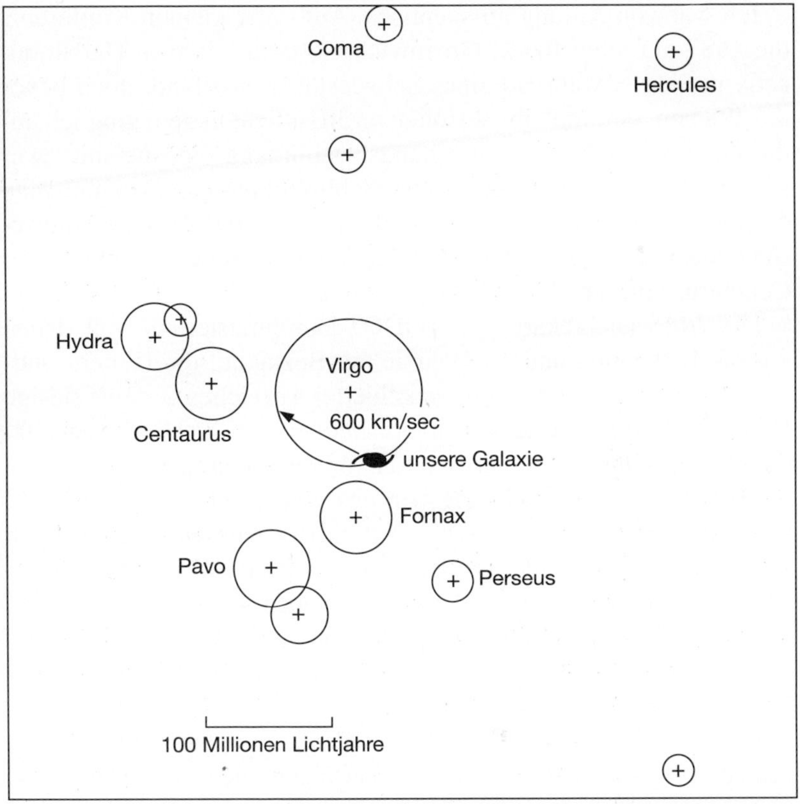

9.7 Der *IRAS*-Dipol und die Ursache unserer Bewegung durch den Raum. Die Skizze zeigt 12 Galaxienhaufen im Umkreis von 500 Millionen Lichtjahren, deren gemeinsame Gravitationsanziehung die Bewegung unserer Galaxie hervorruft. Die Größe der Kreise spiegelt die Stärke der Anziehungskraft wider, die der jeweilige Haufen auf unsere Galaxie ausübt. Bei dieser Karte liegt der galaktische Nordpol in senkrechter Richtung und das Zentrum der Milchstraße in waagerechter Richtung (rechts).

unserer eigenen Galaxie. Alan Dressler gab dieser riesigen Struktur, die bei Wissenschaftlern wie Medien großes Interesse weckte, den Namen „Großer Attraktor". Eine Zeitlang gab es jedes Jahr mehrere Konferenzen zum Thema großräumige Strukturen und großräumige Bewegungen, bei denen das Problem der merkwürdig hohen Geschwindigkeiten in Centaurus und anderswo beleuchtet wurde.

Ich war von Anfang an skeptisch. Auf einer kleinen Konferenz, die 1987 am alten Royal Greenwich Observatorium in Herstmonceux in Sussex während eines Schneesturms stattfand, noch bevor die „Sieben Samurai" ihr Resultat veröffentlicht hatten, ging ich auf die neue Methode zur Entfernungsbestimmung ein, die mir zwar sehr interessant, aber für solche Schlußfolgerungen zu ungenau erschien. Außerdem wies ich darauf hin, daß die *IRAS*-Durchmusterung nicht den geringsten Hinweis auf ein großes Objekt hinter Centaurus enthielt.

Die *IRAS*-Dichtekarten der QDOT-Durchmusterung, mit denen wir die Bewegung unserer Galaxie mit Bezug auf die Hintergrundstrahlung erklärt hatten, zeigten keinerlei Anzeichen für eine riesige Dichtestruktur hinter dem Centaurushaufen und weckten so Zweifel daran, daß sich der Centaurushaufen mit einer Geschwindigkeit von 1000 Kilometer pro Sekunde von uns wegbewegt. Unsere Ergebnisse, die im Dezember 1990 veröffentlicht wurden, gingen durch Zeitungen, Radio und Fernsehen, und meine starken Worte des Zweifels gefielen den Erfindern des „Großen Attraktors" gar nicht. Ihr Haupteinwand lautete, daß sie die von mir kritisierte Version des Modells vom „Großen Attraktor" selbst nicht mehr in unveränderter Form vertreten würden.

Bei weiteren Untersuchungen der Centaurusregion ergaben sich später widersprüchliche Schlußfolgerungen über die Bewegung. Galaxienkarten zeigten, daß die Haufen in dieser Region sehr ausgedehnt sind und daß es hinter Centaurus einen weiteren Haufen gibt, der jedoch eine durchschnittliche Größe hat. Aber diese Haufen ließen nichts erkennen, was als Ursache der Bewegungen in Frage kam. Aus unseren *IRAS*-Karten ergibt sich das Bild, daß unsere Galaxie von ungefähr einem Dutzend Haufen angezogen wird, wobei der Löwenanteil der resultierenden Kraft auf Virgo-, Hydra- und Centaurushaufen entfällt – so, wie es Tammann und Sandage bereits vermutet hatten.

Unsere Untersuchung führte zu einem weiteren, sehr wichtigen Ergebnis: Wenn man voraussetzt, daß die Bewegung unserer Galaxie tatsächlich durch die Materieverteilung im Universum – zum

Beispiel Galaxien und Haufen aus der *IRAS*-Stichprobe – verursacht wird, dann läßt sich auch messen, wie viel Materie dort vorhanden sein muß. Wir konnten hier unser früheres Ergebnis von Amos Yahil, David Walker und mir bestätigen: Die mittlere Dichte des Universums ist hoch und liegt nahe am kritischen Wert, der ein für immer expandierendes offenes Universum von einem geschlossenen unterscheidet, das in einem großen Endknall schließlich wieder in sich selbst zusammenstürzt. Marc Davis und sein Mitarbeiter Michael Strauss kamen bei ihrer Untersuchung an helleren *IRAS*-Galaxien zum selben Ergebnis. Angesichts der Tatsache, daß die Dichte normaler baryonischer Materie im Universum wesentlich geringer ist als unser Wert, steht zu vermuten, daß das Universum überwiegend mit irgendeiner unsichtbaren exotischen Materie gefüllt ist. Was für eine dunkle Materie könnte das sein?

10
Kalte dunkle Materie in der Krise?

Im Januar 1991 veröffentlichte die QDOT-Gruppe in der Zeitschrift *Nature* einen Bericht, der – den Schlagzeilen in der Weltpresse nach zu urteilen – die Kosmologie in eine Krise stürzte. Unser Artikel beschrieb die Ergebnisse einer systematischen Nachuntersuchung von Galaxien, die von *IRAS* erstmals in einer Durchmusterung bei infraroten Wellenlängen aufgefunden und danach mit erdgebundenen Teleskopen genauer beobachtet worden waren. Wir hatten erstmals bis in große Tiefen zuverlässige dreidimensionale Karten der Massenverteilung im Universum erstellt. Die Ergebnisse waren dramatisch: Sie wichen merklich vom Standardmodell zur Entstehung und Entwicklung von Galaxien im Universum ab. Dieses Standardmodell stützte sich auf die Annahme, daß es eine exotische, unsichtbare Materieform gibt, sogenannte *kalte dunkle Materie*, um erklären zu können, wie Galaxien und Galaxienhaufen im Universum entstanden sind.

Dunkle Materie im Universum

Als wir unsere Karten veröffentlichten, war bereits seit zehn Jahren bekannt, daß es im Universum mehr gibt als das, was wir sehen können. Die Astronomen waren zu dem Schluß gekommen, daß das Universum nicht nur die gewöhnliche Materie enthalten kann, aus der unsere Körper, die Erde und die Sterne bestehen. Diese gewöhnliche Materie, die wir durch unsere Teleskope sehen, verdankt ihre Masse im wesentlichen den Kernteilchen – den Protonen und Neutronen, die zur Gruppe der sogenannten Baryonen gehören. Andere Teilchen, wie Elektronen, tragen nur wenig zur Masse des Universums bei.

Kurz nach dem Urknall bildeten die Baryonen gewisse Verklumpungen, aus denen sich letztlich Galaxien und Galaxienhaufen entwickelt haben müssen. Allerdings war das Universum zu dem Zeitpunkt, an dem diese Entwicklung eingesetzt haben soll, nach unseren Beobachtungen in Wahrheit unglaublich glatt und gleichförmig. Dies wissen wir insbesondere aus den Beobachtungen der kosmischen Hintergrundstrahlung, die als schwache Reststrahlung aus der heißen Phase des Urknalls bei uns eintrifft. Die bemerkenswert perfekte Gleichförmigkeit dieser Strahlung zeigt, daß ungefähr 300 000 Jahre nach dem Urknall die (gewöhnliche baryonische) Materie und die Strahlung bis auf winzige Abweichungen von 1:10 000 überall gleichförmig verteilt waren. Bei einem derart gleichmäßigen Zustand hätte die Gravitation bis heute noch keine Galaxien und Haufen bilden können – die Zeit hätte dafür nicht gereicht. Als Erklärung für die Galaxien bevorzugen die Astronomen heute die Annahme, daß das Universum auch dunkle Materie irgendeiner exotischen Form enthält, die sich einer Entdeckung bislang entzog.

Im sehr frühen Universum standen alle Formen von Materie und Strahlung in einer engen Wechselwirkung, und die Energie verteilte sich gleichmäßig auf sie. Wir sagen: Materie und Strahlung waren stark gekoppelt. Mit der Zeit trennten sich verschiedene Materiekomponenten von der Strahlung – sie „entkoppelten" – und konnten danach im Laufe der Zeit allmählich unter der Wirkung der Gravitation gleichsam in sich zusammenzufallen. Die schwach wechselwirkenden Teilchen, die die dunkle Materie ausmachen, hätten in diesem Bild viel früher von der Strahlung entkoppelt als die stark wechselwirkende normale baryonische Materie. Unter solchen Bedingungen hätten anfängliche Dichteschwankungen genug Zeit gehabt, um sich unter dem Einfluß der Gravitation zu verstärken. Zu der Zeit, als sich die baryonische Materie von der Strahlung entkoppelte, hätten sich unregelmäßige Dichtekonzentrationen der dunklen Materie bereits weit genug entwickelt, um als Kondensationskeime für die baryonische Materie zu dienen.

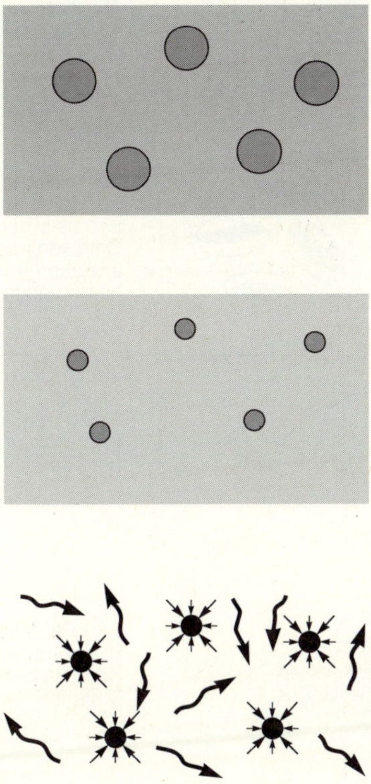

10.1 Entstehung von Galaxien in einem Universum mit dunkler Materie: Die dunkle Materie entkoppelt bereits frühzeitig von der Strahlung; Dichteschwankungen der dunklen Materie prägen sich allmählich aus. Sobald die baryonische Materie von der Strahlung entkoppelt, fällt sie auf die Anhäufungen aus dunkler Materie zu und bildet die sichtbaren Teile der Galaxien.

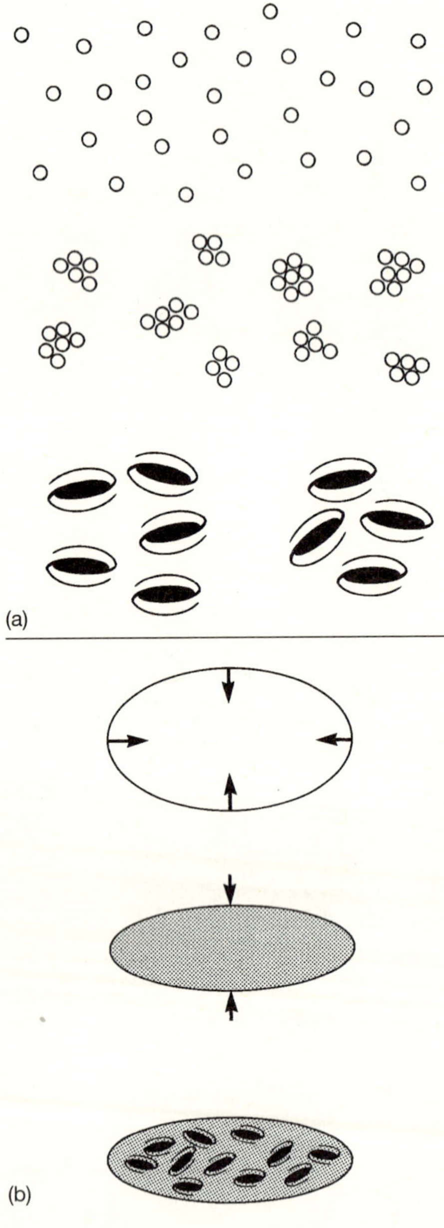
Kalte dunkle Materie verklumpt.
Die Klumpen ziehen sich gravitativ an und bilden Aggregate, die sich zu Galaxienhalos entwickeln.
Baryonische Materie stürzt in die Halos aus dunkler Materie, und es entstehen sichtbare Galaxien, die sich gravitativ anziehen und in Galaxienhaufen ansammeln.
(a)
Heiße dunkle Materie zieht sich unter dem Druck der Gravitation zusammen.
Ein „Pfannkuchen“ aus heißer dunkler Materie entsteht durch Kompression baryonischer Materie.
Baryonische Materie bricht in einzelne Fragmente – Galaxien – auseinander.
(b)

Die Theoretiker zogen zwei verschiedene Formen dieser dunklen Materie in Betracht. Eine Möglichkeit war die sogenannte „heiße" dunkle Materie, deren Bestandteile sich nahezu mit Lichtgeschwindigkeit bewegen. Die andere mögliche Spielart exotischer Materieteilchen hatte nach der Entkopplung von der Strahlung geringe Geschwindigkeiten: „kalte" dunkle Materie. Beide Formen der dunklen Materie zeigen allenfalls geringe Wechselwirkungen mit gewöhnlicher baryonischer Materie – aus diesem Grund kann man sie in irdischen Experimenten so schlecht nachweisen. In den späten siebziger Jahren, als die Theoretiker erstmals von dunkler Materie zu reden begannen, boten sich die Neutrinos sofort als Kandidaten für die heiße Variante an. Normalerweise betrachten die Teilchenphysiker die Neutrinos als masselose Teilchen, die sich mit Lichtgeschwindigkeit bewegen. Allerdings war nicht völlig ausgeschlossen, daß sie doch eine winzige Masse besitzen und sich nur annähernd mit Lichtgeschwindigkeit bewegen. Als Kandidaten für die kalte dunkle Materie sind dagegen keine Teilchen bekannt, die die passenden Eigenschaften aufwiesen, aber die Theoretiker sagen einige mögliche Teilchen voraus. Die beiden beliebtesten Kandidaten, die sich mit Vorstellungen über die Vereinheitlichung der Naturkräfte vereinbaren lassen, sind unter den Namen Axion und Photino bekannt.

Heiße und kalte dunkle Materie wirken ganz unterschiedlich als Keime für die Galaxienentstehung. In einem Universum voller heißer dunkler Materie können sich nur sehr große Strukturen ausbilden, weil die schnellen Neutrinos sehr rasch aus jeder kleinen Struktur herausgelangen würden, was die Dichteunterschiede rasch einebnen würde. Diese sehr großen Strukturen müßten dann zu einer Art Pfannkuchen kollabieren, wobei die gewöhnliche, baryonische Materie mit der heißen dunklen Materie in eine Gasscheibe zusammenstürzt, in der Stoßwellen das Gas rasch abkühlen. Aus diesen

10.2 Im *„bottom-up"*-Szenario (a) für die Entstehung von Galaxien stürzen die kleinsten Störungen zuerst zusammen; diese wachsen dann zu größeren Strukturen zusammen. Im *„top-down"*-Szenario (b) ballen sich zuerst die größten Strukturen zusammen und bilden riesige, pfannkuchenförmige Gebilde, aus denen dann die Galaxien kondensieren.

riesigen Pfannkuchen fallen dann kleinere Klumpen in der Größe von Galaxien aus. Dies ist eine Art *„top-down"*-Bild für die Entstehung von Galaxien und Haufen, die gleichsam von oben nach unten fortschreitet: Danach müßten die Haufen *vor* den Galaxien entstehen. Man würde dann noch heute sehr große pfannkuchenförmige Superhaufen im Universum erwarten. Dieses Bild der Galaxienentstehung ist mit dem Namen Jakow Seldowitsch und seiner Moskauer Gruppe verbunden.

Auf der anderen Seite können in einem Universum aus kalter dunkler Materie wegen der geringeren Geschwindigkeit der Teilchen viel kleinere Klumpen entstehen, und diese kleinsten Strukturen kollabieren zuerst. Diese kleinen kalten Klumpen lagern sich zusammen und wirken als Keime für die Galaxienentstehung. Die normale, baryonische Materie „spürt" die Gravitationsanziehung dieser dunklen Materiekeime, fällt auf diese Keime zu und bildet dabei Galaxien. Diese Galaxien sammeln sich dann aufgrund der Gravitation in Haufen und noch größeren Strukturen. Dies ist das *„bottom-up"*-Szenario einer Strukturbildung von unten nach oben. Eine solche Vorstellung von der Galaxienbildung, in der sich die Strukturen von kleinen Größenordnungen zu immer größeren Maßstäben aufbauen, wurde vor allem von Jim Peebles aus Princeton entwickelt, wobei er ein Universum voraussetzte, das von gewöhnlicher, baryonischer Materie beherrscht wird.

Ein entscheidender Prüfstein für Modelle der Galaxienentstehung ist die Frage, wie sich die Wahrscheinlichkeit der Klumpen- oder Haufenbildung bei Galaxien für verschiedene Größenmaßstäbe ändert. Wie groß ist die Wahrscheinlichkeit, in einer bestimmten Entfernung von einer Galaxie A eine Galaxie B zu finden? In den siebziger Jahren untersuchten Jim Peebles und seine Mitarbeiter anhand verschiedener Galaxienstichproben, wie sich diese Wahrscheinlichkeit mit dem Größenmaßstab ändert. Er fand heraus, daß die Wahrscheinlichkeit der Haufenbildung beim Übergang von kleinen zu großen Maßstäben stetig sinkt; es gibt keine Größenordnung, die gegenüber den anderen bevorzugt wäre. Galaxienhaufen haben keine spezifische Größe.

10.3 Jim Peebles von der Universität Princeton (links) und der russische Kosmologe Jakow Seldowitsch (rechts).

Die heutige Wahrscheinlichkeitsverteilung für die Haufenbildung bei Galaxien als Funktion des Größenmaßstabs – die *Kovarianzfunktion* für Galaxien – steht in Beziehung zu einem wichtigen Element der Urknallkosmologie: Sie hängt unmittelbar mit der anfänglichen Verteilung der Dichtefluktuationen unterschiedlicher Größenordnungen im frühen Universum zusammen. Die Kosmologen hoffen, daß sich die Verteilung der anfänglichen Dichtefluktuationen als einfach genug erweist, um die Entstehung der Galaxien und Galaxienhaufen elegant erklären zu können. Ein besonders einfaches Verteilungsmuster haben unabhängig voneinander 1970 Ted Harrison und 1972 Jakow Seldowitsch vorgeschlagen. Sie gingen von der Überlegung aus, daß im expandierenden Universum die mittleren prozentualen Dichteschwankungen im Universum gleich sind, während sich das Universum auf eine gewisse Größe ausdehnt: Die relativen Dichteabweichungen sollten im Mittel ungefähr 0,01 Prozent der mittleren Dichte betragen, um beim heutigen Alter des Universums Galaxien und Galaxienhaufen zu erklären.

Allerdings war das *top-down*-Bild mit der tatsächlichen Verteilung von Galaxien in Haufen kaum zu vereinbaren. Deshalb verfolgte man das Szenario einer kalten dunklen Materie mit mehr Nachdruck. Hier wurden insbesondere Computersimulationen zur Entstehung von Galaxien und Galaxienhaufen untersucht – von Marc Davis, George Efstathiou, Carlos Frenk und Simon White. Anfangs konnten sie im Computermodell nicht einmal mit Hilfe kalter dunkler Materie die beobachtete Galaxienverteilung erzeugen. Sie stellten schließlich fest, daß sie für die Galaxienentstehung offenbar voraussetzen mußten, daß die Materie der späteren Galaxien sich hauptsächlich dort ansammelte oder dorthin tendierte, wo es außergewöhnlich große Dichtefluktuationen der dunklen Materie gab. Unter anderen Voraussetzungen lieferte die Simulation eine zu gleichförmige und zu strukturlose Galaxienverteilung. Diese Annahme, daß die Galaxienentstehung von Anfang an einer solchen Tendenz, die man als *biassing* bezeichnet, folgte, vertrat dann als erster Nick Kaiser.

Die Theorie der kalten dunklen Materie sammelt Pluspunkte

Das Modell der kalten dunklen Materie im Universum lieferte nicht nur eine gute statistische Beschreibung der Haufenbildung von Galaxien, sondern die Computersimulationen gaben auch die beobachtete Galaxienverteilung ziemlich zutreffend wieder. Aber welche Hinweise ließen sich finden, daß das Universum tatsächlich dunkle Materie enthielt? Hier ließen die Rotationsgeschwindigkeiten, die man bei Radio- und optischen Beobachtungen in den äußeren Bereichen von Spiralgalaxien gefunden hatte, darauf schließen, daß die Spiralgalaxien von Halos aus dunklem Material umgeben sind. Die Bahngeschwindigkeit, mit der ein Stern in einer Galaxie um das Zentrum kreist, liefert einen Hinweis auf die Masse im Innern der Sternbahn. Das liegt daran, daß die Gravitationskraft, die den Stern auf seiner Bahn hält, von der eingeschlossenen Masse abhängt und der Zentrifugalkraft entgegengerichtet gleich sein muß. Die auf diese Weise berechnete Masse nahm stets mit der Entfernung vom Zentrum zu, und zwar auch dann, wenn die Zahl der sichtbaren Sterne am Rand der Galaxie offensichtlich allmählich abnahm.

Dieses Ergebnis bestätigte sich, als man die Bewegungen von Paaren und Gruppen von Galaxien untersuchte: Galaxien sind massereicher, als ihre gesamte sichtbare, leuchtende Materie vermuten läßt. Wenn man nun die Massen aller Galaxien, inklusive ihrer dunklen Halos, aufsummiert, um die mittlere Dichte des Universums zu bestimmen, erhält man allerdings nur 10 Prozent des kritischen Werts. Ein Universum, dessen Materie unterhalb der kritischen Dichte bleibt, wird für immer expandieren. In einem Universum mit einer Dichte über dem kritischen Wert wird die Schwerkraft schließlich die Expansion stoppen, und das Universum wird in einem großen „Endknall" zusammenstürzen. Die Theoretiker hätten gerne ein Universum, das annähernd die kritische Dichte aufweist, denn damit könnten sie die Annahme umgehen, daß wir in einer besonderen Zeit leben, in der Expansion und Gravitation sich immer noch nahezu ausgleichen, und vor allem entspräche dies den Voraussagen einer besonders erfolgreichen Theorie des frühen Universums – dem Inflationsmodell, dem wir in Kapitel 4 bereits begegnet sind. Die Inflation des Universums führt zu einem nahezu vollkommen flachen Raum, was, wie wir gesehen haben, bedeutet, daß die Dichte des Universums gegen Ende der Inflation äußerst nah am kritischen Wert gelegen haben muß. Sogar heute noch sollte die mittlere Dichte allenfalls um Bruchteile eines Prozentpunktes vom kritischen Wert abweichen.

Nach dem Inflationsmodell, das Alan Guth vom Massachusetts Institute of Technology 1981 vorschlug, setzte gleich nach dem Urknall eine Phase der Inflation ein, in der sich das gesamte beobachtbare Universum aus einem unendlich kleinen Volumen exponentiell aufblähte. Dabei muß das Universum entweder in einem anormalen Anfangszustand begonnen haben, bei dem im Vakuum eine riesige Energiedichte herrschte, oder es ging sofort in einen

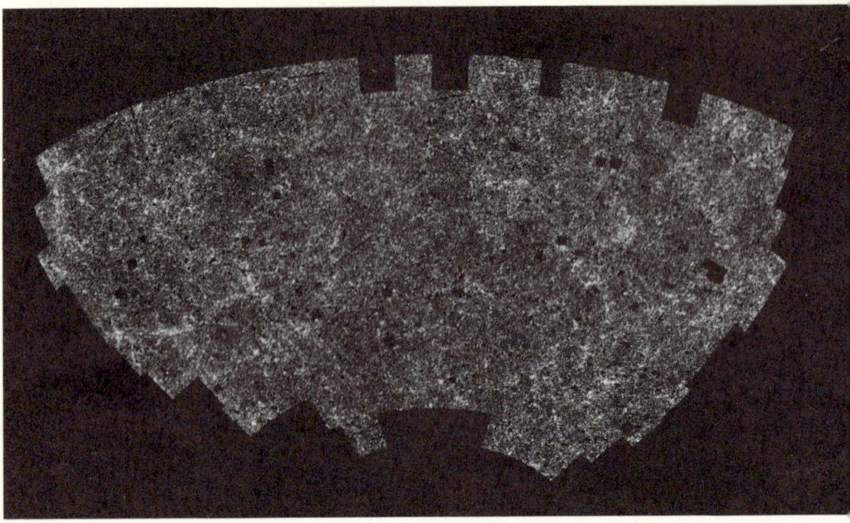

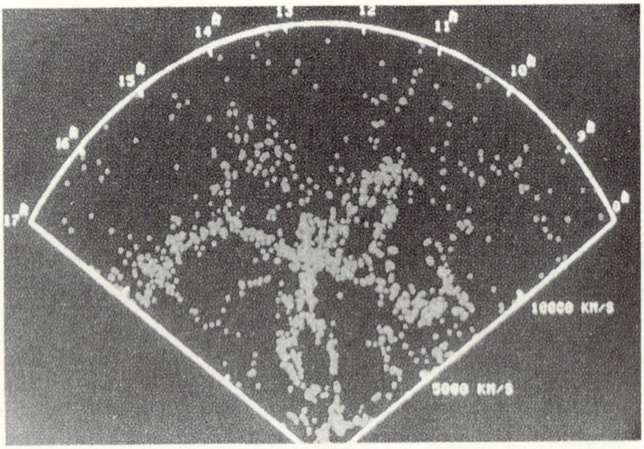

10.4 Die Verteilung der optischen Galaxien: (oben) eine Galaxiendurchmusterung des südlichen Himmels, erstellt von George Efstathiou und seinen Kollegen aus der Südhimmelsdurchmusterung am Anglo Australian Observatory mit einem in Cambridge entwickelten Gerät für die automatische Vermessung von Photoplatten; (unten) die Durchmusterung der Galaxienrotverschiebungen des Zentrums für Astrophysik mit der „Großen Wand“ aus Galaxien.

solchen Zustand über. Die riesige Vakuumenergie wirkte wie eine gewaltige Repulsionskraft, die die Gravitation überwandt. Wie in Kapitel 4 erläutert, konnte die Inflationstheorie das Problem des „Horizonts" beheben: Wenn wir in entgegengesetzte Richtungen am Himmel schauen, sehen wir Gebiete des Universums, die sich – dem Standardmodell zufolge – wechselseitig nicht beeinflussen konnten, weil sie jeweils außerhalb des Horizonts liegen, bis zu dem irgendeine Information mit Lichtgeschwindigkeit vordringen konnte. Wenn sich diese Gebiete bis in unsere heutige Epoche niemals gegenseitig beeinflussen konnten, wie ist es dann möglich, daß die Hintergrundstrahlung so perfekt gleich ist? Die Inflation löst dieses Problem: Weil sich das gesamte beobachtbare Universum aus einem sehr kleinen Volumen exponentiell aufblähte, in dem in frühen Phasen alles miteinander in Verbindung stand, ist die Ähnlichkeit heute weit entfernter Himmelsregionen erklärt.

Das Inflationsmodell von Alan Guth funktionierte jedoch nicht völlig perfekt. Danach hätte das Universum aus der Inflationsphase als ein Netzwerk getrennter, sich aufblähender „Blasen" hervorgehen müssen, die sich aber leider nicht vereinigt und zu einem relativ homogenen Universum entwickelt hätten, wie wir es heute sehen. Dieses Problem des *„graceful exit"* war schwer zu lösen, aber dann fanden 1982 der russische Kosmologe Andrei Linde und – unabhängig von ihm – die Amerikaner Andreas Albrecht und Paul Steinhardt

10.5 John Huchra und Margaret Geller vom Harvard-Smith-Zentrum für Astrophysik.

einen annehmbaren Ausweg, um das Universum nach der Inflation in einen passenden Zustand zu versetzen. Der Trick bestand darin, den inflationären Phasenübergang vom Zustand des „falschen" Vakuums wesentlich langsamer ablaufen zu lassen. Dies bedeutete, daß die Inflation länger dauerte, und das ganze beobachtbare Universum unserer Tage sich aus einer einzigen Blase entwickeln konnte. Der Nachteil dieser Version besteht darin, daß die Inflationskraft sehr genau auf das Modell abgestimmt und dafür ein Wert angenommen werden muß, für den es keine echte Erklärung gibt.

Die verschiedenen Inflationsszenarien lassen erwarten, daß die mittlere Dichte des Universums sehr nahe am kritischen Wert liegt. Nun können wir aus den Häufigkeiten der leichten Elemente Helium, Deuterium und Lithium ableiten, welche Dichte die gewöhnliche baryonische Materie im Universum hat, denn alle diese leichten Elemente entstanden in der Feuerballphase des Urknalls, und ihre Häufigkeiten – die jeweils erzeugte Menge – hängt empfindlich von der Dichte des Universums ab. Die Berechnungen zur kosmischen Elementsynthese in den ersten 100 Sekunden nach dem Urknall zeigen, daß die mittlere Dichte der baryonischen Materie im Universum nur ungefähr drei Prozent des kritischen Werts ausmacht. Dies ist nicht allzu weit von dem Wert entfernt, den man findet, wenn man die gesamte Masse der Galaxien inklusive ihrer dunklen Halos aufaddiert, und der ungefähr zehn Prozent der kritischen Dichte ausmacht. Daher könnte die dunkle Materie in den Halos der Galaxien durchaus baryonisch sein. Zum Beispiel könnten Objekte von der Größe des Jupiter, braune Zwerge (ungefähr 80 Jupitermassen) oder massereiche Schwarze Löcher mit ungefähr einer Million Sonnenmassen zu dieser dunklen Materie beitragen. Wenn nun die Dichte des Universums – wie die Inflationsmodelle vorhersagen – immer noch sehr nah an der kritischen Dichte liegen sollte, müssen ungefähr 97 Prozent der Materie im heutigen Universum in unsichtbarer, nichtbaryonischer Gestalt vorliegen.

Kosmologen benötigen die nichtbaryonische dunkle Materie, um zu erklären, wie sich Galaxien aus einem anfangs äußerst gleichförmigen Zustand entwickeln konnten, in dem Materie und Strahlung noch nicht entkoppelt hatten – hier gehört die Dominanz der dunklen Materie zu den starken Vorhersagen der Inflationstheorien. Das Szenario der kalten dunklen Materie verbindet dabei Teilchenphysik, Kosmologie und die Theorie der Galaxienentstehung und Haufenbildung in einem eleganten Paket, das von Anfang an unter Teilchenphysikern und Kosmologen gleichermaßen enormes Ansehen genoß.

Die Theorie der kalten dunklen Materie stößt auf Probleme

Warum steckt diese Theorie heute in Schwierigkeiten? So beeindruckend eine Theorie auch sein mag, sie muß mit tatsächlichen Beobachtungen in Einklang stehen. Schauen wir uns also zunächst einige Beobachtungen zur Galaxienverteilung an, die in den letzten zehn Jahren gemacht wurden. 1983 maßen John Huchra, Marc Davis und ihre Kollegen am Harvard-Smith-Zentrum für Astrophysik die Entfernungen von über 2 000 Galaxien, indem sie ihre Rotverschiebungen mit erdgestützten optischen Teleskopen bestimmten. Das Licht ist bei diesen Galaxien zum roten Ende des sichtbaren Spektrums (zu längeren Wellenlängen) hin verschoben, weil sie sich

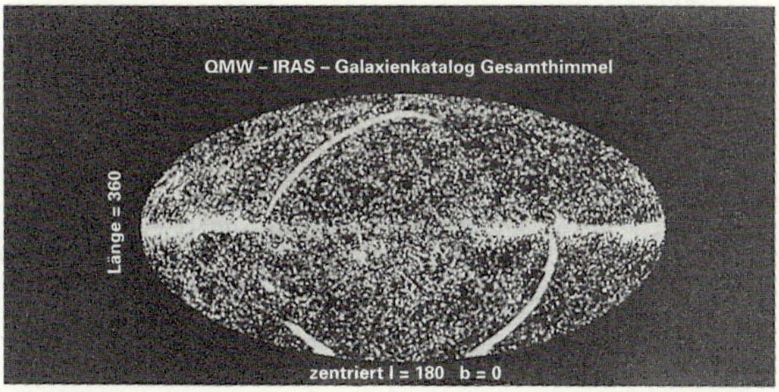

10.6 Die QDOT-Durchmusterung der *IRAS*-Galaxien über den gesamten Himmel. Die näheren Galaxien sind durch größere Symbole gekennzeichnet. Weiße Flächen waren von der Durchmusterung ausgeschlossen.

von uns entfernen. Die Rotverschiebung ist in einem expandierenden Universum mit der Fluchtgeschwindigkeit verknüpft, die jeweils proportional zur Entfernung einer Galaxie ist. Huchra und seine Kollegen konnten so eine Konzentration von Galaxien im Bereich des Virgohaufens kartieren, die als Lokaler Superhaufen bekannt ist, und insbesondere auch die Haufenbildung von Galaxien bis in Entfernungen von 100 Millionen Lichtjahren erforschen.

Seit 1990 ließen Durchmusterungen von Margaret Geller, ebenfalls vom Harvard-Smith-Zentrum, John Huchra und ihren Kollegen, bei denen größere Tiefen des Raumes erfaßt werden konnten, die Existenz einer „Großen Wand" erkennen, einer Art 300 Millionen Lichtjahre langem Vorhang von Galaxien, der die Superhaufen Coma und Herkules miteinander verbindet. Diese Durchmusterung bestätigte auch die Existenz erheblicher Leerräume, in denen fast keine Galaxien vorhanden sind: Die erste solche Lücke war die „Bootes"-Lücke, die 1981 in einer tiefen Durchmusterung eines kleinen Himmelsausschnittes von Robert Kirschner (auch aus Harvard) und seinen Kollegen gefunden wurde. Diese Wände und Lücken waren bei einem Szenario der Galaxienentstehung, in dem Galaxien und Haufen durch Anlagerung von Materie an zufälligen Dichtekonzentrationen entstehen, nicht zu erwarten, insbesondere eben auch nicht in den Modellen zur kalten dunklen Materie. Aber die Verfechter der Theorie der kalten dunklen Materie erklären, daß solche Verteilungsmerkmale in ihren numerischen Simulationen zur Galaxienverteilung durchaus auftraten. Ob die beobachtete Galaxienverteilung und die Simulationen übereinstimmten oder nicht, blieb umstritten.

Der Gnadenstoß für die kalte dunkle Materie

Den Gnadenstoß versetzte dem Szenario der kalten dunklen Materie die QDOT-Rotverschiebungs-Durchmusterung von *IRAS*-Galaxien, die ich im vorigen Kapitel beschrieben habe. Als wir mit Hilfe dieser Durchmusterung die Galaxienverteilung praktisch über den ganzen

Himmel erstmals bis in große Tiefen kartierten, zeigte sich, daß die Karten nicht mit den Vorhersagen des Modells für kalte dunkle Materie übereinstimmten. Allerdings war zu berücksichtigen, daß nicht alle Galaxien im Infrarotbereich stark genug strahlen, um von *IRAS* entdeckt werden zu können. Insbesondere die elliptischen Galaxien, die ungefähr 20 Prozent der Galaxienpopulation ausmachen und in denen heute nur noch in sehr geringem Umfang Sternentstehung zu beobachten ist, sind im allgemeinen sehr schwache Infrarotstrahler. Da elliptische Galaxien besonders häufig in den zentralen Bereichen von Galaxienhaufen zu finden sind, liefert die *IRAS*-Durchmusterung für diese Bereiche eine wenig repräsentative Stichprobe.

Will Saunders hat damals im Rahmen seiner Doktorarbeit bei uns dreidimensionale Dichtekarten aus der *IRAS*-Galaxienverteilung abgeleitet – die ersten verläßlichen Karten zur Dichteverteilung in großen Tiefen des Universums. Nach seiner Promotion setzte Saunders – nun in Oxford lebend – seine Karten in lebendige farbige Bilder um. Er erzeugte auch ein Histogramm der Dichteverteilung (siehe Abbildung 10.5), das dann mit den Vorhersagen eines Modells verglichen werden konnte, zum Beispiel mit dem Modell für kalte dunkle Materie. Für einen solchen Test hatte George Efstathiou bereits eine neue statistische Methode („Zählungen in Zellen"), ausgearbeitet, und zusammen mit dem QDOT-Team veröffentlichte er die Resultate im Dezember 1990 in den *Monthly Notices* der Royal Astronomical Society. Die Ergebnisse widersprachen eindeutig dem Modell der kalten dunklen Materie.

Saunders Histogramme und die statistischen Tests, die er daraus ableitete, machten das Ergebnis noch deutlicher klar. Das Universum ist auf einer großen Skala viel klumpiger als von der neuesten Version des Modells für kalte dunkle Materie vorhergesagt. Der Artikel wurde bei *Nature* eingereicht, und die farbigen Dichtekarten wurden auf die Titelseite gesetzt. In der Spalte „News and Views" kam ein Beitrag, der mit dieser Arbeit das Ende des Modells der kalten dunklen Materie verband, und man brachte eine entsprechend sensationelle Pressemitteilung heraus. So kamen Berichte über

Galaxiendichte im lokalen Universum, wie sie sich aus den IRAS-Beobachtungen ergibt

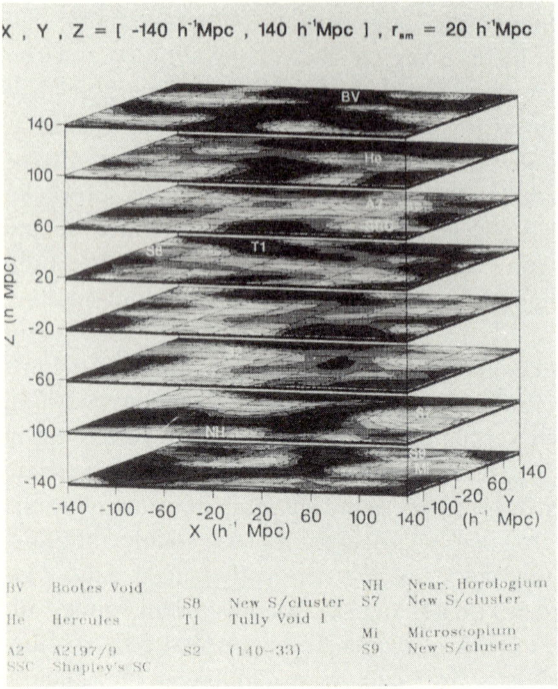

(a)

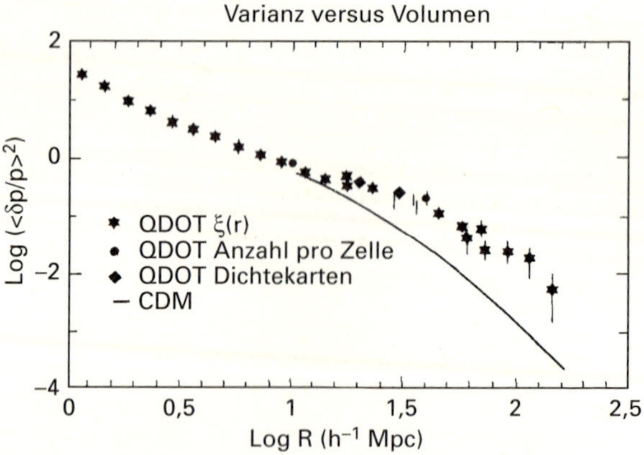

(b)

diesen Artikel auf die Titelseiten der Weltpresse, inklusive der *New York Times* und der *Times* von Indien.

Der Artikel fand nicht zuletzt deshalb so große Resonanz, weil zum QDOT-Team auch einige Wissenschaftler gehörten, die zuvor äußerst aktiv für die Theorie der kalten dunklen Materie eingetreten waren. Carlos Frenk, der die Probleme mit der Theorie der kalten dunklen Materie in *Nature* stark übertrieben dargestellt fand, überredete George Efstathiou und Simon White, mit ihm in einem gemeinsamen Beitrag in *Nature* auf diesen Aspekt hinzuweisen.

Einige Monate später plante die BBC für ihre Fernsehreihe „*Horizon*" eine einstündige Sendung rund um unsere Arbeit. Der Regisseur Martin Chilcott hatte die Geldmittel für eine Sendung zum Thema „Urknalltheorie in Schwierigkeiten" bewilligt bekommen. Als wir das Konzept bei einem Mittagessen besprechen wollten, gingen wir in ein Lokal, und ich mühte mich drei Stunden lang damit ab, zu erklären, daß eigentlich die Theorie der kalten dunklen Materie und nicht die Urknalltheorie in Schwierigkeiten geraten war. Ich gab ihm einen Artikel, den ich gerade für die Zeitschrift *New Scientist* vorbereitet hatte und der dies alles erklärte, und auch andere Kollegen aus dem QDOT-Team erläuterten ihm die Zusammenhänge. Als ich Chilcott einige Monate später für die Dreharbeiten am Queen Mary and Westfield College wieder traf, entsprach das Drehbuch ziemlich gut der Darstellung in meinem Artikel. Die eigentlichen Dreharbeiten waren eine Tortur; nach mehr als 12 Stunden hatten wir gerade etwa 20 Filmminuten aufgenommen. Chilcott wollte einen Film, der auch gut gemacht war, so daß für jede Aufnahme mindestens eine Stunde allein zum Installieren der Beleuchtung benötigt wurde. Mein Arbeitszimmer wurde in das Büro am JPL verwandelt, in dem ich 1983 gearbeitet hatte. So wurde mit

10.7 Die dreidimensionalen Karten der Galaxienverteilung nach der QDOT-Durchmusterung sind hier als eine Folge horizontaler Schnitte zu sehen (a), wobei helle Flächen Gebiete mit einer hohen Galaxiendichte (Galaxienhaufen) darstellen, während dunkle Flächen Gebieten mit einer geringen Galaxiendichte (Lücken) entsprechen. Ein Vergleich der Dichteschwankungen in der QDOT-Durchmusterung (b) mit den Vorhersagen des Modells der kalten dunklen Materie zeigt für großräumige Skalen eine signifikante Abweichung.

THE NEW YORK TIMES (collage) 3/1/91

"All the News That's Fit to Print"

The New York Times

NEW YORK, THURSDAY, JANUARY 3, 1991 + 50 cents beyond 75 miles from New York

L.CXL . . . . No. 48,469 Copyright © 1991 The New York Times

Astronomers' New Data Jolt Vital Part of Big Bang Theory

By JOHN NOBLE WILFORD

A critical element of the widely ac-
cepted Big Bang theory about the ori-
gin and evolution of the universe is
being discarded by some of its staunch-
est advocates, throwing the field of cos-
mology into turmoil.

According to the Big Bang theory,
matter from the explosive moment of
cosmic creation originally was evenly
spread throughout the universe. But
galaxies tend to be clumped together,
an awkward fact that astronomers
have sought to explain by assuming
that cold invisible matter is a major at-
tractive force.

The cold dark matter model, as it is
called, accounts well for local cluster-
ing but could not explain the giant su-
perstructures recently found in galac-
tic surveys, like the "great wall," a
string of galaxies that stretches across
the sky for at least a half billion light-
years.

A new analysis of a highly accurate
survey by the Infrared Astronomical
Satellite now shows the universe to be
full of such superstructures and com-
panion supervoids. A major problem is
that these structures appear to be far
too vast to have formed since the Big

formation." In a report being published
today in the journal Nature, they said
the theory in its present form must be
abandoned.

The journal noted that the report by
Dr. Will Saunders of Oxford University
and colleagues "is all the more re-
markable for coming from a group of
authors that includes some of the
theory's longtime supporters."

'Too Good to Be True'

With its repeated inability to recon-
cile the evidence and the theory, cos-
mology is in disarray, trying to patch
together a modified version of the
theory, testing alternative concepts
that had been set aside and looking for
entirely new theories to explain how
the universe got to be the way it is ob-
served today.

"We're floundering around with lots
of ideas," said Dr. Alan Dressler, an as-

Continued on Page A19, Column 1

	A2
News Summary	
Editorials/Op-Ed	A20-21

New Data Cast Doubt on Part of Big Bang Theory

Continued From Page A1

trophysicist at the Carnegie Institution
of Washington, regretting the apparent
demise of a theory that was widely held
for more than a decade. "The one idea
that was too good to be true turned out
to be too good to be true."

Dr. Jeremiah P. Ostriker, an astro-
physicist at Princeton University, said
the results of the survey by the Infra-
red Astronomical Satellite, showing the
wider distribution and greater density
of galactic clusters, "sounded the
death knell" to the cold dark matter
theory.

Validity of Big Bang

Dr. Edmund Bertschinger, an astro-
physicist at the Massachusetts Insti-
tute of Technololgy, cautioned: "Most
cosmologists admit that the cold dark
matter theory is in very serious trou-
ble. But not all of them would agree
that it is dead. I would say it's prema-
ture to say we must reject cold dark
matter."

Despite the confused state of their
field, cosmologists insist that there is
no reason to abandon the overall Big
Bang theory or to question the premise
that lay at the foundation of the trou-
bled cold dark matter model. Scientists
continue to estimate that, judging from
gravitational effects on galaxies and
other large cosmic structures, 90 per-
cent to 99 percent of the mass in the
universe is hidden from view. This is
the so-called missing mass or dark
matter.

To explain how this matter could be

Although the model was considered
successful in accounting for small-
scale structure, conglomerations of
stars in galaxies, astronomers have
begun to find that the texture of the
cosmos runs to ever larger structures
— clusters of galaxies, superclusters,
an extremely long sheet of galaxies
dubbed the "great wall" and possibly
concentrations of unseen matter so
massive that it exerts a gravitational
pull on the Milky Way galaxy. Like the
great wall, this gravitational force,
called the "great attractor," seems too

Old ideas on the universe's birth cannot explain new findings.

large to have formed in the time be-
lieved to have elapsed since the Big
Bang, from 10 billion to 20 billion years
ago.

A Definitive Test

As Dr. Saunders and his colleagues
observed, structures on this large scale
are too numerous and distributed ton
evenly to be explained by the cold dark
matter theory. The infrared satellite
data, obtained six years ago, are con-
sidered a definitive test of the theory
because they are drawn from an all-
sky survey.

Dr. Bertschinger said one approach
may be to modify the existing theory,
changing some of the assumptions
about cosmic densities and variations
in density fluctuations that could have
caused matter to congregate on such
large scales.

"But then the whole model starts
looking very baroque," he said. "Most
scientists would prefer to think that
God had a simpler design for things."

One widely held refinement of the
Big Bang — the inflation theory pro-
posed by Dr. Alan Guth of M.I.T., which
assumes that the universe underwent a
period of phenomenal growth in the
first fraction of a second after the pri-
meval explosion, then settled down to
the present expansion rate — is just
such as modification. The inflationary
growth established energy densities
and other preconditions for the rapid
evolution of galaxies and larger struc-
tures.

Although most cosmologists are con-
fident that the Big Bang took place, Dr.
Bertschinger said they are questioning
the inflation theory.

Working with engineers, Dr. Ostriker
has developed what he says is the most
advanced computer model so far for
testing various theories for the forma-
tion of structure in the universe. Those
theories can be put into the computer
to see what kind of universe they lead
to, and whether that universe is like the
one that exists now.

Back to 'Hot Dark Matter'

One idea that is likely to be revived,
Dr. Ostriker said, is the hot dark mat-

THE DAILY TELEGRAPH 4/1/91

EVENING STANDARD 4/1/91

Space survey gives world astronomers a cosmic jolt

by Mark Long

ASTRONOMERS were today reeling from new evidence casting doubt on all previous knowledge about the formation of gal-

THE DAILY TELEGRAPH, FRIDAY, JANUARY 4, 1991 17

All that twinkles . . . is just like grandma's gravy

Astronomers are agog at lumps in the universe, as ERIC BAILEY finds

SO THE universe is lumpy.
It is full of gobbets of gal-

sional but the team still needed
to plot exa

Bang goes a theory of the universe

We live in an unexpect-
edly lumpy universe.
Everyday objects
are lumps of matter, and
astronomers have known for
centuries that outside the
earth, matter joins together on
an increasingly large scale to
form planets and stars, which

dark matter model can be bent
to take account of the new
observations, because it
doesn't have any free parame-
ters to tweak. But I think
someone will come up with a
brilliant lateral leap of logic."

The latest observations

FINANCIAL TIMES 4/1/91

Hilfe starker Scheinwerfer, die in mein Fenster schienen, die kalifornische Sonne simuliert, und die typisch britischen elektrischen Anschlüsse und Telefone wurden verdeckt. Man filmte, wie ich vor dem College vorfuhr und parkte (obwohl dort in Wirklichkeit striktes Parkverbot herrscht) und dann durch eine Tür verschwand, die in Wirklichkeit immer verschlossen ist (ich mußte zur Tür gehen und dann hinter dem Türpfosten verschwinden). Der Drehtag endete spät abends, und als ich mich erschöpft zu meinem Auto aufmachte, das ich in einer Seitenstraße geparkt hatte, mußte ich feststellen, daß es gestohlen worden war.

Die Sendung selbst hat mich später im ersten Moment enttäuscht, weil bei der Endredaktion der Moderation (die sehr gut von Tim Piggott Smith vorgetragen wurde) die Rede vom „Urknall in Schwierigkeiten" wieder hereingekommen war. Das stürmische Wetter auf La Palma, das Andy Lawrence und mich im Januar 1987 eine Woche lang geplagt hatte, ging in schwachen Regen über und klarte bald auf. Und die mit Rockmusik untermalten Beobachtungen, für viele Zuschauer besonders attraktiv, waren pure Erfindung (zumindest, was meine eigenen Beobachtungen betrifft). Da Wissenschaftsjournalisten und Produzenten meist große Schwierigkeiten haben, ihre Artikel oder Sendungen in den Medien unterzubringen, wird man mit einigen Übertreibungen und Ungenauigkeiten leben müssen, wenn man überhaupt Berichterstattung über Wissenschaft will.

Waren unsere Karten zur Galaxienverteilung wirklich der Todesstoß für die kalte dunkle Materie? Unsere Untersuchung der Gravitationswirkung, der unsere Galaxie ausgesetzt ist, ließ eine Materiedichte im Universum vermuten, die nahe am kritischen Wert liegt und etwa zu 90 Prozent durch irgendeine Form dunkler Materie

10.8 Einige Schlagzeilen aus der internationalen Presse: „Neue Daten der Astronomen erschüttern einen lebenswichtigen Teil der Urknalltheorie" und „Neue Daten wecken Zweifel an einem Teil der Urknalltheorie" (*New York Times*); „Die Durchmusterung des Weltraums versetzt den Astronomen der Welt einen Schlag" (*Evening Standard*); „Alles was leuchtet . . . ist ähnlich wie Omas Bratensoße" (*Daily Telegraph*); „Mit (großem) Knall verschwindet eine Theorie aus dem Universum" (*Financial Times*).

hervorgerufen wird. Wir wußten, daß wir diese dunkle Materie als Erklärung brauchten, um die Entstehung von Galaxien mit der erstaunlich gleichmäßigen Hintergrundstrahlung in Einklang bringen zu können. Die Frage ist also nicht, *ob* es dunkle Materie im Universum gibt, sondern, *in welcher Form* sie vorliegt. Das Modell der kalten dunklen Materie kann die Entstehung von Galaxien und Haufen sehr effizient erklären, aber bei der großräumigen Klumpigkeit in der Galaxienverteilung gerät es in Schwierigkeiten.

Es gab drei mögliche Auswege. Zunächst konnte man das Szenario der kalten dunklen Materie modifizieren, um großräumig mehr Struktur zu erhalten. Hier untersuchten einige, darunter auch Carlos Frenk, wie der *biassing*-Mechanismus der Galaxienentstehung im einzelnen festgelegt werden konnte, um eine bessere Übereinstimmung zwischen dem Modell der kalten dunklen Materie und den Daten zu erreichen. Eine weitere Modifikation schlugen George Efstathiou und seine Kollegen zur Verbesserung des Modells der kalten dunklen Materie vor: Wenn man eine kosmologische Abstoßung annimmt, die auch im heutigen Universum noch wirksam ist, vergrößert sich der Zeitmaßstab genügend, um unter dem Einfluß der Gravitation großräumige Strukturen entstehen zu lassen. Der zweite Ausweg besteht darin, eine neue Form dunkler Materie im Universum anzunehmen, zum Beispiel eine Komponente heißer dunkler Materie, um großräumige Strukturen erklären zu können. Ich persönlich zog diesen Weg vor und hätte ihn gern noch intensiver verfolgt, als die *COBE*-Ergebnisse ein Jahr später bekannt wurden. Als dritte Möglichkeit käme schließlich ein vollkommen neuer theoretischer Erklärungsansatz zur Galaxienentstehung und Haufenbildung in Betracht. Die Theoretiker verfolgen derzeit alle drei Wege mit Nachdruck.

An dem Tag, an dem der Artikel in *Nature* erschien, gab es zwei traurige Begleitumstände. Am Morgen erfuhren wir bei einer Konferenz des britischen Space Science Programme Board von einschneidenden Kürzungen, die die Regierung und das Science and Engineering Research Council (SERC) für erdgebundene und Weltraum-Astronomie beschlossen hatten. Ausgerechnet an dem Tag, an dem wir die Bedeutung der britischen Forschung in beiden Gebieten der Astronomie unter Beweis gestellt hatten, wurde uns die Möglichkeit, ein solches Projekt nochmals durchzuführen, massiv beschnitten. Am Nachmittag fuhren Lawrence und ich dann zur Beerdigung von Michael Penston, der zu Beginn des Projekts noch aktiv dabei gewesen war. Sein früher Tod durch Krebs nahm uns einen Freund und der Astronomie einen ihrer hellsten und wachsten Köpfe. Penston war fest davon überzeugt, daß die Astronomie einem breiten Publikum vermittelbar ist, und er hätte sich über die Medienwirkung des Projekts gefreut.

11

Von den Quasaren zu den ultraleuchtkräftigen Infrarotgalaxien

Die Rotverschiebungsdurchmusterungen der *IRAS*-Galaxien hielten noch eine weitere spektakuläre Entdeckung bereit: eine Galaxie, die leuchtkräftiger ist als alle anderen Galaxien, die wir kennen, und die möglicherweise gerade im Entstehungsprozeß begriffen ist. In Kapitel 7 habe ich bereits die ultraleuchtkräftigen *IRAS*-Galaxien erwähnt, deren Infrarotleuchtkräfte einhundertmal größer sind als die gesamte Leuchtkraft unserer Galaxie. Die nun entdeckte Galaxie mit dem unverfänglichen Namen IRAS F10214+4724 war noch hundertmal leuchtkräftiger als diese ultraleuchtkräftigen Galaxien! Was der erste Auftritt einer solchen Galaxie auf der kosmologischen Bühne bedeutet, wird deutlich, wenn wir die Entdeckungsgeschichte der leuchtkräftigsten Objekte im Universum betrachten – bislang waren das die *Quasare*.

Die Entdeckung der Quasare

Am 5. August 1962 beobachteten drei australische Radioastronomen, wie der Mond vor einer Radioquelle vorüberzog, die sie aus dem dritten Cambridge-Katalog von Radioquellen ausgewählt hatten. Diese Bedeckung ermöglichte es Cyril Hazard und seinen Kollegen, die Position der Radioquelle mit einer zuvor unerreichten Genauigkeit von einer Bogensekunde (das ist ein 3 600stel Grad) zu bestimmen, indem sie die Zeitpunkte, an denen die Quelle hinter

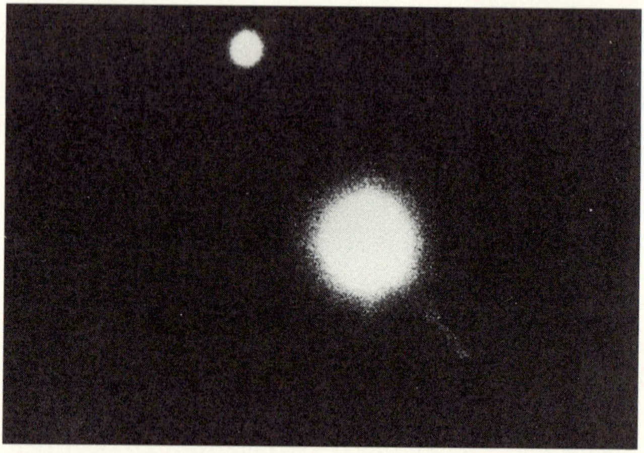

11.1 Der erste Quasar, 3C273.

dem Mond verschwand und wieder auftauchte, exakt festhielten. Die Beobachtungen waren aber vor allem deshalb so bedeutsam, weil es sich bei der Quelle mit der Bezeichnung 3C273 um das im sichtbaren Bereich hellste Mitglied einer Klasse von Objekten handelt, die die leuchtkräftigsten und entferntesten Objekte im Universum umfaßt, die unter dem Namen Quasare bekannt sind.

Die Genauigkeit der Positionsbestimmung ermöglichte es Cyril Hazard und seinen Kollegen nämlich, die Radioquelle mit einem ungewöhnlichen Stern dreizehnter Größe zu identifizieren, bei dem auf der Seite des stellaren Bildes ein Strahlenbündel (Jet) zu erkennen war. 3C273 war nicht die erste Radioquelle, die mit einem Stern assoziiert wurde. Allan Sandage und Tom Matthews hatten bereits 1960 eine Reihe von Radioquellen mit Sternen identifiziert, aber sie konnten deren Spektren nicht deuten. Auf der Sitzung der Amerikanischen Astronomischen Gesellschaft im Dezember desselben Jahres in New York berichtete Alan Sandage, daß die Radioquelle 3C48 mit „einem Objekt sechzehnter Größe im Sternbild Triangulum" identifiziert werden könne und „ein erstes Beispiel für Radiostrahlung von einem optisch beobachtbaren Stern" sei. Das optische Spektrum wies „eine völlig andere Kombination von Emissions- und Absorptionslinien auf als alle anderen bekannten Sterne". Sandage meinte, es bestehe zwar die „entfernte Möglichkeit", daß es sich um eine sehr weit entfernte Galaxie handelt, aber die beteiligten Astronomen seien sich darin einig, daß es sich um einen relativ nahen Stern mit sehr außergewöhnlichen Eigenschaften handeln müsse.

Cyril Hazard machte damals Maarten Schmidt vom California Institute of Technology den Vorschlag, mit dem 200-Zoll-Teleskop (ungefähr 5 Meter) ein Spektrum des mit 3C273 identifizierten Sterns aufzunehmen – dies sei ein lohnendes Objekt. Schmidt erhielt dann ein Spektrum, das von vier starken Emissionslinien beherrscht war und sich deutlich von den Spektren von irgendeinem anderen bekannten Objekt – ob Stern, Nebel oder Galaxie – unterschied. Sterne weisen charakteristische Spektren auf, wobei die Emissions- oder Absorptionslinien von der Temperatur des Sterns abhängen. Die Spektren der Gasnebel, wie zum Beispiel des Orionnebels, zeigen starke Emissionslinien bei Wellenlängen, die für die im Gas vorhandenen Elemente charakteristisch sind (Linien des Wasserstoffs oder Sauerstoffs sind im sichtbaren Bereich besonders stark). Galaxien haben in der Regel ein weitgehend strukturloses Spektrum mit schwachen stellaren Absorptionslinien von Kalzium und Natrium. Die Linien im Spektrum von 3C273 lagen zwar nicht bei den Wellenlängen irgendwelcher bekannter Linien, aber sie entsprachen, wie Maarten Schmidt erkannte, dem Muster der Spektrallinien des Wasserstoffs, das als Balmer-Serie bezeichnet wird. Allerdings war diese Serie von Linien um 15,8 Prozent rotverschoben. Wenn man diese Rotverschiebung der Expansion des Universums zuschreibt, dann mußte das Objekt sehr weit entfernt und hundertmal leuchtkräftiger sein als die leuchtkräftigsten bekannten Galaxien! Nachdem Schmidt den entscheidenden Schritt getan hatte, konnten Jesse Greenstein und Tom Matthews, ebenfalls vom California Institute of Technology, auch die ungewöhnlichen Emissionslinien im Spektrum des 1960 mit der Radioquelle 3C48 identifizierten sternähnlichen Objekts klären. In diesem Fall handelte es sich um Linien der Ionen von Magnesium, Neon und Sauerstoff, die um 36,8 Prozent rotverschoben waren. Das war der Anfang von der dramatischen Geschichte der Quasare.

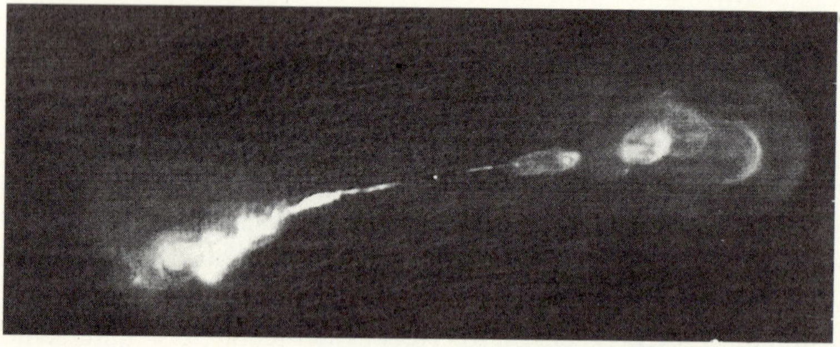

11.2 Die Galaxie 3C348 ist ein Beispiel für eine Radiodoppelquelle.

Am 16. März 1963 wurden in *Nature* drei Artikel von Hazard und seinen Mitarbeitern, von Schmidt und von Greenstein und Matthews veröffentlicht. In der Rückschau erscheint es überraschend, daß die Artikel von Harzard und Schmidt nicht zusammengeführt worden waren, denn Hazard und seine Kollegen hätten bei der Entdeckung der Quasare ebenfalls Anerkennung verdient. Inzwischen hat die weitverbreitete Verfügbarkeit von Beobachtungszeit an großen Teleskopen eine andere Situation geschaffen. Heute hätte Hazard wohl den jeweiligen Beobachter an einem 4-Meter-Teleskop gebeten, ein Spektrum aufzunehmen, und dieser hätte die Daten wahrscheinlich umgehend an Hazard geschickt und nicht einmal unbedingt erwartet, in dem Artikel erwähnt zu werden.

11. QUASARE UND GALAXIEN

Im Dezember 1963 fand in Dallas das erste Texas Symposium über Relativistische Astrophysik statt. Zu dieser Zeit hatte sich für die „quasistellaren Radioquellen“ bereits das Kürzel QSR oder Quasar eingebürgert, und die wichtigsten Eigenschaften dieser neuen Objektklasse waren in der Zwischenzeit von den Astronomen bereits aufgedeckt worden. Die Spektren der Quasare weisen im allgemeinen sehr breite Emissionslinien auf – solche Linien sind charakteristisch für heißes Gas, dessen Teilchen sich mit relativen Geschwindigkeiten von Zehntausenden Kilometern pro Sekunde bewegen. Diese Linien sind in der Regel stark rotverschoben. Bald fand man Quasare mit Spektrallinien, die um über 200 Prozent rotverschoben waren – das heißt, die beobachtete Wellenlänge entspricht dem Dreifachen der vom Quasar ausgestrahlten Wellenlänge. Im Spektrum dieser Quasare ist zum Beispiel eine wichtige Wasserstofflinie, die Lyman-alpha-Linie, die im Ultraviolettbereich bei einer Wellenlänge von 1 216 Angström abgestrahlt wird – also im fernen Ultraviolett –, in den aufgenommenen Spektren am blauen Ende des sichtbaren Spektrums zu beobachten, das bei Wellenlängen von ungefähr 3 600 Angström beginnt (1 Angström ist der zehnmillionste Teil eines Meters). Quasare strahlen in der Regel viel mehr Strahlung bei ultravioletten und infraroten Wellenlängen aus als gewöhnliche Galaxien. Außerdem stellt man bei ihnen Veränderungen der optischen Helligkeit in einem Zeitraum von Jahren, manchmal auch Tagen fest, die darauf schließen lassen, daß diese Quasare nicht viel größer als das Sonnensystem sind. Bei sichtbaren Wellenlängen erscheinen sie als kompakte sternähnliche Gebilde, die gelegentlich von Jets oder diffusen Hüllen begleitet sind. Bald entdeckte Allan Sandage, daß die meisten Quasare (über 80 Prozent) keine starken Radioquellen sind.

Es brauchte einige Jahre, bis sich für die hohen Rotverschiebungen der Quasare als allgemein akzeptierte Erklärung die Expansion des Universums durchsetzte. Wie in Kapitel 4 beschrieben, fand man letztendlich genügend Beispiele für Quasare in Galaxiengruppen und -haufen mit derselben Rotverschiebung, um den kosmologischen Ursprung ihrer Rotverschiebungen zweifelsfrei nachzuweisen. Mit der Zeit erkannte man, daß Quasare irgendwelche energiereichen Ereignisse oder Ausbrüche in Galaxienkernen sein mußten, und rechnete sie schließlich einer allgemeineren Klasse aktiver Galaxienkerne (im englischen mit AGN – für *active Galactic nucleus* – abgekürzt) zu, die auch weniger auffällige Objekte wie Radiogalaxien und Seyfertgalaxien umfaßte. In den siebziger Jahren zeigte sich bei verschiedenen Beobachtungen mit Röntgenobservatorien im Weltraum – beginnend mit dem *Uhuru*-Satelliten im Jahre 1970, daß Quasare starke Röntgenquellen sind. Als man die Radiostrahlung bei Quasaren, die starke Radioquellen sind, immer genauer kartierte, fand man bei vielen auf beiden Seiten der Zentralquelle Radioblasen, die offenbar von Jets „gefüttert" werden.

Kurz nach der Entdeckung der ersten Quasare wurde häufig vermutet, daß diese Objekte durch Explosionen in Galaxienkernen entstehen, aber nach und nach ging man zu der Vorstellung über, daß Quasare ihre Energie dadurch erhalten, daß Gas in ein massereiches Schwarzes Loch stürzt. Bereits 1964 zogen Jakow Seldowitsch und Iwor Nowikow sowie Ed Salpeter die Möglichkeit in Betracht, daß Quasare ihre Energie aus Schwarzen Löchern beziehen, und dieser Ansatz wurde 1969 von Donald Lynden-Bell weiterentwickelt. Die Röntgenstrahlung und die Radioblasen waren wichtige Faktoren für dieses Modell. Martin Rees und Roger Blandford aus Cambridge untersuchten als erste im Detail, wie bei einem Schwarzen Loch durch einströmendes Gas eine Radioquelle mit Doppeljet entstehen könnte. Bei einigen Quasaren, zum Beispiel auch 3C273, scheint der Jet fast in unserer Blickrichtung zu liegen – darauf läßt die Beobachtung schließen, daß in einen Zeitraum von mehreren Jahren Strahlungspakete scheinbar mit Überlichtgeschwindigkeiten ausgesandt wurden. Wahrscheinlich handelt es sich hier um eine optische Täuschung, die darauf beruht, daß sich die Strahlungspakete entlang unserer Blickrichtung nahezu mit Lichtgeschwindigkeit auf uns zu bewegen (Dies ist ein wohlbekanntes Phänomen aus der Einsteinschen Speziellen Relativitätstheorie.) Allerdings meint Roberto Terlevich vom Royal Greenwich Observatorium, daß sich die meisten Eigenschaften der Quasare durch abrupt vermehrte Sternentstehung in Galaxienkernen erklären, die mit unzähligen Supernovae-Explosionen einhergeht.

Entwicklung der Quasarpopulation

Ich selbst war 1964 als Doktorand an der Universität von London in den Bann der Quasare geraten. Als eine der ersten Aufgaben, die mir mein Doktorvater Bill McCrea (nun Sir William McCrea) stellte, sollte ich überprüfen, ob die ungefähr 20 damals bekannten Quasare auf einem Großkreis am Himmel lagen. In diesem Fall hätte sich die Vorstellung bestätigt, daß Quasare verhältnismäßig lokale Objekte sind. Tatsächlich war das nicht der Fall – nach etwa einem Jahr konnten Michael Penston und ich nachweisen, daß die Quasare ziemlich gleichmäßig über den gesamten Himmel verteilt sind. Allerdings machte mich nun die Frage neugierig, wie sich Quasare über verschiedene Raumtiefen verteilen. Sind sie gleichförmig verteilt oder sehen wir, wenn wir weiter ins Universum und in eine fernere Vergangenheit blicken, unterschiedliche Entwicklungsstadien in der Quasarpopulation?

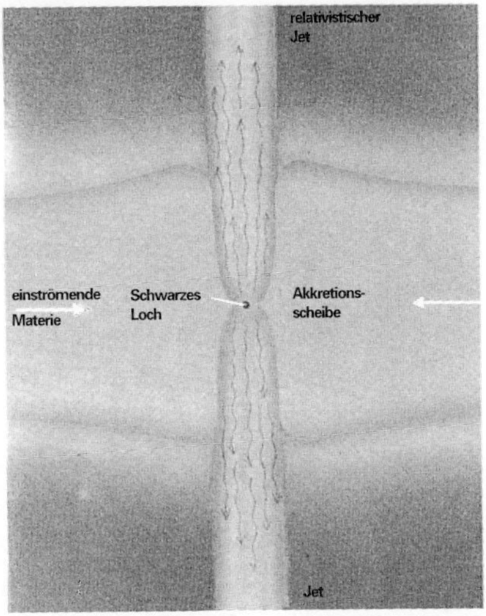

11.3 Modell für die Zentralregion eines Quasars. Im Zentrum befindet sich ein massereiches Schwarzes Loch, das von einer Akkretionsscheibe umgeben ist, die Strahlung im Röntgen- und Ultraviolettbereich aussendet. Zwei relativistische Strahlen entweichen in entgegengesetzten Richtungen von der Scheibe. Sie erzeugen die charakteristische Radiodoppelquelle.

1966 konnte Malcolm Longair, der damals in Martin Ryles Radioastronomie-Gruppe in Cambridge arbeitete, zeigen, daß die Radioquellen als Population eine deutliche Entwicklung durchmachen und ihre Eigenschaften mit der Zeit ändern. Er führte diese Veränderungen auf eine Entwicklung zurück, die nur die leuchtkräftigsten Radioquellen betraf, die er mit der Quasarpopulation identifizierte; mir selbst schien diese Entwicklung auch die größere und weniger leuchtkräftige Population der Radiogalaxien zu umfassen.

Wenn wir uns das Ausbrechen eines Quasars als eine relativ kurze Phase im Leben einer Galaxie vorstellen, die sich vielleicht von Zeit zu Zeit wiederholt, könnten wir aus mehreren verschiedenen Gründen Entwicklungen wahrnehmen. In der Vergangenheit hat möglicherweise ein größerer Anteil der Galaxien eine Quasarphase durchgemacht als heute, oder die Quasarphase kann länger gedauert haben. In beiden Fällen würden wir erwarten, daß sich die Zahl der Quasare pro Volumeneinheit erhöht, wenn wir zu immer größeren Entfernungen, also in immer fernere Vergangenheiten vordringen. (Bei den Volumeneinheiten muß man hier eine Korrektur berücksichtigen, die der Expansion des Universums Rechnung trägt.) Eine andere Möglichkeit besteht darin, daß die Leuchtkraft der Quasarphase in der Vergangenheit höher gewesen sein könnte. Die Beobachtungen der Quasare selbst ließen verschiedene Entwicklungsmöglichkeiten zu. Allerdings zog ich 1970 aufgrund einer Zählung der schwachen Radioquellen auch als Möglichkeit in Betracht, daß im einfachsten Falle die mittlere Leuchtkraft der Quasare (und leuchtkräftigen Radiogalaxien) im Laufe der Milliarden Jahre, die wir bei unseren Beobachtungen überblicken können, stetig gesunken ist. Spätere Untersuchungen bestätigten dies, und seit kurzem ist klar, daß auch die radioruhigen Quasare dieselbe Entwicklung aufweisen. Die Entwicklung der Quasarpopulation wurde gegen Ende der sechziger Jahre zu einem Zeitpunkt entdeckt, als die Debatte um Urknallmodell und Steady-State-Theorie noch in vollem Gange war – und diese Entdeckung war ein weiterer Nagel zum Sarg der Steady-State-Theorie.

Die Entdeckung der ultraleuchtkräftigen *IRAS*-Galaxien

Was hat diese Entwicklung zu bedeuten? Warum sollte die typische Leuchtkraft der Quasare in der Vergangenheit größer gewesen sein? Trotz jahrzehntelanger Quasarforschung gab es im Hinblick auf die physikalische Ursache dieser Entwicklung keine echten Fortschritte. Um diese Frage beantworten zu können, müssen wir zu den *IRAS*-Galaxien zurückkehren, deren Entdeckung ich in Kapitel 7 beschrieben habe. Zunächst erwiesen sich viele Galaxien aus der *IRAS*-Durchmusterung, die wir identifizierten, als normale Spiralgalaxien, aber einige waren ziemlich ungewöhnlich. Als eine besonders ungewöhnliche Galaxie stellte sich hier die Nummer 220 in Halton Arps Atlas der irregulären Galaxien heraus. Die Infrarotgesamtleuchtkraft war bei dieser Galaxie über eine Billion Male größer als bei der Sonne oder nahezu hundertmal so groß wie die gesamte Energieabstrahlung unserer Galaxie. Mit dieser Leuchtkraft erreichte die Galaxie, was die Energieabstrahlung betrifft, die Quasare. Der Hauptunterschied besteht jedoch darin, daß Quasare den größten Teil ihrer Energie in Form von Röntgen- und Ultraviolettstrahlung abgeben, während die Galaxie Arp 220 fast ihre gesamte Energie im fernen Infrarot abstrahlt. Bei unserer Rotverschiebungsdurchmusterung der *IRAS*-Galaxien tauchten viele solche „ultraleuchtkräftigen" Infrarotgalaxien auf. Die beiden Arbeitsgruppen von Bob Joseph am Imperial College in London und Tom Soifer am California Institute of Technology in Pasadena vertraten die These, daß alle leuchtkräftigen *IRAS*-Galaxien aus Wechselwirkungen oder Verschmelzungen von Galaxienpaaren entstanden sein könnten. Meine eigene Gruppe am Queen Mary and Westfield College war zunächst skeptisch, da wir in unseren äußerst umfangreichen Durchmusterungsdaten unter den *IRAS*-Galaxien nur 10 bis 15 Prozent wechselwirkende oder verschmelzende Galaxien gefunden hatten – und dieser Anteil unterschied sich nicht sehr von der aus optischen Galaxienkatalogen abgeleiteten Häufigkeit. Wenn man sich allerdings auf die echten

Monster vom Typ Arp 220 konzentriert, erweist sich der Anteil miteinander wechselwirkender, verschmelzender oder sonstwie irregulärer Galaxien in der Tat als außerordentlich hoch.

Wir vertraten auch in einem weiteren Punkt eine andere Auffassung als unsere Kollegen vom California Institute of Technology. Für den Anteil leuchtkräftiger *IRAS*-Galaxien, die „aktive" quasarähnliche Kerne hatten, ermittelten wir 20 Prozent, gegenüber 100 Prozent, die man am California Institute of Technology fand. Teilweise lag das daran, daß wir weiter entfernte Galaxien untersuchten, während man am California Institute of Technology (Caltech) eine Stichprobe von nähergelegenen Galaxien analysierte, bei denen eine schwache Aktivität viel leichter nachweisbar war. Aus beiden Untersuchungen ergibt sich eine äußerst interessante Frage: Wie hängen die ultraleuchtkräftigen Infrarotgalaxien und die Quasare miteinander zusammen? Ich hatte immer vermutet, daß fast die gesamte Strahlung, die wir bei den leuchtkräftigen *IRAS*-Galaxien im fernen Infrarotbereich bei Wellenlängen zwischen 50 bis 100 Mikrometern beobachten, durch eine explosionsartige Zunahme der Sternentstehungsrate, durch „Starbursts", in den Kernen solcher Galaxien zustande kommt. Die Caltech-Untersuchung legt einen anderen Standpunkt nahe: Es könnte sich danach eher um Quasare in einer dicken Staubwolke handeln. Bislang ist diese Frage noch nicht entschieden, obwohl neuere Radiountersuchungen von Jim Condon und seinen Kollegen am US National Radio Astronomy-Observatorium in Charlottesville bei den meisten der ultraleuchtkräftigen Infrarotgalaxien für eine Starburst-Deutung zu sprechen scheinen.

Man muß diese Untersuchungen vor dem Hintergrund der ständigen Entwicklung bei der Erforschung der Quasare und Radiogalaxien sehen. Anfangs erwartete man nur sehr wenige Quasare mit einer Rotverschiebung oberhalb von 2 (Verschiebung um 200 Prozent der Wellenlänge zum Roten), aber in den achtziger Jahren führte eine systematische Suche nach Quasaren mit größeren Rotverschiebungen zu immer neuen Rekorden. Dabei erzielte die Arbeitsgruppe von Richard McMahon und Mike Irwin aus Cambridge mit dem recht kleinen 2,5-Meter-Isaac-Newton-Teleskop auf

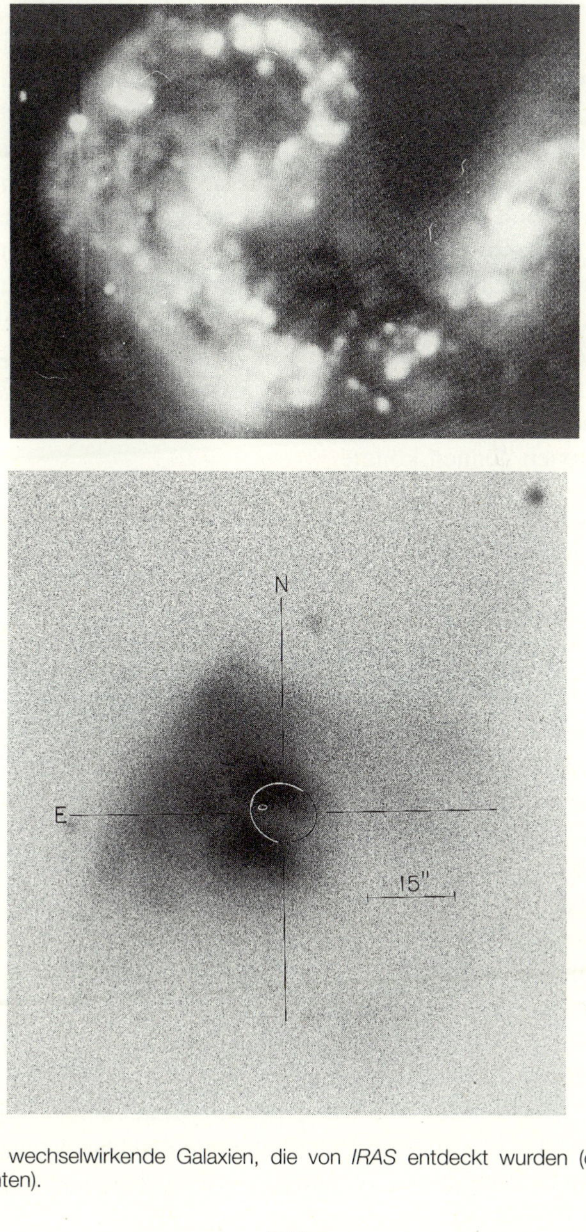

11.4 Zwei wechselwirkende Galaxien, die von *IRAS* entdeckt wurden (oben) und Arp 220 (unten).

La Palma bemerkenswerte Erfolge. Heute liegen die höchsten bekannten Rotverschiebungen von Quasaren bei 5, und es gibt keinen Grund anzunehmen, daß damit bereits eine Grenze erreicht wäre.

Zur gleichen Zeit gelang es, unter den wenigen verbliebenen unidentifizierten Quellen im berühmten dritten Cambridge-Katalog von Radioquellen einige Radiogalaxien mit Rotverschiebungen zwischen 1 und 3 und darüber zu identifizieren. Konnten dies die legendären Protogalaxien sein, nach denen die Astronomen schon so lange gesucht hatten – also Galaxien im Stadium ihrer Entstehung? Bei den Untersuchungen der optischen Spektren zeigt sich jedoch, daß die Sterne in diesen Galaxien zwar noch relativ jung sind, gemessen am Alter der Sonne, aber sie sind mit einer Milliarde Jahren oder mehr doch zu alt, als daß man diese Galaxien noch Protogalaxien nennen könnte.

IRAS F10214+4724, die leuchtkräftigste Galaxie im Universum

Am 27. Juni 1991 erschien in *Nature* ein Artikel zur Entdeckung einer neuen *IRAS*-Galaxie, IRAS F10214+4724, die das „fehlende Glied" zwischen den ultraleuchtkräftigen *IRAS*-Galaxien und Quasaren sein könnte und derzeit auch der beste Kandidat zu sein scheint, der einer Galaxie im Entstehungsstadium nahekommt. Der Artikel stammte von 12 Autoren, mich eingeschlossen. Die Geschichte dieser Entdeckung illustriert mehrere Aspekte moderner Wissenschaft: Zusammenarbeit in großen Arbeitsgruppen und aufwendige Mittel, penible und systematische Arbeit und auch schieres Glück, das man aber beim Schopf packen muß.

Es begann 1988, als sich die QDOT-Durchmusterung ihrem Abschluß näherte und ich ein neues Projekt in Angriff nehmen sollte. Seit der Veröffentlichung des *IRAS*-Punktquellen-Katalogs von 1984 hatte das US Infrared Processing and Analysis Center (IPAC) am California Institute of Technology in Pasadena damit begonnen, mit viel Aufwand einen neuen, viel tiefer reichenden Katalog der Infrarotquellen vorzubereiten. Dazu wollte man alle Daten aus der *IRAS*-Duchmusterung in Form einer Himmelskarte zusammenfassen und die schwächsten gerade noch nachweisbaren Quellen aus der Karte heraussuchen. Dieses Projekt wurde als *IRAS*-Durchmusterung der schwachen Quellen bekannt, und 1988 stand eine vorläufige Fassung des neuen Katalogs zur Verfügung. Im September 1988 plante ich einen zweiwöchigen Besuch in Pasadena, nachdem man mich eingeladen hatte, bei der Überprüfung des Katalogs mitzuarbeiten. Ich war daran sehr interessiert, weil ich dem Projekt anfangs sehr skeptisch gegenübergestanden hatte. Mir schien fraglich, ob sich Quellen, die viel schwächer waren als diejenigen aus dem Punktquellen-Katalog, zuverlässig nachweisen ließen, und ich befürchtete, daß die Methode, alle Daten zu addieren, viele Scheinquellen produzieren könnte. Andererseits wollte ich bei einem Erfolg des IPAC-Teams den neuen Katalog so früh wie möglich nutzen.

Wie bei meinen anderen Reisen zum IPAC hielt ich mich in meinem Tagesrhythmus weitgehend an die mitteleuropäische Zeit und ging deshalb um vier Uhr morgens (Ortszeit) zur Arbeit. Dadurch konnte ich die Computer nutzen, wenn sie wenig gebraucht waren. Ich untersuchte für verschiedene Himmelsausschnitte die Anzahl und Farben der Quellen und wie sie sich bei verschiedener Indikation für Strahlung von interstellarem Staub veränderten. Es war klar, daß der Katalog im 60-Mikrometerband auch für schwache Quellen weitgehend vollständig war, die um mindestens einen Faktor 2 schwächer waren als die Untergrenze des Punktquellen-Katalogs. In Gebieten mit starker Strahlung von interstellarem Staub gab es zwar zahlreiche Scheinquellen, aber diese waren ziemlich leicht an ihrer infraroten Farbe und anderen Indikatoren zu erkennen. Als ich eine Stichprobe von mehreren hundert Quellen aus verschiedenen Himmelsabschnitten mit ihren Gegenstücken aus dem Palomar-Atlas verglich, stellte ich fest, daß sich ein hoher Prozentsatz – in hohen galaktischen Breiten über 90 Prozent – mit Galaxien identifizieren ließ. Dem IPAC-Team war es gelungen, einen leistungsfähigen neuen Katalog zu erstellen, der für kosmologische Untersuchungen sehr wertvoll sein dürfte. Ich mußte Tom Chester, dem Leiter des IPAC-Teams, Abbitte leisten – meine anfängliche Skepsis war unbegründet gewesen.

Während dieses Besuchs stand ich mit meinen Kollegen zu Hause über elektronische Post ständig in Kontakt, und ich begann, eine neue Galaxiendurchmusterung mit ihnen zu planen, die an die Durchmusterung der schwachen Quellen anknüpfen sollte. Wir stellten uns vor, die Galaxien innerhalb der leersten und tiefsten Himmelsausschnitte auf der nördlichen Halbkugel zu untersuchen. Ich schlug einigen Kollegen aus dem IPAC-Team eine Zusammenarbeit mit uns vor, und Carol Lonsdale, Perry Hacking und Tim Conrow sagten zu. Nach meiner Rückkehr reichten wir einen ehrgeizigen Antrag ein: Um 700 Quadratgrad am Himmel zu durchmustern, wollten wir fünf Wochen lang mit dem Isaac-Newton-Teleskop auf La Palma die Rotverschiebungen der meisten Galaxien messen und anschließend in sechs weiteren Nächten mit dem 4,2-Meter-William-Herschel-Teleskop, auch auf La Palma, dann noch die allerschwächsten *IRAS*-Galaxien untersuchen.

Dieser Antrag traf nun ausgerechnet zu einem Zeitpunkt bei dem Komitee, das die Beobachtungszeiten für die britischen Teleskope auf La Palma bewilligte, ein, als ich gerade den Vorsitz übernommen hatte. Natürlich wird man bei eigenen Anträgen von den Beratungen ausgeschlossen. Aber zum Glück wurde uns die benötigte Beobachtungszeit genehmigt.

An unserer Rotverschiebungsdurchmusterung der schwachen *IRAS*-Quellen waren neben meiner Arbeitsgruppe am Queen Mary and Westfield College auch Astronomen aus Cambridge, vom California Institute of Technology, aus Oxford und aus Durham beteiligt, und wir wählten als Kürzel diesmal QCCOD. An den fünfwöchigen Beobachtungen am Isaac-Newton-Teleskop beteiligten sich verschiedene Gruppen, aber den Löwenanteil übernahmen mein Assistent Tom Broadhurst und mein Doktorand Seb Oliver. Nach vier Wochen Rotverschiebungsmessung im Frühjahr 1989 beziehungsweise 1990 machten wir eine Woche lang Direktaufnahmen von Quellen, die wir anhand des Palomar-Atlasses nicht hatten identifizieren können.

Die abschließenden Beobachtungen am William-Herschel-Teleskop liefen im Mai 1990. Dabei sollten die Spektren der schwächsten Galaxien aufgenommen werden, die sich mit dem kleineren Isaac-Newton-Teleskop nicht untersuchen ließen. Tom Broadhurst und ich führten diese Meßreihe durch, bei der wir von den insgesamt 1 400 schwachen *IRAS*-Quellen noch ungefähr 150 Quellen übrig hatten, deren Rotverschiebungen noch nicht vermessen waren. Es ist immer wieder aufregend, mit einem der größten Teleskope der Welt zu arbeiten, denn jedesmal reizt auch die Möglichkeit einer überraschenden Entdeckung. Uns war klar, daß wir hier zum ersten Mal die fernsten und schwächsten der von *IRAS* entdeckten Galaxien beobachteten, und natürlich hofften wir bei jedem neuen Spektrum auf etwas Außergewöhnliches. Aber wir stießen immer wieder auf denselben Typ von Starburstgalaxien, wie wir sie zuvor bereits Tausende Male gesehen hatten.

Beobachtungen auf La Roque de los Muchachos, La Palma

Ich kam abends wie üblich nach einer schrecklichen Taxifahrt auf dem Gipfel an. Jedesmal bitte ich den Fahrer Lionel, langsam zu fahren, und doch fühle ich mich nach den endlosen Serpentinen jedesmal ganz krank. Der Gipfel ist, wie immer, atemberaubend schön: karg, schroff mit den weißen Kuppeln über den Teleskopen, die, überall auf den besten Aussichtspunkten thronend, die Abendsonne einfangen, und in allen Richtungen das Meer unter uns, ein ungeheures Schweigen.

Pieter Morpurgo, Patrick Moore und ein Aufnahmeteam der BBC sind zum Abendessen gekommen – sie machen gerade für die Sendung „Der Himmel bei Nacht" einen Beitrag über das William-Herschel-Teleskop und wollen mich am nächsten Nachmittag im Kontrollraum des Teleskops interviewen. Michael Penston und ich, beide schon altgedient, schwelgen bei diesem Abendessen in Erinnerungen an

Astronomen, die wir kannten. Später begleiten Broadhurst und ich die für diese Nacht eingeteilten Beobachter zum William-Herschel-Teleskop und verbringen einen Großteil der Nacht bei ihnen, um zu sehen, wie das Teleskop funktioniert, und um uns an die Nachtschicht zu gewöhnen. Normalerweise schlafe ich während einer Beobachtungswoche nur vier bis fünf Stunden am Tag, weil ich, den Kopf voller Pläne für die Arbeit in der kommenden Nacht, nicht zum Schlafen komme. Die Vorbereitungen für unsere erste Beobachtungsnacht nehmen den Nachmittag dann weitgehend in Anspruch – das Interview dauert nur ungefähr eine halbe Stunde. Die erste Nacht ist jedoch verloren, weil der Gipfel in Wolken gehüllt ist. Am nächsten Tag will der Photograph des Royal-Greenwich-Observatoriums einige Photos vom William-Herschel-Teleskop für die Presse machen und nutzt den Nachmittag, um Teleskop und Kontrollraum zu photographieren – wo Broadhurst und ich für ihn eine Beobachtung simulieren. Er möchte unbedingt einen Schnappschuß vom Teleskop bei Sonnenuntergang machen, und wir werden allmählich nervös, als die Dämmerung einbricht und kostbare Minuten Beobachtungszeit auf dem Spiel stehen. Schließlich werden wir ihn los und fangen an. Es wird eine erfolgreiche Nacht, bei der wir für 40 Quellen die Spektren aufnehmen.

Ich hatte Patrick Morgan und Pieter Morpurgo eingeladen, bei unseren nächsten Beobachtungen zu uns zu stoßen und hatte dabei ein informelles Beisammensein im Sinn, aber sie faßten es als Einladung zum Filmen auf. Also mußten wir über Beleuchtung, Kamerapositionen und dergleichen verhandeln, damit die Beobachtungen ungestört laufen konnten. Der spanische Teleskop-Operator fürchtete, daß seine Freunde ihn später im Fernsehen sehen könnten – bei einer Arbeit, die er als graduierter Physiker unter seinem Niveau fand. Er weigerte sich, das Teleskop während der Aufnahmen zu bedienen. Am Ende blieben uns nur zehn Minuten Beobachtungszeit, bevor wieder Wolken den Berg einhüllten und wir aufhören mußten. Auch die folgende Nacht ging wegen schlechten Wetters verloren, aber die beiden letzten Nächte waren ausgezeichnet, und wir konnten unser Programm mehr oder weniger vollenden.

In der letzten Nacht unseres 40nächtigen Programms war das Wetter zwar schön, aber wir hatten Probleme mit dem Computer, weil die Platte, auf der wir unsere Daten speicherten, voll war, und wir konnten dies nur mit fremder Hilfe beheben. Nach dem Neustart stürzte der Teleskopcomputer immer wieder ab. Es war eine angespannte Situation. Schließlich kam bei unseren Beobachtungen die *IRAS*-Quelle F10214+4724 an die Reihe. Der trockene Name bezeichnet eigentlich die Position der Quelle am Himmel, 10 Stunden und 21,4 Minuten Rektaszension (Länge am Himmel) und +47°24' Deklination (Breite am Himmel), wobei sich F (für *faint*) auf den *IRAS*-Katalog der schwachen Quellen bezieht. Auf der optischen Aufnahme des Palomar-Atlasses gibt es in dieser Himmelsregion drei oder vier mögliche optische Objekte, die mit dieser Infrarotquelle identifiziert werden könnten. Wir hatten bereits in unserer zweiten Nacht zwei von ihnen überprüft, aber es waren Feldsterne im Vordergrund, die mit Sicherheit nichts mit der Infrarotstrahlung zu tun hatten. Daher untersuchten wir das dritte optische Objekt. Broadhurst prüfte also wiederum nach der Belichtung das Spektrum, um festzustellen, ob wir Emissionslinien entdeckt und damit eine Rotverschiebung gemessen hatten oder nicht. Wenn wir nicht

11.5 Tom Broadhurst (rechts) und der Autor (links) am William-Herschel-Teleskop in der Nacht, bevor sie IRAS F10214+4724 entdeckten.

erfolgreich waren, sah ich nach, ob es irgendwelche weiteren möglichen Objekte auf unseren „Suchkarten" gab (Polaroidbilder von den Aufnahmen des Palomar-Atlasses). Diesmal fand er vielversprechende Emissionslinien, die mit hoher Wahrscheinlichkeit auf eine Galaxie mit hoher Rotverschiebung hinwiesen. Normalerweise sehen wir hier nämlich immer dieselben Linien, wobei die sogenannte Balmer-H-alpha-Linie des Wasserstoffs gewöhnlich am stärksten ist und die Rotverschiebung zwischen 0 und 30 Prozent beträgt. Normalerweise hätten wir zur Bestätigung nun ein weiteres Spektrum dieses Objekts aufnehmen müssen, aber der Computer stürzte wieder einmal ab, und als alles wieder lief, war die Galaxie schon untergegangen. In der Nacht sorgte später aber noch ein weiteres diffuses Objekt für Aufregung, von dem wir schon kurz zuvor ein Spektrum aufgenommen hatten und das nun plötzlich verschwunden zu sein schien. Broadhurst war aufgefallen, daß er bei dieser Aufnahme ständig die Position des Spektrographenspalts adjustieren mußte, während sich das Objekt bei der Beobachtung über den Himmel bewegte, und es dämmerte uns, daß wir wahrscheinlich einen Kometen beobachtet hatten, der zufällig auf einer *IRAS*-Position war, als wir uns diese Position vorgenommen hatten. Leider konnten wir das Objekt nicht wiederfinden, da es sich schon zu weit entfernt hatte. Sein Spektrum wies auch keine Emissionslinien auf, so daß wir die Wahrheit über dieses Phantom nie erfahren werden.

Die Monate detektivischer Kleinarbeit

Als wir zurück in London waren, begann Tom Broadhurst mit der Analyse der aufgenommenen Daten. Aber es gab einige Probleme, um die erforderliche neue Software zum Laufen zu bringen. Ganz oben auf meiner Prioritätsliste standen die Spektren des „Kometen" und des Objekts mit den sonderbaren Spektrallinien. Es sollte noch Monate dauern, bis wir das Spektrum dieses Objekts wieder betrachten konnten. Schließlich gelang es Andy Lawrence und Tom

Broadhurst, das Muster der Spektrallinien durch Vergleich mit Spektren von hochrotverschobenen Radiogalaxien zu identifizieren und die Rotverschiebung zu bestimmen – sie betrug überwältigende 2,286, was weit über dem bis dahin höchsten Wert von 0,4 für eine *IRAS*-Galaxie lag. Aber konnten wir sicher sein, daß das Objekt, dessen Spektrum wir untersucht hatten, etwas mit der Infrarotquelle zu tun hatte? Insgesamt gab es vier sichtbare Objekte auf der Karte des Palomar-Atlasses rund um die *IRAS*-Position, und wir hatten diese Kandidaten mit A bis D bezeichnet. A und B waren Sterne. C war das Objekt, auf das wir das Teleskop ausgerichtet hatten, als wir das stark rotverschobene Spektrum aufnahmen. Auf dem Fernsehleitschirm des William-Herschel-Teleskops sah es wie eine Galaxie aus, die sich aber nicht besonders nah an der von *IRAS* gemessenen Position befand. Es war nicht allzu wahrscheinlich, daß C wirklich mit der *IRAS*-Galaxie identisch war.

Damals besuchte gerade ein Kollege aus unserem QCCOD-Team, Richard McMahon aus Cambridge, das IPAC in Pasadena, und wir hatten über elektronische Post ständig Kontakt. Er machte den Vorschlag, daß er Jim Condon vom National Radio Astronomy-Observatorium bitten könne, eine Radiokarte unserer Quelle mit dem Very Large Array in Socorro in New Mexico aufzunehmen. Das Very Large Array ist eine Y-förmige Anordnung aus 27 Radioantennen, die sich über 36 Kilometer erstreckt und ein extrem empfindliches Teleskop darstellt, mit dem sich die Positionen von Radioquellen äußerst genau messen lassen. Die meisten Spiralgalaxien, die *IRAS* entdeckt hatte, lassen sich mit einem sehr empfindlichen Radioteleskop wie dem Very Large Array auch bei Radiowellenlängen auffinden. Eine Radioquelle mit der Position von C würde, wenn man sie fände, bestätigen, daß die *IRAS*-Galaxie mit der optischen Quelle identifiziert werden kann. In Pasadena traf McMahon zufällig einen alten Freund wieder, Charles Lawrence, der gerade auf dem Weg zum 200-Zoll-Teleskop auf Mount Palomar war, um mit Pat McCarthy zu arbeiten. McMahon bat sie, ein Bild von F10214+4724 mit dem 200-Zoll-Teleskop auf Mount Palomar zu machen, um auch schwächere Objekte in der Nähe der

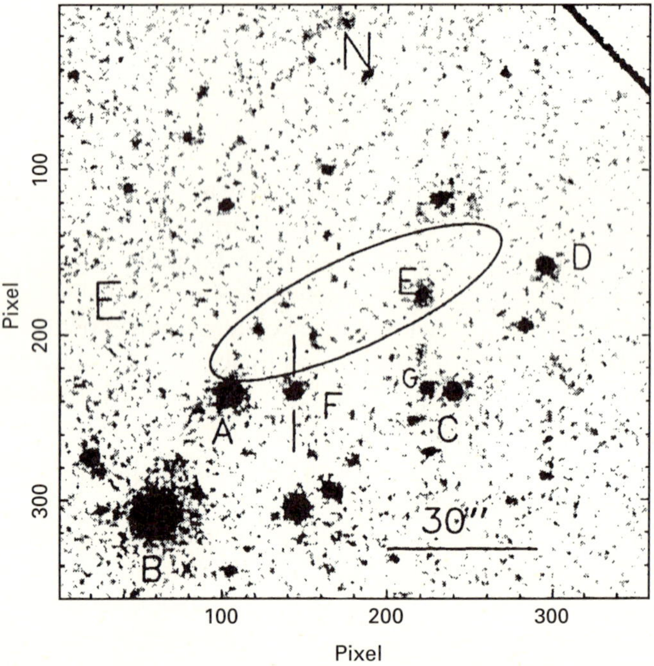

11.6 IRAS F10214+4724 in einer Aufnahme, die von Pat McCarthy am Mount-Palomar-200-Zoll-Teleskop (mit einem CCD) aufgenommen wurde.

IRAS-Position sehen zu können – eine solche Aufnahme war eine Frage von fünf Minuten.

Zwei Tage später fuhr McMahon hinüber zu den Büros der Mount Wilson und Las Campanas Observatorien in der Santa Barbara Street, um die Ergebnisse bei Pat McCarthy abzuholen. Wir erlebten eine Überraschung: Das optische Bild von Palomar wies in der Nähe der *IRAS*-Position zwei weitere sehr schwache Galaxien, E und F, auf, und die Radiokarte, die Jim Condon uns faxte, zeigte nur eine einzige Quelle, exakt an der Position von Galaxie F. Wir hatten unsere Infrarotquelle offenbar fälschlich mit dem Objekt C identifiziert, dem wir zwar weiterhin eine hohe Rotverschiebung zuordneten, an dessen Position sich aber keine Radioquelle befand.

11.7 Das Very Large Array bei Socorro in New Mexico, mit dem IRAS F10214+4724 als Radiogalaxie mit einer Rotverschiebung von 2,3 bestätigt wurde.

In der Zwischenzeit hatte Tom Broadhurst bemerkt, daß wir eigentlich zwei Spektren von Objekt C hatten, denn dieses Objekt war zufällig auch in unserer zweiten Beobachtungsnacht, als wir gerade Objekt A aufnahmen, vom Spektrographen des Teleskops erfaßt worden. Zusammen mit Seb Oliver hatte er die beiden Spektren der Galaxie mit der hohen Rotverschiebung aufaddiert, um die Qualität des Spektrums zu verbessern, und eines Montagmorgens im Dezember 1990 fand ich auf meinem Schreibtisch einen Computerausdruck vor, den er mir vor der Abreise zu einer Konferenz in Brighton hingelegt hatte. Dargestellt war die Gesamtenergie, die in den Spalt des Spektrographen eingetreten war – und zwar für jede Position entlang des Spalts. Der größte Ausschlag war Stern A links auf der Computerzeichnung, in der Mitte folgte ein viel schwächeres Objekt, das Broadhurst mit „Objekt mit großer Rotverschiebung" bezeichnet hatte, und rechts war eine dritte hellere Quelle. Auf dem Ausdruck klebte ein Mitteilungszettel von Broadhurst: „Was geht hier vor, was ist das für ein Objekt?"

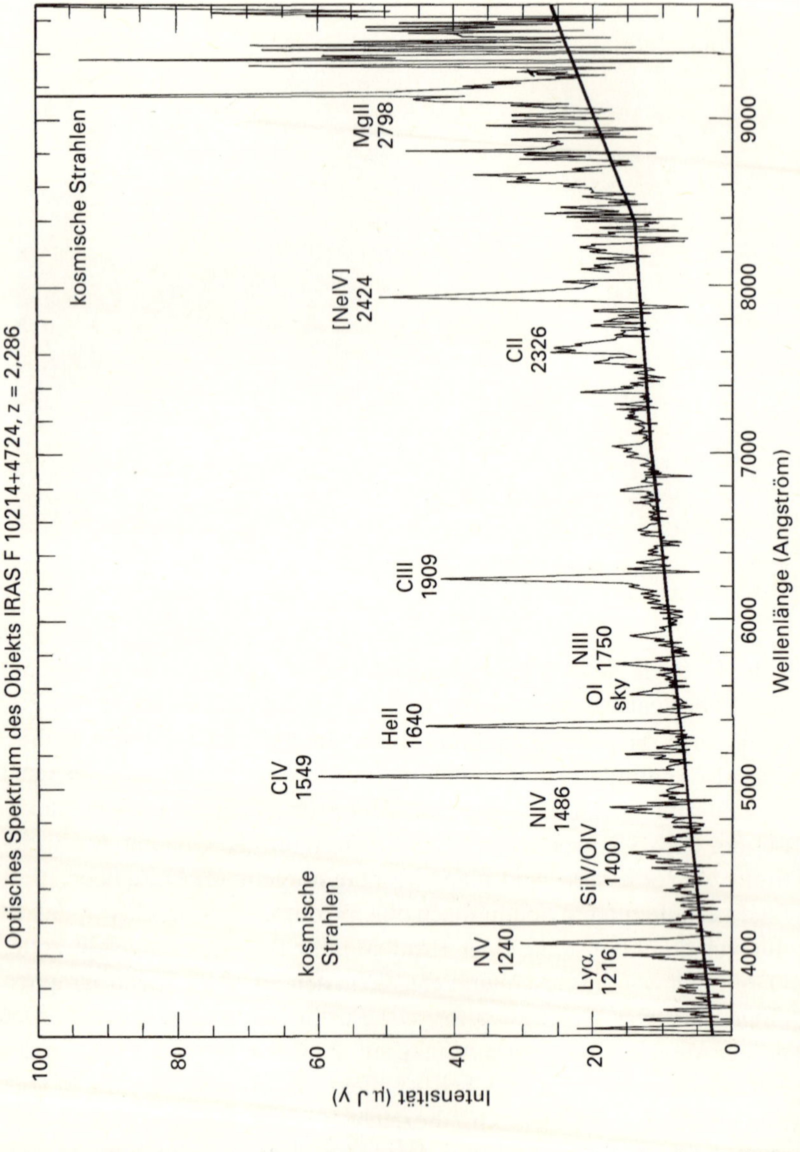

11.8 Das Spektrum von IRAS F10214+4724 mit mehreren Emissionslinien, deren Wellenlängen um 223 Prozent rotverschoben sind.

Ich zählte die Bildelemente oder „Pixel“ zwischen Stern A und dem Objekt mit der hohen Rotverschiebung und rief dann bei Richard Ellis an, um herauszufinden, wieviele Bogensekunden auf ein Bildelement seines Spektrographen entfallen (seine Gruppe in Durham hatte den Spektrographen in Zusammenarbeit mit dem Royal-Greenwich-Obervatorium gebaut). Zu meiner Freude entsprach der Abstand genau der Position der sehr schwachen Galaxie F. Monatelang hatten wir geglaubt, wir hätten Objekt C untersucht, aber tatsächlich war es Objekt F. Wir hatten doppeltes Glück, denn zweimal hatten wir das geheimnisvolle Objekt F, das auf dem Palomar-Atlas und auf dem Fernsehleitschirm des William-Herschel-Teleskops nicht sichtbar gewesen war, unerwartet auf den Spalt des Spektrographen bekommen – als wir die Objekte A und C beobachten wollten. Zusätzlich hatte Broadhurst am Teleskop für die genauere Prüfung das Spektrum von F, das eher im Zentrum lag, ausgewählt, und nicht das eigentliche Ziel C. Die Karte des Very Large Array bewies, daß F in der Tat die *IRAS*-Quelle war. Somit handelte es sich um eine *IRAS*-Galaxie mit einer Rotverschiebung von 2,3. Ich schickte eine entsprechende Mitteilung über elektronische Post an die Mitglieder des QCCOD-Teams und wenig später auch die erste Fassung eines Artikels über die Entdeckung.

Bald danach sprach mich Tom Soifer, Leiter des IPAC in Pasadena, an. Er hatte von dieser Entdeckung gehört und war sehr angetan davon und bat nun, das Ergebnis der NASA mitteilen zu dürfen, weil dort über die zukünftige finanzielle Ausstattung des IPAC entschieden werden sollte. Er war sich sicher, daß die Entdeckung einer Galaxie mit einer hohen Rotverschiebung durch *IRAS* für die Zukunft des IPAC entscheidend sein könnte. Nachdem das IPAC bei dieser Entdeckung eine so wichtige Rolle gespielt hatte, konnte ich diese Bitte nicht abschlagen. Andererseits sollten nicht zu viele Leute von dieser Galaxie erfahren, bevor wir die Einzelheiten veröffentlicht hatten, und wir beschlossen, unseren Artikel so bald wie möglich bei *Nature* einzureichen. Als ich die Druckfahnen des Artikels korrigierte und eine Presseveröffentlichung vorbereitete, die gemeinsam vom Queen Mary and Westfield College und vom Jet

Propulsion Laboratory der NASA herausgebracht werden sollte, fiel mir auf, daß unsere Galaxie das bei weitem leuchtkräftigste Objekt im Universum war und sogar die leuchtkräftigsten uns bekannten Quasare übertraf. Dies war zwar wissenschaftlich nicht sehr bedeutend, aber publikumswirksam. Wissenschaftlich interessant war, daß die Strahlung im fernen Infrarot ziemlich sicher auf Staub zurückgeführt werden konnte – sie ließ riesige Mengen von Gas und Staub vermuten. Dies allein reichte, um unser Objekt als eine massereiche Galaxie im Entstehungsprozeß erscheinen zu lassen. Andererseits unterschied sich das Spektrum der Emissionslinien kaum von dem der Radio- und Seyfertgalaxien, so daß nicht auszuschließen war, daß sich ein Quasar hinter den Staubwolken im Kern der Galaxie verbarg. Andy Lawrence und ich diskutierten diese Möglichkeit, ohne zu einem Ende zu kommen: Er bestand nachdrücklich auf dem verborgenen Quasar, während ich eine Protogalaxie vermutete.

Unser Artikel in *Nature* fand Resonanz in der Weltpresse sowie in Rundfunk und Fernsehen, insbesondere auch in einer Satire der BBC zum „Ende der Woche“.

Seit wir unsere Entdeckung mitgeteilt hatten, wurde IRAS F10214+4724 mit vielen Teleskopen rund um die Erde beobachtet. Nachdem wir die Bedeutung dieses Objekts erkannt hatten, bereiteten wir weitere Beobachtungen vor: bei Radiowellenlängen mit dem Very Large Array in New Mexico, im Submillimeterbereich mit dem James-Clerk-Maxwell-Teleskop auf Mauna Kea (Hawaii), im nahen Infrarotbereich mit dem britischen Infrarotteleskop ebenfalls auf Mauna Kea und bei optischen Wellenlängen mit dem 200-Zoll-Teleskop auf Mount Palomar. Im Röntgenbereich wurden Beobachtungen mit dem *ROSAT*-Satelliten in Auftrag gegeben. Und schließlich beobachteten wir IRAS F10214+4724 nochmals mit dem William-Herschel-Teleskop auf La Palma, um ein besseres optisches Spektrum zu erhalten. Darüber hinaus untersuchten viele andere Astronomen dieses Objekt mit verschiedensten Teleskopen. Zu den aufregendsten Entdeckungen gehörte dabei der Nachweis des Moleküls Kohlenmonoxid, der Robert Brown und Paul Vanden Bout bei Beobachtungen mit dem Millimeterwellen-Teleskop des

National Radio Astronomy-Observatorium auf Kitt Peak in Arizona gelang – für mich eine große Überraschung, da ich nicht erwartet hatte, daß die heutigen Empfänger für eine so schwache Quelle empfindlich genug waren. Die Entdeckung des Kohlenmonoxids wurde von anderen Arbeitsgruppen bestätigt, die am französisch-deutschen IRAM-Teleskop und am japanischen Noboyama-Teleskop arbeiteten. Der Nachweis des Kohlenmonoxids ließ auf gewaltige Mengen molekularen Gases schließen – die Gesamtmasse dieses Gases beträgt danach mehr als einhundert Milliarden Sonnenmassen. Das ist weit mehr, als jemals zuvor in einer Galaxie beobachtet wurde, und spricht für eine Protogalaxie. Aber andere Beobachtungen (zum Beispiel die Tatsache, daß das optische Licht stark polarisiert ist) passen in das Bild von einem verborgenen Quasar, so daß vielleicht beide Deutungen richtig sind. Wir haben inzwischen nach weiteren solchen Galaxien gesucht und mit dem Very Large Array viele schwache *IRAS*-Quellen kartiert, die sich nicht mit einer Galaxie auf dem Palomar-Atlas identifizieren lassen. Aber bislang ist es uns nicht gelungen, ein weiteres Beispiel für eine Galaxie dieses Typs zu entdecken.

12

Die *COBE*-Entdeckung: kosmische Rippeln

Das Hauptthema dieses Buches ist die Suche nach einer Erklärung dafür, wie sich Galaxien, Galaxienhaufen und sogar noch größere Strukturen in einem Universum entwickeln konnten, das anfangs unglaublich gleichmäßig und einheitlich war. Die Theorien der Galaxienentstehung, die auf der Annahme eines Universums mit überwiegend kalter dunkler Materie beruhten, gerieten in Mißkredit, nachdem die *IRAS*-Galaxiendurchmusterungen eine Fülle von Strukturen in sehr großen Maßstäben (auf sehr großen Skalen) entdeckt hatten. In diesem Kapitel möchte ich die Folgen einer anderen ungeheuer grundlegenden Entdeckung der letzten Jahre beschreiben: die „Rippeln", die der *COBE*-Satellit in der Hintergrundstrahlung entdeckte. Sie waren der erste Hinweis auf die ersten Keime der Strukturbildung im Universum.

Wie *COBE* ins Leben gerufen wurde

John Mather vom Goddard Space Flight Center und sechs Kollegen, darunter David Wilkinson aus Princeton, Ray Weiss vom Massachusetts Institute of Technology (der später das wissenschaftliche

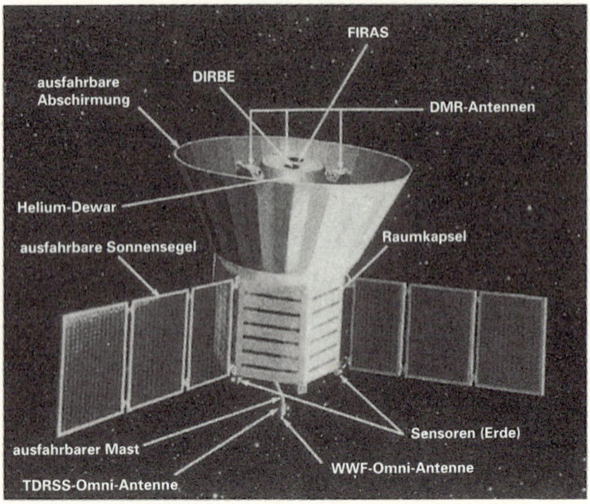

12.1 Der Satellit *COBE – Cosmic Background Explorer*.

COBE-Team leitete) und Mike Hauser vom *IRAS*-Team reichten 1974 bei der NASA einen Vorschlag für eine Raummission ein, bei der das Spektrum und die Isotropie der Hintergrundstrahlung untersucht werden sollten. Zur gleichen Zeit gingen zwei weitere, ziemlich ähnliche Vorschläge bei der NASA ein – einer von Sam Gulkis und seinen Kollegen am JPL und einer von George Smoot und dessen Kollegen aus Berkeley. Diese Vorschläge wurden zusammengefaßt und bildeten den Ausgangspunkt für die Mission des *COBE*-Satelliten. Die drei wichtigsten dabei geplanten Instrumente waren: ein Spektrometer für das ferne Infrarot (Far Infrared Absolute Spektrometer, abgekürzt FIRAS), das das Spektrum der Hintergrundstrahlung messen sollte, ein Experiment zur Messung des diffusen Infrarot-Hintergrunds (Diffuse Infrared Background Experiment, abgekürzt DIRBE), das die Hintergrundstrahlung im fernen Infrarot kartieren sollte, und ein differentielles Radiometer im Mikrowellenbereich (Differential Microwave Radiometer, abgekürzt DMR), das die kleinskalige Anisotropie der Hintergrundstrahlung messen sollte. Die Arbeitsgruppen für diese Instrumente wurden von John Mather (FIRAS), Mike Hauser (DIRBE) und George Smoot (DMR) geleitet.

Für *COBE* war ursprünglich ein Start mit einer Delta-Rakete vorgesehen, aber die NASA entschied sich, die Mission auf einen Shuttle-Start zu verlegen. Dies wäre nach der Challenger-Katastrophe von 1986 beinahe das Ende des Projekts gewesen. Man änderte die Planung dann erheblich und kam mit neuen Entwürfen wieder auf die Delta-Rakete zurück, und am 18. November 1989 wurde der Satellit schließlich gestartet. John Mathers FIRAS-Instrument lieferte schon früh eine wundervolle Bestätigung der Schwarzkörpernatur des Spektrums der Hintergrundstrahlung (siehe Kapitel 8). Dadurch wurde jenseits jeden vernünftigen Zweifels nachgewiesen, daß diese Strahlung aus der Feuerballphase nach dem Urknall des Universums stammt.

Die Geschichte der *COBE*-Rippeln

Die Mitteilung über die Entdeckung kleinskaliger Fluktuationen in der kosmischen Hintergrundstrahlung am 23. April 1992 traf die meisten Kosmologen wie ein Blitz aus heiterem Himmel. Zwar waren Gerüchte umgegangen, daß das *COBE*-Team etwas mitteilen würde, aber sie hatten ihre Entdeckung seit September 1991 erfolgreich geheimgehalten. Bei dieser Entdeckung erfuhren die Wissenschaftler die ersten Neuigkeiten aus den Fernschreibern der Weltpresse – eine nahezu einmalige Ausnahme, seit sich die Wissenschaftler täglich rund um die Welt über Computernetzwerke und elektronische Post austauschen und daher wissenschaftliche Neuigkeiten normalerweise erfahren, bevor sie in die Medien gelangen. Mit dem 23. April begannen einige aufregende Wochen.

Dieser Donnerstag war eine harte Prüfung für uns Astronomen, die den Journalisten aus dem hohlen Bauch antworten mußten, ohne die Einzelheiten der *COBE*-Mitteilung zu kennen. Was in Großbritannien geschah, war ziemlich typisch für die Vorgänge auf der ganzen Welt, auch wenn es in Großbritannien aus verschiedenen

Gründen besonders hektisch war. Um elf Uhr vormittags rief mich Susan Watts, die wissenschaftliche Korrespondentin des *Independent* in London, an, um mehr über die Geschichte zu erfahren, die über den Fernschreiber hereinkam: *COBE* wird in einer Pressekonferenz um 16 Uhr die Entdeckung von Rippeln in der kosmischen Hintergrundstrahlung mitteilen. Natürlich wußte ich nichts davon. Sie las mir den Pressebericht vor. Er war voller Superlative: „Die Entdeckung des Jahrhunderts, möglicherweise aller Zeiten", der „Heilige Gral der Kosmologie", „Die Sprache hat nicht genug Superlative", „mit Sicherheit ein Nobelpreis". Aber daneben gab es auch den entscheidenden Informationsfetzen, daß Temperaturfluktuationen von 30 Mikrokelvin in Gebieten beobachtet worden waren, die 500 Millionen Lichtjahre voneinander entfernt sind. Diese Einzelheit reichte aus, um rekonstruieren zu können, was das *COBE*-Team mitteilen würde, und im Laufe der nächsten Stunde konnte ich Susan Watts die Hintergründe erklären.

12.2 *COBE*-Karte des gesamten Mikrowellenhimmels, in der neben der Strahlung unserer Galaxie und den kosmischen „Rippeln" auch Instrumentenrauschen zu sehen ist (siehe auch das Titelbild dieses Buches).

Es war in der Tat eine große Sache, und die NASA mußte nicht übertreiben. Man hatte solchen Fluktuationen nachgejagt, seit die Hintergrundstrahlung 1965 entdeckt worden war. Die Hintergrundstrahlung, die heute bei uns eintrifft, ist gleichsam eine Momentaufnahme des 300 000 Jahre alten Universums, in dem die Feuerballphase abgeschlossen war und Materie und Strahlung gerade entkoppelten. Jedesmal, wenn die Meßgenauigkeit erhöht worden war, zwang die beobachtete, sich immer perfekter bestätigende Gleichmäßigkeit der Hintergrundstrahlung die Theoretiker, immer exotischere Erklärungen für die Entstehung der Galaxien zu ersinnen, die in einem anfänglich so ebenmäßigen Universum offenbar allein durch die Wirkung der Gravitation entstanden waren. Zehn Jahre zuvor hatten sich die Theoretiker zu der verhängnisvollen Annahme gezwungen gesehen, daß das Universum von einer exotischen Form dunkler Materie beherrscht sei, damit sich die heute beobachteten Galaxien und Galaxienhaufen erklären ließen. Diese exotische Materie konnte keine Spur in der Hintergrundstrahlung hinterlassen, aber dank ihrer Gravitation konnte sich gewöhnliche Materie zusammenlagern und Strukturen ausbilden.

In Kapitel 10 habe ich zwei mögliche Alternativen für die dunkle Materie dargestellt. Dabei schien die „kalte dunkle Materie" die heutige Verteilung der Galaxien am besten erklären zu können. Diese kalte dunkle Materie müßte aus hypothetischen Teilchen, sogenannten „Axionen" oder „Photinos", bestanden haben, die sich im frühen Universum langsam bewegten und deshalb „kalt" waren. Die andere Alternative, heiße dunkle Materie, hätte aus Teilchen wie zum Beispiel Neutrinos mit einer kleinen, von Null verschiedenen Masse bestehen müssen, die sich im frühen Universum nahezu mit Lichtgeschwindigkeit bewegten und daher „heiß" waren. Ungefähr gleichzeitig mit dem Postulat der Kosmologen nach einer dunklen Materie führten die Teilchenphysiker ein dramatisches neues Konzept in das Bild des Urknalls ein: die sogenannte *Inflation*. Sie schlugen vor, daß das Universum bald nach dem Urknall eine Phase sich rasch beschleunigender Expansion durchmachte, die das nun beobachtbare Universum um 70 Zehnerpotenzen aufblähte: von einer Größe weit unter der eines Atoms bis auf die Größe eines Tennisballs. Auch das Inflationsszenario setzt voraus, daß im Universum dunkle Materie vorherrscht. Bis zum 23. April 1992 schien die Gleichmäßigkeit der Hintergrundstrahlung eine Perfektion aufzuweisen, die das ganze Bild in Frage stellte. Die *COBE*-Entdekkung bestätigt, daß dunkle Materie zur Entstehung der Galaxien beigetragen haben muß, macht aber über die erforderliche Menge keine genauen Aussagen. Jedenfalls läßt sich daraus nicht die Vorhersage ableiten, daß das Universum in einem Endknall zusammenstürzen wird, wie manche Berichte nahelegten.

An diesen Donnerstag läutet den ganzen Tag lang das Telefon. Um 16 Uhr ruft Tim Radford vom *Guardian* aus Edinburgh an. Wie die meisten britischen Wissenschaftsjournalisten berichtet er über die Edinburgh Science Fair und ein Streitgespräch über Wissenschaft und Religion zwischen dem Biologen und Publizisten Richard Dawkins und dem Erzbischof Hapgood. Dieses Streitgespräch fand in den britischen Medien breite Resonanz, obwohl sich natürlich keine endgültigen Schlußfolgerungen daraus ergaben. Die Geschichte der Rippeln wirkte wie eine logische Fortsetzung, da sie bis zu dem Ursprung des Universums selbst vorzudringen schienen. Radford bestätigt, daß auch der *Guardian* die Geschichte auf der Titelseite haben werde. Sky Television ruft an und bittet mich, am nächsten Tag zu ihrem Frühstücksfernsehen zu kommen und einige Bilder zur Verfügung zu stellen, die noch am Abend von einem Motorradkurier bei mir zu Hause abgeholt werden.

Später erfahre ich, daß die meisten Kosmologen in Europa und den Vereinigten Staaten einen ähnlichen Tag hatten. Reporter belagern die Space Sciences Laboratories an der Universität von Kalifornien in Berkeley, George Smoots Arbeitsplatz. Da Smoot in Washington an der Pressekonferenz teilnimmt, geben seine Mitarbeiter die Interviews.

Freitag, 24. April: Um 6 Uhr 45 kommt das Auto von Sky Television. Auf dem Weg lasse ich den Fahrer anhalten und kaufe einen *Independent*. Über die Titelseite zieht sich eine wunderschöne Schlagzeile: „Wie das Universum begann!“ Der Bericht stützte sich hauptsächlich auf mein Interview mit Susan Watts, ich wurde ausgiebig und größtenteils richtig zitiert.

Der Taxifahrer hat eine *Daily Mail* auf dem Rücksitz liegen, und ich schaue auch dort nach. Erstaunlicherweise finde ich dort Artikel von Patrick Moore und Stephen Hawking über die *COBE*-Ergebnisse. Der Fahrer fragt mich, weswegen ich zu Sky Television gehe. Ich hebe die Titelseite des *Independent* hoch und sage: „Deswegen, wie das Universum begann“. Das habe er sich schon gedacht, sagt er, er habe im Radio über diese Geschichte gehört und geahnt, daß er deswegen einen Professor fahren solle. Er fragt, worum es bei dieser Geschichte gehe, und da dies eine gute Gelegenheit ist, für meinen Fernsehauftritt zu üben, versuche ich, einiges zu erklären. Er meint, daß dies ganz anders klinge als der Bericht im ersten Buch Mose.

Ich beruhige ihn mit der Bemerkung, daß die ersten Menschen wohl Probleme gehabt hätten, alle Einzelheiten zu verstehen.

Um 8 Uhr 15 kommt mein Auftritt, nach dem des Vorsitzenden des Vereins großwüchsiger Menschen und vor dem eines Imkers. Die Professionalität der Moderatoren ist beeindruckend. Gelassen ziehen sie trotz des Durcheinanders von Blättern und Zeitungen auf ihrem Tisch die Sendung mit Schwung durch. Die Bilder erscheinen in einer etwas willkürlichen Reihenfolge, die der Regisseur bestimmt hat, und ich erläutere sie. Es macht ein wenig nervös, ein Bild des Teleskops, mit dem die Hintergrundstrahlung entdeckt wurde, zu kommentieren, ohne sehen zu können, ob es tatsächlich auf dem Bildschirm erscheint.

Das Taxi bringt mich über eine malerische Strecke (Hyde Park, Mall, Embankment, St Pauls Cathedral) quer durch London zum College. Susan Watts ruft an, ich gratuliere ihr zu ihrer Geschichte. Sie bereitet gerade einen Folgebericht über die Bedeutung der *COBE*-Rippeln und wie es weiter gehen soll vor. Sie erwähnt auch einen Begleitartikel über die religiöse Bedeutung der Entdeckung. Ich bin froh, damit nichts zu tun zu haben, aber wenig später ruft der *Daily Telegraph* an, der vor allem am „religiösen Aspekt" interessiert ist. Später kommt ein Photograph, der stundenlang Aufnahmen macht und dabei mein Büro durcheinanderbringt. Robin McKie vom *Observer* ruft an. Er schreibt gerade einen Artikel, in dem er als Folge der *COBE*-Ergebnisse herausstellen will, daß das Universum in einem gewaltigen Endknall enden wird. Ich habe keine Ahnung, woher er das hat, und versuche eine halbe Stunde lang erfolglos, ihm diesen Unsinn auszureden.

In der elektronischen Post auf meinem Computer finde ich Nachrichten von meinem Kollegen Peter Coles, der am Queen Mary and Westfield College mein Büronachbar ist, aber sich gerade in den Vereinigten Staaten aufhält. Er hat sich die Vorabveröffentlichungen des *COBE*-Teams angesehen und teilt mir nun einige Details mit. Ich schicke ihm meinerseits einen Bericht über die Vorgänge in London. Auch aus Durham kommt eine allgemeine Mitteilung mit näheren Einzelheiten. Die Gerüchte, die im elektronischen Postnetz kursieren, zeigen, daß das *COBE*-Team äußerst sorgfältig die möglichen Quellen von störendem Vordergrundrauschen untersucht hat, darunter Telemetrieprobleme, Radiointerferenzen, den Mond, Staub, Gas und kosmische Strahlen in der Milchstraße. Das Pressebild der NASA zeigt eine Projektion des gesamten Himmels auf eine elliptische Fläche, wobei man entlang der horizontalen Achse die helle Vordergrundstrahlung der Milchstraße sieht, die ein wenig wie das Fleisch in einem Hamburger anmutet. Die fleckigen Stellen im „Brötchen" des Hamburgers stellen – stark übertrieben – die Fluktuationen oder Rippeln in der Hintergrundstrahlung dar. Typischerweise betragen die Abweichungen vom Mittelwert der Himmelshelligkeit nach oben oder unten nur 1:100 000, und die Unterschiede in der Dichte der gewöhnlichen Materie dürften in derselben Größenordnung gelegen haben. Aus solch unverdächtigen Dichteschwankungen entwickeln sich letztendlich kompakte Strukturen wie wir selbst, mit einer mittleren Dichte von etwa einem Gramm pro Kubikzentimeter – das ist 1 000 000 000 000 000 000 000 000 000 000 (10^{30}) mal mehr als die mittlere Dichte des heutigen Universums.

Die Karten waren aber, wie sich schließlich herausstellte, durch instrumentelles Rauschen merklich beeinträchtigt, und nur einige der Flecken spiegeln tatsächlich Eigenschaften des Universums wider. Dies ändert nichts an der Tragweite der *COBE*-Entdeckung, aber leider hatte die Pressestelle der NASA ein Pressebild verbreitet, das – vorsichtig ausgedrückt – wenig informativ und vielleicht geradezu irreführend war. Später sendete die BBC in ihrem Fernsehprogramm „Antenne" einen Beitrag über die Art der Berichterstattung bei den *COBE*-Rippeln. Dieser Beitrag wiederum erweckte den Eindruck, als sei die Entdeckung der Rippeln nicht besonders wichtig und die Schlagzeilen reine Sensationsmache. Diese Sendung über verzerrende Darstellungen wissenschaftlicher Themen in den Medien stellte ihrerseits die Entdeckung der Rippeln völlig verzerrt dar.

Um 18 Uhr ist zum 35. Jahrestag der BBC-Sendung „Der Himmel bei Nacht" eine Feier im Planetarium angesetzt, an der meine Frau Mary und ich teilnehmen. Natürlich redet jeder über die *COBE*-

Rippeln. Patrick Moore, Moderator der Sendung, erzählt uns, daß er seinen Beitrag für den *Daily Mail* in 40 Minuten geschrieben habe.

Samstag, der 25. April: Der *Independent* zitiert mich, ich sei wie der Heilige Augustinus und Stephen Hawking davon überzeugt, daß die Zeit mit dem Universum begann, und der *Daily Telegraph* berichtet, ich würde nicht an Gott glauben. Stephen Hawking wird mit der Aussage zitiert, dies sei „die Entdeckung des Jahrhunderts", wobei ich vermute, daß er sich durch die ihm vorgelegten Zitate aus dem Bericht der Presseagenturen dazu verleiten ließ.

Montag, der 27. April: Zurück auf den Boden der Realitäten beginne ich zu Semesterbeginn mit den Vorlesungen. Ich erzähle den Studenten meines Kosmologiekurses für das dritte Studienjahr von den *COBE*-Ergebnissen und ihrer Bedeutung. Später ruft Tim Radford vom *Guardian* an und fragt nach neuen Entwicklungen. Ich hatte selbst schon überlegt, in Ruhe einen abwägenden Beitrag zur tatsächlichen Bedeutung der Entdeckung und deren Darstellung in den Medien zu schreiben. Radford ist interessiert, aber „in Ruhe abwägen" bedeute beim *Guardian*, daß alles morgen Mittag fertig sein müsse.

Mittwoch, 29. April: Ich fliege nach Durham, um an einer Begutachtung der dortigen Astronomie-Arbeitsgruppe durch das Science and Engineering Research Council (SERC) teilzunehmen. Ein Dreier-Gremium soll die Arbeit beurteilen und Empfehlungen über die Höhe der Finanzmittel für die Gruppe abgeben. Diese Art der Beurteilung ist Routine (meine eigenen Forschungsgelder waren bereits in ähnlicher Weise im gleichen Jahr überprüft worden). Zwei Mitglieder der Gruppe, ihr Leiter Richard Ellis und Carlos Frenk, sind gute Freunde von mir und am QDOT-Projekt beteiligt. Beim Mittagessen unterhalte ich mich mit Frenk über die *COBE*-Ergebnisse. Er sieht darin ein ernstes Problem für die Theorie der kalten dunklen Materie, für das man aber einen Ausweg finden könne. Jedenfalls favorisiere George Efstathiou, ein weiteres führendes Mitglied der QDOT-Gruppe aus Oxford, eine Variante der Theorie, der zufolge im Universum immer noch eine merkliche kosmologische Abstoßungskraft auftrete. (Dies ist die Kraft, die die Inflation im sehr frühen Universum hervorrief, und die heute sehr schwach sein muß.) Frenk ist neugierig, aber skeptisch, als ich ihm sage, daß ich immer noch die Möglichkeit eines gemischten Universums im Auge behalten möchte, das heiße *und* kalte dunkle Materie enthält.

Am Donnerstag findet eine Vorabpräsentation des Films zu Stephen Hawkings *Eine kurze Geschichte der Zeit* statt, die vom *Guardian* organisiert wurde. Auf dem vorangehenden Empfang frage ich Hawking, was er von der *COBE*-Entdeckung halte und ob er wirklich gesagt hätte, dies sei die Entdeckung des Jahrhunderts? Zu meiner Überraschung steht er uneingeschränkt zu diesem Zitat und betrachtet darüber hinaus die Entdeckung als Bestätigung des Inflations-Szenarios. Das Spektrum der Dichteschwankungen, die *COBE* beobachtet hatte, weise nämlich eine Form auf, die er selbst anhand der Inflationstheorie vorhergesagt habe. Ich frage ihn nach Harrison und Seldowitsch (die dieses Spektrum ungefähr zehn Jahre früher ebenfalls vorgeschlagen hatten). Hawking erwidert, daß deren Vorhersagen auf Überlegungen zur Entstehung von Galaxien und Galaxienhaufen beruht hatten, aber er sei an Galaxien nicht interessiert. Ich bin ganz konsterniert, derart konträre Sichtweisen zwischen uns festzustellen.

Ich finde den Film ziemlich bewegend, vor allem auf einer Großleinwand. Dem Anfang mit dem Klicken der Handsteuerung, während Hawking einen Text vorbereitet, kann man sich kaum entziehen. Der Film gibt seine sprachliche Treffsicherheit sehr gut wieder. Es ist auch gut, andere Relativitätstheoretiker im Bild zu sehen, die an dieser Geschichte beteiligt sind, auch wenn sie bedauerlicherweise nicht namentlich erwähnt werden.

Die Entdeckung des Jahrhunderts?

Sind die *COBE*-Rippeln die Entdeckung des Jahrhunderts? Sicher nicht, aber sie sind ein Meilenstein. Um sie richtig einzuordnen, lohnt es, sich die anderen großen kosmologischen Entdeckungen des 20. Jahrhunderts ins Gedächtnis zu rufen. 1929 entdeckte Edwin

Hubble die Expansion des Universums; 1948 entwickelte George Gamow das Modell eines Heißen Urknalls; 1965 entdeckten Arno Penzias und Bob Wilson die kosmische Hintergrundstrahlung; 1972 erklärten Bob Wagoner, Willy Fowler und Fred Hoyle die Häufigkeiten der leichten Elemente Deuterium, Helium und Lithium; und 1977 entdeckten anhand des „Dipols" in der Hintergrundstrahlung George Smoot, David Wilkinson, Francesco Melchiorri und deren Kollegen, jeweils in Berkeley, Princeton und Florenz, die Bewegung unserer Galaxie relativ zur Hintergrundstrahlung. Der entscheidende Fortschritt, vergleichbar der kopernikanischen Revolution, ist zweifellos Hubbles Entdeckung der Expansion des Universums, gefolgt von der Entdeckung der kosmischen Hintergrundstrahlung. Die Rippeln stehen auf der Rangliste weiter unten, zusammen mit anderen, vielleicht auch einigen hier nicht erwähnten Forschungsergebnissen, die ebenfalls wichtige Einzelheiten in einem expandierenden Universum nach einem heißen Urknall beschreiben.

Welche Folgen hat die Entdeckung des *COBE*-Teams? Zunächst muß sie natürlich in weiteren Experimenten bestätigt werden – was auch schon geschehen ist. Die *COBE*-Ergebnisse beruhten auf dem Datenbestand aus dem ersten Jahr, und die Auswertung für das zweite Jahr ist bereits in Arbeit. Wenn diese Daten genau dieselbe Himmelskarte ergeben, kann man das Ergebnis als verläßlich ansehen. Zudem lieferte der sowjetische *RELICT*-Satellit, der gleichfalls die Hintergrundstrahlung kartierte, für die größten Skalen offensichtlich dasselbe Ergebnis wie der *COBE*-Satellit. Ein ballongetragenes Experiment, durchgeführt von Lynan Page aus Princeton, Stephen Meyer vom Massachusetts Institute of Technology und Ed Cheng vom Goddard Space Flight Institute, hat die von *COBE* beobachteten Rippeln unmittelbar bestätigt. Ein weiteres Experiment, das Philip Lubin von der Universität von Kalifornien in Santa Barbara mehr als ein Jahr lang am Südpol durchführte, und das nahezu die Empfindlichkeit von *COBE* erreichte, scheint die Entdeckung ebenfalls zu bestätigen, und das gilt auch für ein Experiment von Rod Davies aus Jodrell Bank und Anthony Lasenby aus Cambridge und ihren Kollegen auf Teneriffa auf den Kanarischen Inseln.

Es wird besonders wichtig sein, mit weitaus größeren Teleskopen als bei der *COBE*-Mission die viel kleineren Rippeln aufzuspüren, die den entstehenden Galaxien und Galaxienhaufen entsprechen. Wegen des begrenzten Auflösungsvermögens der *COBE*-Detektoren entsprechen die bislang gefundenen Schwankungen Strukturen, die viel größer sind als alles, was wir heute im Universum auf Karten erfassen können. Aber auf diesen großen Skalen konnte das *COBE*-Team genau untersuchen, wie die Stärke der Fluktuationen abnimmt, wenn wir zu immer großräumigeren Strukturen ausschauen. Der Verlauf dieser Abnahme stimmt gut mit den Vorhersagen der Modelle überein, die auf der Inflationstheorie beruhen, zum Beispiel für ein von kalter dunkler Materie beherrschtes Universum. Die *COBE*-Beobachtungen und das Modell der kalten dunklen Materie stimmen zwar nur in der Größenordnung überein (es besteht eine Diskrepanz um den Faktor 2), aber die *COBE*-Entdeckung scheint für das Inflationsmodell und ein von dunkler Materie beherrschtes Universum zu sprechen. Sie ist für die Urknallkosmologie sicherlich eine sensationelle Neuigkeit. Die lange vergebliche Suche nach diesen Dichteschwankungen, eines der enttäuschendsten Kapitel der modernen Kosmologie, ist jedenfalls zu Ende.

Auf einem Workshop im August 1992 in Erice auf Sizilien fragte ich George Smoot nach seinen Empfindungen über die internationale Begeisterung über die Rippeln. Ich kannte Smoot seit 1978, als ich mit meiner Familie ein Jahr in Berkeley verbrachte. Im Juni 1990 trafen wir uns bei einer Konferenz in Den Haag in den Niederlanden und gingen gemeinsam zum Abendessen in ein Strandrestaurant. Bei diesem Abendessen sprachen wir über viele Dinge, etwa das Anthropische Prinzip, die Frage, ob es noch anderes Leben im Universum gibt (ich vertrete die unter Astronomen ungewöhnliche Ansicht, daß wir allein sind) und natürlich darüber, ob *COBE* die Rippeln entdecken würde. Damals hoffte Smoot, daß man in den vier Jahren der Mission die Rippeln möglicherweise entdecken könne. Ich glaube nicht, daß er irgendeine Vorstellung davon hatte, welchen Ruhm sie ihm dann eintragen sollten. Er meinte nur, das Aufsehen sei gut für die Astronomie und die Physik im allgemeinen.

Wo immer er hinkäme, würden ihm Astronomen und Physiker erzählen, daß die Geschichte der Rippeln ihnen beim Kampf um Finanzmittel helfe. Ich mußte ihm zustimmen. Angesichts des Einflusses der Wissenschaft auf unser alltägliches Leben wird unverhältnismäßig wenig darüber in den Medien berichtet. Sensationsgeschichten sind, so gesehen, gut für die Wissenschaft. Dennoch wäre es schön, wenn Wissenschaftler ihre Arbeit für die Öffentlichkeit nicht dadurch interessanter machen müssen, daß sie über den „Geist Gottes“ (Stephen Hawking) oder das „Antlitz Gottes“ (George Smoot) reden.

Die Bedeutung der Rippeln

Einige Tage, nachdem die Mitteilung der Entdeckung Furore gemacht hatte, schlug ich meinem Doktoranden Andy Taylor folgende Problemstellung vor: Was ergibt sich, wenn man die Ergebnisse der QDOT-Durchmusterung und die von *COBE* miteinander verknüpft? Zweifellos ließ sich aus diesen Daten das gesamte Spektrum der Dichteschwankungen über alle Größenmaßstäbe hinweg ableiten, angefangen mit dem Maßstab der Galaxien, bei dem wir sehr starke Schwankungen in der mittleren Dichte sehen (Gruppen, Haufen und Leerräume) bis hin zu den von *COBE* untersuchten großräumigen Skalen, in denen die Amplitude der Dichteschwankungen weniger als 0,01 Prozent beträgt. Taylor kennt sich sehr gut in einer mathematischen Technik aus, die unter dem Namen Fourieranalyse bekannt ist und einen Schlüssel zur Entzifferung der frühesten Dichteschwankungen darstellt. Ich wußte, daß wir nur wenige Wochen Zeit hatten, um diese Frage anzugehen. Danach war eine wahre Flut von Arbeiten zu erwarten. Am 26. Mai, nur einen Monat, nachdem die *COBE*-Ergebnisse mitgeteilt worden waren, reichten wir unsere Arbeit ein. Darin kamen wir zu dem Schluß, daß ein Hybridmodell mit heißer *und* kalter dunkler Materie die beste Wahl ist. Die *IRAS*-Ergebnisse zur großräumigen Struktur und die *COBE*-Fluktuationen führen dann im Rahmen eines solchen Modells (zwingend) zu dem

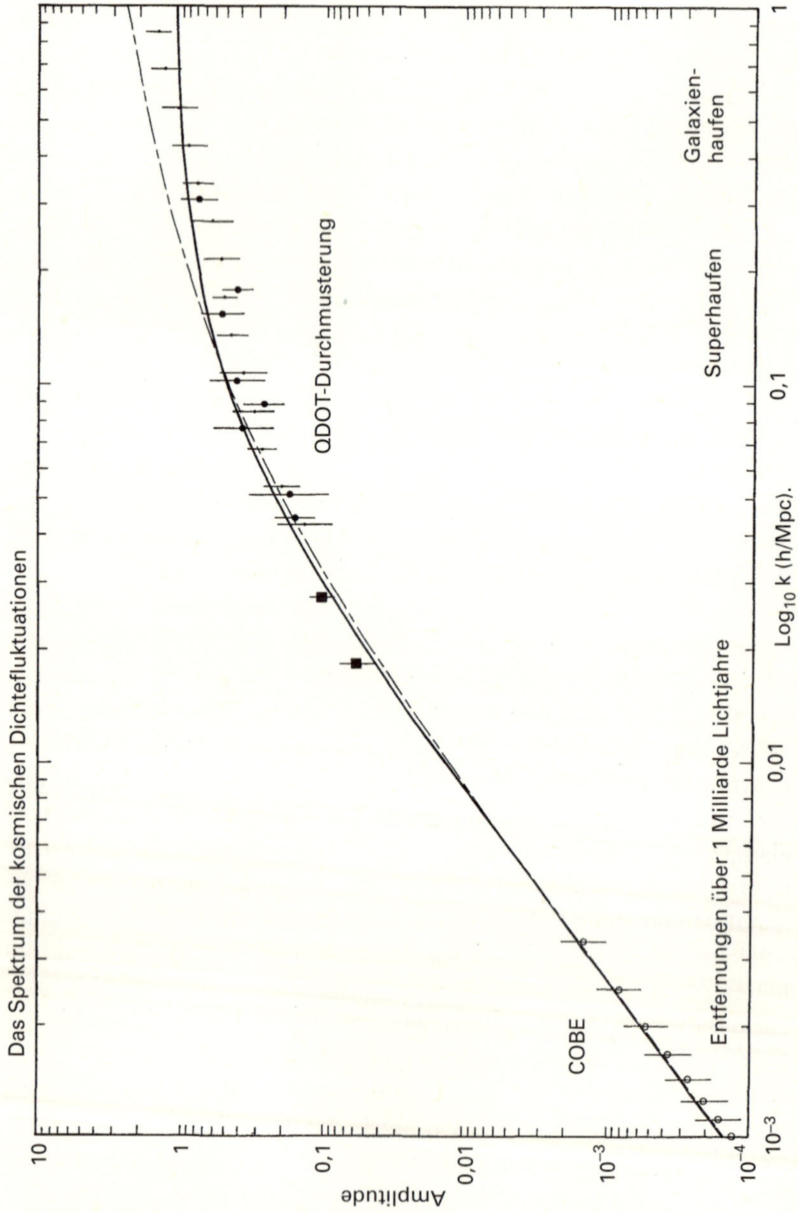
Das Spektrum der kosmischen Dichtefluktuationen
Amplitude
10
1
0,1
0,01
10^{-3}
10^{-4}
10^{-3}
0,01
0,1
1
Log_{10} k (h/Mpc).
QDOT-Durchmusterung
COBE
Entfernungen über 1 Milliarde Lichtjahre
Superhaufen
Galaxien-
haufen

Schluß, daß ungefähr 30 Prozent der Materie im Universum in Form von Neutrinos mit einer Masse von ungefähr 7 Elektronenvolt (eV) auftreten. Nur 3 Prozent der gesamten Materie im Universum wären dann gewöhnliche baryonische Materie, und die restlichen 67 Prozent müßten als kalte dunkle Materie vorhanden sein, um durch ihre Gravitation die Entstehung einzelner Galaxien zu ermöglichen.

Nun kennen wir drei Neutrinoarten, das Elektron-Neutrino, das Myon-Neutrino und das Tau-Neutrino, die jeweils einer der drei Leptonenarten – dem Elektron, dem Myon und dem Tau – zugeordnet sind. Neutrinos gelten zwar normalerweise als masselos, aber einige Theorien der Großen Vereinheitlichung setzen voraus, daß Neutrinos eine sehr kleine, von Null verschiedene Masse haben. Die Massen der verschiedenen Neutrinos sollten sich untereinander so verhalten wie die Massen der zugehörigen Leptonen, so daß das Tau-Neutrino das schwerste sein müßte. Die Experimente, mit denen man diese Massen zu bestimmen versucht, führten bislang noch nicht zum Erfolg, aber sie schränken die Masse des Elektron-Neutrinos auf sehr kleine Werte ein. Deshalb nahmen wir an, daß das Tau-Neutrino mit einer Masse von 7 Elektronenvolt erheblich zur Masse im Universum beiträgt – 30 Prozent.

Einige Tage, nachdem wir unseren Artikel bei *Nature* eingereicht hatten, erhielten wir eine ebenfalls bei *Nature* eingereichte Arbeit von Mark Davis und seinen Kollegen aus Berkeley. Sie hatten mit neuen Simulationen zu genau demselben Hybridmodell gezeigt, daß es die Haufenbildung von Galaxien sehr gut erklärt. Beide Artikel erschienen drei Monate später im selben *Nature*-Heft. Später folgten Arbeiten von anderen amerikanischen, europäischen und russischen Gruppen, die dasselbe Modell einer Mischung von heißer und kalter dunkler Materie stützten. Demnach liegt für viele Arbeitsgruppen

12.3 Das Spektrum der Dichteschwankungen bei verschiedenen Größenmaßstäben, wie es sich aus den von *COBE* entdeckten Rippeln und den QDOT-Karten der Galaxiendichte ergibt. Die durchgezogene Linie entspricht der Vorhersage eines Modells für ein Universum, dessen Materie sich wie folgt zusammensetzt: 3 Prozent gewöhnliche baryonische Materie, 30 Prozent heiße dunkle Materie und 67 Prozent kalte dunkle Materie.

von Physikern und Astronomen die Bedeutung der Rippeln zum Teil darin, daß sie drei Arten von Materie im Universum vermuten lassen: normale, baryonische Materie (Protonen und Neutronen), aus der wir, die Erde, die Sonne und die sichtbaren Teile der Galaxien bestehen; heiße dunkle Materie (eine Neutrinoart, wahrscheinlich das „Tau-Neutrino", mit einer Masse von ungefähr 7 Elektronenvolt); und kalte dunkle Materie in einer noch zu entdeckenden Form. Es wird schwierig sein, die vermutete Masse des Tau-Neutrinos direkt nachzuprüfen, denn gegenwärtig liegen die experimentellen Nachweisgrenzen bei einer Masse von einigen Megaelektronenvolt, also ungefähr um eine Million Mal höher, als Taylor und ich vorhersagen. Es besteht jedoch Aussicht, in den nächsten Jahren experimentell mit Hilfe von Myon-Neutrinos aus Kernreaktoren indirekte Hinweise zu gewinnen. Wenn Neutrinos tatsächlich eine Masse haben, wird man wahrscheinlich „Neutrinooszillationen" beobachten, bei denen sich Myon-Neutrinos in Tau-Neutrinos umwandeln.

Nach einigen neueren Theorien der Großen Vereinheitlichung müßte das Myon-Neutrino eine Masse von einigen tausendstel Elektronenvolt haben, wenn das Tau-Neutrino eine Masse von 7 Elektronenvolt hat. Mit einer solchen Masse ließe sich das „Problem der solaren Neutrinos" lösen. Dieses Problem betrifft die Neutrinos, die bei Kernreaktionen im Innern der Sonne entstehen und in unterirdischen Neutrinodetektoren nachgewiesen wurden. Dabei braucht man als Detektor riesige Tanks, die entweder mit reinem Wasser oder mit Perchloräthylen gefüllt sind, wobei die Neutrinos im Wasser Tscherenkow-Strahlung auslösen, mit deren Hilfe sie nachweisbar sind, während sie vom Perchloräthylen absorbiert werden. Die Detektoren müssen in unterirdischen Laboratorien stehen, um sie vor störenden kosmischen Strahlen aus energiereichen Teilchen zu schützen, die ständig die Oberfläche der Erde bombardieren. Neutrinos rasen einfach durch die Erde hindurch, können aber entdeckt werden, wenn sie (in sehr seltenen Fällen) mit den Atomen in der Detektorflüssigkeit wechselwirken. Das Problem der solaren Neutrinos besteht nun darin, daß nur halb so viel Neutrinos nachgewiesen

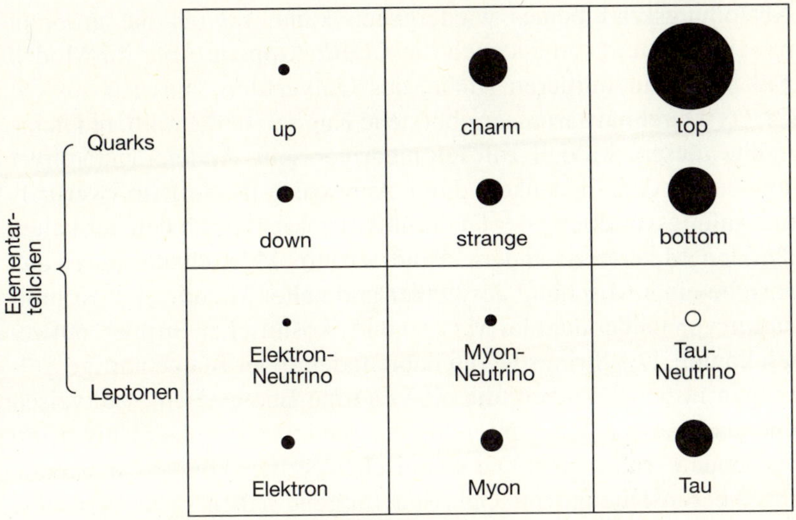

12.4 Neutrinos kommen in drei verschiedenen Formen vor, die mit den drei bekannten Leptonen – Elektron, Myon und Tau – assoziiert sind. In den heutigen Theorien zur Großen Vereinheitlichung bildet jedes Lepton zusammen mit zwei Quarks eine Teilchenfamilie. Die sechs Quarks sind die Bausteine der Baryonen, insbesondere der Neutronen und Protonen. Die dargestellten Größen der Teilchen in einer Zeile entsprechen den jeweiligen Masseverhältnissen.

werden, wie die Modelle des Sonneninnern vorhersagen. Eine mögliche Erklärung besteht darin, daß eine der Neutrinoarten eine Masse von einigen tausendstel Elektronenvolt aufweist. Daher ist die Aussicht sehr verlockend, daß die Entdeckung eines Tau-Neutrinos mit 7 Elektronenvolt auf einen Schlag das Problem der solaren Neutrinos, das kosmologische Problem der dunklen Materie und das Problem der großräumigen Struktur lösen würde.

Das Hybridmodell eines Universums mit heißer und kalter dunkler Materie ist nicht die einzige Möglichkeit, die sich vertreten läßt – auch wenn sich mehrere Arbeitsgruppen darauf verlegt haben. George Efstathiou und Dick Bond aus Toronto sowie Simon White aus Cambridge zogen den Schluß, daß auch ein Universum mit kalter dunkler Materie und einer signifikanten kosmologischen

Abstoßungskraft beides wiedergeben kann: sowohl die großräumigen Strukturdaten als auch die *COBE*-Rippeln. Aber ihr Modell paßt nicht zur mittleren Dichte des Universums, die sich aus der QDOT-Durchmusterung ergibt (siehe Kapitel 9); die mittlere Dichte müßte diesem Modell zufolge niedriger sein. Andere Theoretiker spielen mit dem Gedanken, durch Anpassung des Inflationsverlaufs die Anfangsverteilung der Dichtefluktuationen im Modell der kalten dunklen Materie zu ändern. Eine weitere Möglichkeit wäre, daß anstelle einer Mischung aus heißer und kalter Materie eine Kombination von heißer dunkler Materie und „kosmischen Strings" auftreten könnte. Die Strings wären dabei faden- oder filamentartige Störungen in der Raumzeit, die eine enorme Energiedichte aufweisen und als Überreste aus Phasenübergängen im sehr frühen Universum vorhanden sein sollten. Die kosmischen Strings könnten als Keime für die Entstehung von Galaxien fungiert haben. Alle Versuche, Strings nachzuweisen (zum Beispiel durch ihre Wirkung als Gravitationslinsen), sind jedoch bislang gescheitert.

Die tiefere Bedeutung der Rippeln

Im Grunde bestätigen die Rippeln, daß wir das Universum offenbar gut genug verstehen, um seine Struktur bis zu einem Zeitpunkt von nur 300 000 Jahren nach dem Urknall zurückverfolgen zu können. Radio- und Mikrowellenastronomen der ganzen Welt haben jahrzehntelang versucht, diese Rippeln zu finden, um zu zeigen, daß wir wirklich wissen, wie sich Galaxien und Galaxienhaufen aus einem ursprünglich gleichmäßigen, heißen, von Strahlung beherrschten Universum entwickelt haben. Auch wenn die *COBE*-Rippeln nicht genau den Dichteschwankungen entsprechen, aus denen Galaxien hervorgehen, weil sie auf viel zu großen Skalen liegen, sollte die Entdeckung von Schwankungen auf kleineren Skalen nicht mehr lange auf sich warten lassen. Vor siebzig Jahren wußten wir nichts über die Expansion des Universums. Vor fünfzig Jahren hatten wir noch keinerlei Vorstellung vom Urknall, und es ist keine dreißig

Jahre her, daß wir die ersten Belege dieses Modells in der Hand haben. Nun können wir mit einiger Gewißheit sagen, daß wir die Entwicklung des Universums für einen Zeitraum von 13 Milliarden Jahren – von einer Zeit 300 000 Jahre nach dem Urknall bis heute – im großen und ganzen verstehen (mit vielen noch fehlenden Einzelheiten). Und was wir von der Entstehung der leichten Elemente im frühen Universum wissen, läßt vermuten, daß wir das Modell mit einiger Sicherheit noch weiter rückwärts bis zu einer Sekunde nach dem Urknall extrapolieren können.

Wenn das Vertrauen in neue Vorstellungen über das frühe Universum weiterhin so zunimmt wie bisher, dann können wir sogar hoffen, den Ursprung der Strukturbildung noch viel weiter zurückzuverfolgen, vielleicht sogar bis zu den frühesten Vorgängen in der Geschichte des Universums in dem Moment, als die Inflation begann. Allerdings wäre es bei unserem gegenwärtigen Wissensstand über das frühe Universum wohl ziemlich übertrieben, zu behaupten, daß die *COBE*-Rippeln bereits ein Beweis für die Inflation seien – auch wenn einige Teilchenphysiker das so sehen.

13
Kosmologische Visionen

Was ist Wissenschaft? Viele Philosophen und Wissenschaftstheoretiker haben schon versucht, diese Frage zu beantworten, aber ihre Überlegungen vermitteln nur ein unvollständiges Bild. Ich denke, dieses Buch beweist, daß moderne Wissenschaft ein vielschichtiges Unterfangen ist, das sehr vieles einschließt: wissenschaftliche Ideen und Intuitionen, sorgfältige Beobachtungen und Experimente, Großprojekte und internationale Zusammenarbeit, teure Geräte, penible Analyse, Weitsicht, schnelle Reaktion im entscheidenden Augenblick, Entschlossenheit und nicht zuletzt auch Glück. Aufgrund dieser komplexen Wirklichkeit haben Wissenschaftler in der Regel eher eine pragmatische Sicht, auch wenn viele durch philosophische Vorstellungen vom Wesen der Wissenschaft beeinflußt sind. Die Öffentlichkeit neigt im allgemeinen dazu, Wissenschaft mit zwiespältigen Gefühlen zu betrachten. Man ist von Wissenschaftlern abhängig, wenn es um Umwelttechnik oder Gesundheitsprobleme geht, aber man betrachtet Wissenschaft auch als Gefahr und sogar als Bedrohung des Menschen. In diesem Kapitel möchte ich einige Ansichten von Wissenschaftstheoretikern skizzieren und versuchen, eine eher ganzheitliche Sicht von Wissenschaft zu vermitteln, wobei ich auch auf die gegenwärtige Wissenschaftskritik eingehen möchte.

Wissenschaft eröffnet eine geistige Sicht der Realität, die für unsere Kultur und unser persönliches Leben bestimmend ist. Sie ist eine Vision der Realität. Aber sie beantwortet keineswegs alle Fragen, und sie kann insbesondere den Sinn des Lebens nicht angeben.

Die Philosophie der Wissenschaftstheoretiker

Wir wollen uns zunächst einige wissenschaftstheoretische Ansätze ansehen. Karl Popper trägt in seinem einflußreichen Buch *Logik der Forschung* die Ansicht vor, daß Wissenschaft darin besteht, durch logisches Schließen und wissenschaftliche Intuition Theorien zu entwerfen und deren Voraussagen in sorgfältigen Experimenten zu prüfen. Diese Vorstellung von einem hypothetischen Schließen auf theoretische Gesetze und einem systematischen Test der vermuteten Theorie läßt sich logisch leicht verteidigen, aber sie bringt uns nicht viel weiter, wenn wir verstehen wollen, wie Wissenschaftler in der Praxis vorgehen. Popper führt als Kriterium dafür, daß eine Theorie wissenschaftlich ist, die Falsifizierbarkeit an – das heißt, sie muß Voraussagen machen, die experimentell überprüft und, sofern sie falsch sind, widerlegt (falsifiziert) werden können. Nach Popper sind zum Beispiel die Theorien von Marx und Freud keine Wissenschaft, weil Marxisten und Freudianer ihre Standpunkte keineswegs aufgeben, wenn sich eine Voraussage als falsch erweist.

In seinem Buch *Die Struktur wissenschaftlicher Revolutionen* versucht Thomas Kuhn aus historischer Sicht zu beschreiben, wie Wissenschaftler tatsächlich Wissenschaft betrieben haben und betreiben. In Zeiten, die er „normale" Wissenschaft nennt, gibt es ein wissenschaftliches Paradigma, einen gemeinsamen Grundstock an Prinzipien und Theorien, die den Kern einer Wissenschaft bilden. Mit Hilfe dieser Prinzipien und Theorien wird versucht, sehr verschiedene Situationen innerhalb einer umfassenden Theorie zu erklären. Manchmal werden einzelne Annahmen hinzugefügt oder weggelassen, damit das Paradigma weiterhin aufrecht erhalten werden kann. Die Hauptaktivität in Zeiten „normaler" Wissenschaft kann man nach Kuhn als Lösen von Räseln beschreiben, wobei die Lösungen anhand eines wohleingeführten und nicht in Frage gestellten theoretischen Rahmens abgeleitet werden. Aber es kommt in einer „revolutionären" Phase auch bisweilen zu einem Paradigmenwechsel. Solche Revolutionen wurden zum Beispiel von Kopernikus, Newton, Darwin, Planck und Einstein ausgelöst.

Beide Ansichten zum Wesen der Wissenschaft scheinen einander zu widersprechen, und man hat viel darüber diskutiert, wie sich diese Ansätze, die offensichtlich beide einen wahren Kern haben, in Einklang bringen lassen. Imre Lakatos hat in seiner Untersuchung zur Methodologie wissenschaftlicher Forschungsprogramme versucht, Kuhns soziologische Einsichten mit Poppers Standpunkt zu verbinden. Der amerikanische Philosoph Paul Feyerabend weist genüßlich darauf hin, daß Kuhns Beschreibung der normalen Wissenschaft ebensogut auf das organisierte Verbrechen anwendbar wäre. Für Feyerabend ist normale Wissenschaft die Wissenschaft von ihrer langweiligsten Seite und neigt dazu, gefährliche Haltungen zu pflegen. Er befürwortet eine trotzkistische permanente Revolution in der Wissenschaft, wobei beides, ungehinderte Weitergabe neuer Theorien und hartnäckiges Festhalten an alten Theorien, nötig ist. Jeder darf seinen eigenen Neigungen folgen, und die Wissenschaft zieht aus solchen Initiativen ihren Nutzen. Feyerabends philosophischer Methodenpluralismus ist – vor allem für Skeptiker wie mich – sehr attraktiv, aber ein vollkommen hoffnungsloser Ansatz für jedes wissenschaftliche Forschungsprogramm, denn nur nach positiver Begutachtung durch andere Wissenschaftler kann man dafür die nötigen Finanzmittel bekommen. Feyerabend macht anscheinend keinen Unterschied zwischen einem fachkundigen Wissenschaftler mit unorthodoxen Ideen (seine Arbeit kann der Wissenschaft einiges nützen, sogar auch dann, wenn er unrecht hat) und einem verbohrten Besserwisser, der fast nichts von der Wissenschaft versteht, aber immer wieder mit seiner angeblich einzig richtigen neuen Theorie des Universums auftaucht. Ein wissenschaftliches Programm muß nach allen Regeln der Kunst professionell aufgezogen werden und ein klares Verständnis der vorherrschenden Theorien beweisen. Es braucht eine klare Zielsetzung, die in unerforschte Bereiche führt. Das Ziel kann im Rahmen der grundlegenden physikalischen Theorie mehr oder weniger bedeutsam sein. Manchmal stellt sich bei einem Programm, das mit bescheidenen Zielen beginnt, heraus, daß es überraschend grundsätzliche Auswirkungen hat. Dies war in einem gewissen Maß bei unseren *IRAS*-Galaxiendurchmusterungen so.

Man könnte sagen, daß Popper den logischen Standpunkt von Wissenschaft beschreibt (also im wesentlichen einen vergleichbaren Standpunkt, wie ihn Wittgenstein in seinem *Tractatus logicus* vertritt) und daß Kuhn die soziologisch-historischen Aspekte von Wissenschaft charakterisiert, aber keiner von beiden kommt dem, was Wissenschaft für Wissenschaftler bedeutet, wirklich nahe. Was geht in den Köpfen der Wissenschaftler vor, und was treibt sie unaufhaltsam vorwärts?

Wissenschaftliche Visionen

Für mich persönlich ist Wissenschaft eine ganzheitliche Weltanschauung – eine Vision der Welt. Und man kann nur verstehen, was eine solche wissenschaftliche Vision der Welt bedeutet, wenn man sie einmal an sich selbst erfahren hat. Dazu könnte man sich vielleicht auch in die Vorstellungswelt eines Schriftstellers oder Künstlers einfühlen, aber es liegt in der Natur der Sache, daß man eine solche Vision kaum vermitteln kann, wenn der andere nicht daran teilhat. Bis zu einer wissenschaftlichen Vision ist es ein langer, steiniger Weg (die wissenschaftliche Ausbildung). Auf Außenstehende kann die Gemeinschaft der Wissenschaftler wie eine geschlossene Glaubensgemeinschaft und sogar abstoßend wirken. Dies dürfte mit dazu beigetragen haben, daß Wissenschaft von manchen als Bedrohung des Menschen und insbesondere der christlichen Religion empfunden wird. Auf Wissenschaftler wirken die Ängste und Angriffe oft laienhaft und sachfremd. Die Vorstellung, daß Wissenschaft das Leben seiner Werte beraubt, ist bizarr, wenn man selbst die wissenschaftliche Vision als eine der faszinierendsten Seiten des Lebens erfahren hat.

Im Frühjahr 1992 wurden mehrere Bücher veröffentlicht, die die Wissenschaft frontal angriffen und weite Verbreitung fanden. Einige erschienen zufällig in derselben Woche, in der die NASA mitteilte, daß mit *COBE* „Rippeln" in der kosmischen Hintergrundstrahlung entdeckt worden waren, und in der auch der Film zu Stephen Hawkings *Eine kurze Geschichte der Zeit* erstmals vorgeführt wurde – beides stellte die Ansprüche der Wissenschaft, den Ursprung des Universums zu verstehen, sehr deutlich heraus. In derselben Woche gab es auch ein Streitgespräch zwischen dem Zoologen Richard Dawkins aus Oxford und dem Erzbischof von York über die Existenz Gottes, bei dem natürlich am Ende kein Ergebnis herauskam. Und Journalisten wie Bernard Levin und Auberon Waugh und der Politiker George Walden, alle offenbar nicht durch allzuviel Kenntnis von Wissenschaft getrübt (obwohl Walden Wissenschaftminister gewesen war), sprangen eilig auf den Anti-Wissenschafts-Zug auf. Haben wir es heute wieder mit einer Polarisierung in zwei Kulturen, Naturwissenschaften und Geisteswissenschaften, zu tun, wie sie vor über 30 Jahren von C. P. Snow beklagt wurde?

Selbstverständlich liegen nicht alle Bücher auf einer Linie. In seinem Buch *The Creative Moment* argumentiert Joseph Schwartz im Kern prowissenschaftlich, möchte aber eine Sozialkritik an Wissenschaft und wissenschaftlichem Establishment vorlegen – in der Art von J. D. Bernal und J. B. S. Haldane. Bryan Appleyard vertritt in *Understanding the Present* eine wesentlich naivere und maschinenstürmerische Position. Er hat den Eindruck, daß die menschliche Geschichte zugrunde gerichtet wurde, weil die christliche Kosmologie eines Dante und Thomas von Aquin durch Kopernikus, Galilei, Newton und Einstein zum Einsturz gebracht wurde. Mary Midgley, eine Moralphilosophin, führt in ihrem Buch *Science as Salvation* den ernstzunehmendsten und daher in mancher Hinsicht irritierendsten Angriff. Sie sichert die Welt für die christliche Theologie mit einer verborgenen Agende, die – ähnlich den kirchlichen Agenden – die Ordnung dessen, was geschehen soll, festlegt. Midgley greift alle an, die Gott keinerlei Rolle zubilligen – seien es nun Physiker wie John Barrow und Frank Tipler, die (in ihrem Buch zum Anthropischen Prinzip) darüber nachdenken, daß es die Bestimmung des Universums sei, sich mit intelligentem Leben zu füllen, oder seien es Biologen wie Bernal, Haldane, Monod und Dawkins, denen sie Voreingenommenheit vorwirft. Aber während die Physiker, die in einem entspannten Moment über Gott und die Welt nachsinnen, ein leichtes Angriffsziel sind, kann Mary Midgley die Weltsicht Jacques Monods, daß das Leben im Universum durch Zufall entstand und daher keine großartige Bestimmung habe, kaum ins Wanken bringen. Man würde nach Mary Midgleys seitenlangen Angriffen auf Monod nicht vermuten, daß er in seinem Buch *Zufall und Notwendigkeit* eigentlich über die moderne Biologie und ihre philosophischen Aspekte berichtet.

Moderne Wissenschaftler können nur noch einen kleinen Teil der gesamten Wissenschaft erkennen und voll verstehen. Diejenigen, die die Physik des sehr frühen Universums untersuchen, wissen in der Regel nur wenig vom der übrigen astronomischen Welt. Astronomen wissen im allgemeinen fast nichts über Biologie – und so geht es weiter durch das ganze Spektrum der Naturwissenschaften. Man hat gesagt, daß Goethe der letzte Naturforscher gewesen sei, der alles über die Wissenschaft seiner Zeit gewußt hat. Popularisierer wie James Jeans, Arthur Eddington, Jakob Bronowski oder Carl Sagan mögen versuchen, uns einen Eindruck des gesamten Wissens zu vermitteln, aber man muß sich darüber im klaren sein, daß dies nur teilweise und unvollständig gelingen kann. Doch stehen solche Bemühungen in einer großen Tradition, die man bis zum Lehrgedicht *De Rerum Natura* (Über die Natur der Dinge) von Lukrez zurückverfolgen kann. Sein Gedicht ist eine spannende Darstellung der atomistischen Weltsicht und ist wohltuend frei von Erklärungen mit Göttern und Religion. In der Tradition von Platon und seinem Schüler Aristoteles gibt es Raum für einen Gott – und diese Philosophie hat die islamisch-arabische und die jüdisch-christliche Theologie entscheidend geprägt. Wir vergessen oft, daß Aristoteles vor allem in der arabischen Kultur tradiert war und erst im

11. und 12. Jahrhundert in Europa vollständig wiederentdeckt wurde. Mit seinen Schriften, die einen wichtigen Anstoß für die Renaissance gegeben haben, kamen auch brillante Kommentare arabischer Philosophen.

In den theologischen und philosophischen Schriften des Mittelalters und der Renaissance entdecken wir nur mit Mühe eine moderne Weltsicht. Aber zumindest in den humanistischen Schriften Petrarcas finden wir die Vorstellung, daß sich der Mensch, wenn er die natürliche Welt erkennt und hinterfragt, dem Kern dessen nähert, was dem Leben seinen Sinn verleiht. Petrarca war nicht nur der Begründer des Humanismus, sondern er stellte zum ersten Mal eine Vision der Natur vor, die der moderne Wissenschaftler als seine wiedererkennen kann.

Seit der Veröffentlichung von Kopernikus' Hauptwerk *De Revolutionibus Orbium Coelestium* (Über die Umdrehungen der Himmelskreise) scheint das aristotelische Weltbild unaufhaltsam einer neuen Wissenschaft weichen zu müssen: Galilei stürzt die Physik des Aristoteles, Newton baut eine neue auf, Descartes entwirft eine neue Metaphysik. Aber es stimmt nicht ganz, wenn Joseph Schwartz in seinem Buch *The Creative Moment* behauptet, daß die Mathematisierung der Wissenschaften mit Galilei und Newton beginnt. Ptolemäus und Kopernikus waren in ihren Abhandlungen ebenso mathematisch, auch wenn sie mit einer anderen Mathematik arbeiteten. Ptolemäus und Kopernikus stützten sich bei ihren Beweisen, wo immer möglich, auf die euklidische Geometrie – und auch Newton argumentierte nicht selten geometrisch. Aber mit der Erfindung der Differentialrechnung haben Leibnitz und Newton eine neue Mathematik in die Naturwissenschaften eingeführt. Mit einer gewissen Kenntnis dieser Mathematik, die man am Gymnasium lernt, kann man einen großen Teil der Wissenschaft völlig verstehen. Allerdings trifft dies nicht mehr für die Allgemeine Relativitätstheorie und theoretische Teilchenphysik zu. Auch nach einem Mathematikstudium an einer Universität ist keineswegs sicher, daß man hier große Fortschritte erreicht. Einige Gebiete der modernen Wissenschaft lassen sich nur verstehen, wenn man hohe mathematische

Barrieren überwindet, und hier sind dann sogar auch die meisten Wissenschaftler auf Spezialisten angewiesen, die in diesen Gebieten arbeiten und den anderen dann erklären müssen, was sie gerade herausgefunden haben. Zum Glück gibt es viele sehr gute Bücher von ausgezeichneten Wissenschaftlern, in denen man sich über fast alle Aspekte unseres modernen wissenschaftlichen Weltbildes informieren kann.

Warum bin ich selbst da, und warum jetzt?

In den Schriften von Blaise Pascal, einem Zeitgenossen von Newton und Descartes, finden wir zum ersten Mal ein weiteres wichtiges Element modernen Denkens, insbesondere des Existentialismus. In seinen *Pensées* stellt Pascal das Erleben des Menschen heraus, sich im Universum der Newtonschen Physik wiederzufinden:

> Die ewige Stille dieses unendlichen Raumes erfüllt mich mit Schrecken.
>
> Ich schaue diese grauenvollen Räume des Universums, die mich einschließen, und ich finde mich an eine Ecke dieses weiten Weltenmeeres gefesselt, ohne daß ich wüßte, weshalb ich die wenige Zeit, die ich zu leben habe, jetzt erhielt und an keinem anderen Zeitpunkt der Ewigkeit, die vor mir war und die nach mir sein wird.

Mit diesem existentiellen Erleben muß man – so oder so – fertig werden. Pascal selbst flüchtete sich in einen religiösen Glauben. Dagegen kann es keine wissenschaftliche Einwände geben. Wissenschaftler, die sich in Streitgesprächen mit Geistlichen über die Existenz Gottes auseinandersetzen, vergeuden ihre Zeit, weil Wissenschaft in diesem Punkt nichts beitragen kann (und Geistliche genauso irren, die sich kompetent fühlen, aufgrund besonderer Einsichten wissenschaftliche Theorien kritisieren zu können). Aber Pascal hat für meine Begriffe eine wenig interessante und zaghafte Antwort. Der zweite Teil der *Pensées*, zusammengefaßt unter der Überschrift

„Glückseligkeit des Menschen mit Gott“ ist langweilig im Vergleich zum ersten Teil „Elend des Menschen ohne Gott“ (in dem man alle berühmten Zitate von Pascal findet). Viel eindrucksvoller sind für mich Schriftsteller wie Hume, Sartre oder Monod, die die Einsamkeit und Verlorenheit des Menschen in diesem ungeheuren Universum als eine existentielle Gegebenheit hinnehmen. Ich glaube nicht, daß wir die Religion als Krücke brauchen, um aufrecht dem Universum ins Auge zu blicken. Auch die „New Age“-Fantasien erscheinen mir als Flucht aus der Wirklichkeit. Leben als Flucht ist aber nur halbes Leben.

Einige Wissenschaftler behaupten, daß man den Sinn des Lebens in wissenschaftlichen Theorien finden könne. Stephen Hawking meint, daß dieser Sinn in der Struktur des Urknalls verborgen sei. Paul Davies sieht ihn in den vereinheitlichten Theorien der physikalischen Kräfte, etwa der Superstring-Theorie. Und eine Reihe von Autoren, von Freeman Dyson bis John D. Barrow und Frank Tipler, behaupteten, daß das Anthropische Prinzip in diesem Zusammenhang gesehen werden kann. Meinem eigenen Eindruck nach – und darin stimme ich mit Mary Midgleys *Science as Salvation* überein – sind alle diese Behauptungen nicht besonders tragfähig.

Wittgenstein zieht in seinem *Tractatus* eine scharfe Grenze zwischen dem Bereich, über den Logik und Wissenschaft etwas aussagen können, und dem, über den sie nichts sagen. Bei Sinnfragen zur Ethik und über die Werte einer Gesellschaft müssen wir in Logik und Wissenschaft schweigen.

Dies hielt Wittgenstein natürlich nicht davon ab, sich lange Zeit seines Lebens mit eben diesen Fragen auseinanderzusetzen. Antworten darauf wird man aber nicht nur bei Moralphilosophen finden, sondern auch in literarischen Schriften und in der Dichtkunst. Ich persönlich lese zwar auch die Philosophen, aber was ich zur Sinnfrage suche, finde ich in der Dichtkunst wieder.

Die Wissenschaft ist eine Vision der Wirklichkeit, die zwar alle Lebensbereiche umfaßt, aber nicht alle Fragen beantwortet. Sie übertrifft die Alchimie und Astrologie in ihrer magischen Kraft, Natur zu verändern und die Zukunft vorherzusagen. Natürlich waren

Alchimie und Astrologie auch einmal wissenschaftliche Visionen, und das moderne Wissenschaftsverständnis schließt einige immer noch gültige Aspekte dieser früheren Visionen ein. Das Staunen über die seltsamen Bewegungen der Planeten entlang des Tierkreises hat letztendlich die kopernikanische und galileische Revolution vorbereitet. Und die alchimistische und hermetische Tradition hat für Newtons Kraftbegriff und die Vorstellung einer Fernwirkung eine wichtige Rolle gespielt.

Was also ist der Sinn des Lebens? Hier folge ich Sartre und Monod, die dem Leben keinen konkreten Sinn und Zweck beimessen. Leben und menschliche Intelligenz haben sich einfach entwikkelt. Das Universum hat kein Ziel, auch wenn es offensichtlich so beschaffen ist, daß sich Leben darin entwickeln konnte. Dieser einfache Sachverhalt verdient kaum die besondere Bezeichnung „Anthropisches Prinzip". Die Eigenschaften anderer hypothetischer Universen sind für uns einfach nicht von Interesse.

Der Sinn scheint sich zu verlieren, wenn wir einen zu großen Maßstab anlegen, wie Pascal, oder uns auf zu kleine Maßstäbe einschränken, wie die Hauptperson in Sartres *Der Ekel*, die zu lange auf die Wurzeln eines Feigenbaums starrt. Steven Weinberg sagt in seinem Buch *Die ersten drei Minuten*, für ihn verlöre das Leben seinen Sinn, wenn er wüßte, daß das Universum nach endlicher Zeit aufhören werde. Aber ob das Universum nun ewig ist oder nur über Myriaden von Milliarden Jahren bestehen wird, in beiden Fällen erscheint Leben als eine angesichts solcher Zeitskalen bedeutungslose Episode. Hier müssen wir, ähnlich wie bei wissenschaftlichen Theorien, aus Bruchstückhaftem eine Vision zusammensetzen, wobei der Sinn aus unseren Lebenserfahrungen hier und jetzt abgeleitet werden muß.

Andererseits hat Leben den Wert, den wir ihm selbst geben. Sartre sagt, wir müssen *engagiert* sein, um die Absurdität unseres Daseins zu überwinden. Die Einheit unserer Existenz mit dem übrigen Leben auf der Erde, mit den Sternen und Galaxien, deren Entwicklung unser Dasein erst ermöglichte, gehört zu den großen Themen der modernen Wissenschaft. Und diese Einheit der Natur findet man als Motiv auch in den Werken und Gedichten von Goethe wieder.

Die getrennten Kulturen

Zur menschlichen Kultur gehört vor allem, daß wir auf die Frage nach dem Sinn des Lebens zumindest bruchstückhafte Antworten geben können. Und im Falle unserer Kultur sind dabei auch wissenschaftliche Visionen eingeschlossen. Als 1959 der bekannte Romanautor und ehemalige Wissenschaftler C. P. Snow behauptete, es gebe zwei Kulturen, eine Kultur der Literaten und Intellektuellen und eine der Wissenschaftler, gab es einen Aufschrei. Damals empfand ich als junger Mathematikstudent einen gewissen Stolz, auf diese Weise einer Kultur anzugehören, die mit Literatur und Kunst vergleichbar ist. Als dann 1962 F. R. Leavis in seinem *Spectator*-Artikel *Zwei Kulturen? Die Bedeutung von C. P. Snow* Angriffe gegen Snow vorbrachte, war ich schockiert – obwohl ich jede Woche nach einer Mathematikvorlesung in Leavis Vorlesung hetzte, um ihn zu hören. Sein Artikel hätte treffend mit „Die Bedeutungslosigkeit von C. P. Snow“ überschrieben werden können, denn zu den Haupteinwänden von Leavis gehörte, daß Snow nicht die Kompetenz habe, um über den Kulturbegriff zu dozieren.

Inzwischen sehe ich bei erneuter Lektüre von Snows *Zwei Kulturen* allmählich, worauf es Leavis ankam. Snow hat einen verwirrenden Stil – schwülstig und weitschweifig. Überraschend ist, daß er sich auf anekdotische Darstellungen vom wissenschaftlichen Stammtisch stützt. Snows Hauptargument scheint zu sein, daß man Wissenschaftler ernster nehmen müsse, weil sie anständige Leute sind, die ein oder zwei Dinge wissen und versuchen, in der Welt Gutes zu tun. In Wirklichkeit gab es nie zwei Kulturen, sondern nur eine, von der die Wissenschaft ein Teil ist. Aber Snow hat eine wichtige Frage angeschnitten: Kann jemand, der keinerlei Anstrengung unternommen hat, Kenntnisse über Wissenschaft zu erwerben, als kultiviert gelten? T. S. Eliot und sein Schüler Leavis hätten dies bejaht und damit ihre literarische Generation in eine Sackgasse geführt. Aber heute werden, hoffentlich, nur wenige Schriftsteller, Künstler und Intellektuelle diese Frage bejahen.

Arbeitsmöglichkeiten, Anerkennung und Verantwortung

Fast alle hier beschriebenen wissenschaftlichen Programme erfordern gewaltigen Aufwand: Teleskope, Raummissionen, große Teilchenbeschleuniger. Dieser Aufwand wiederum ist nur von großen Organisationen zu leisten: von Weltraumbehörden wie ESA (European Space Agency) und NASA, von Observatorien und von riesigen Beschleunigerzentren wie CERN. Um Zugang zu diesen Forschungsmöglichkeiten zu erhalten und zum Beispiel eine Weltraumbehörde zu überreden, einen neuen astronomischen Satelliten zu bauen oder an einem großen astronomischen Teleskop oder Teilchenbeschleuniger arbeiten zu können, müssen Wissenschaftler verschiedener Disziplinen gewöhnlich in großem Stil zusammenarbeiten. Innerhalb einer solchen Kooperation gibt es ein breites Spektrum von Experten – Mathematiker und theoretische Physiker, Experten für bestimmte Modelle zum Vergleich zwischen Theorie und Beobachtung beziehungsweise Experimenten. Beobachter oder Experimentatoren, Spezialisten für die Instrumente und Ingenieure, die die in dem Projekt benötigten Geräte entwerfen und bauen. Es ist nicht einfach, eine solche Kooperation zusammenzuhalten und zu garantieren, daß die wissenschaftliche Leistung der verschiedenen Mitglieder einer Kooperation angemessen anerkannt wird. Viel Kleinarbeit in solchen Projekten wird von Doktoranden und Assistenten mit Kurzzeitverträgen erledigt, aber die Anerkennung für ihr Ergebnis erhalten oft die älteren Mitglieder der Kooperation, die erfolgreich die Geldmittel für Doktoranden und Assistenten beschafft haben und das wissenschaftliche Programm leiten. Natürlich sollten sich beide Seiten die Anerkennung teilen.

Kann man Wissenschaft als objektive Suche nach der Wahrheit beschreiben? Das ist vielleicht übertrieben, aber Wissenschaftler versuchen in aller Regel, ihre Ergebnisse redlich darzustellen, und es ist ein großer Skandal, wenn jemand bei einer Schwindelei ertappt wird. Aber ein wissenschaftliches Programm hat in aller Regel ein ganz bestimmtes Ziel, und Wissenschaftler haben im Hinblick auf das, was sie herausfinden wollen, klare Erwartungen. Zwar fühlen sie sich nicht unbedingt verpflichtet, auf die Schwachstellen ihres Vorhabens hinzuweisen, aber das Gutachtersystem zur Prüfung von Arbeiten, die zur Veröffentlichung anstehen, sollte hier gewisse Standards für Erklärungswert, Mangel an Zweideutigkeit und gerechte Anerkennung anderer für ihre Beiträge durchsetzen und als Filter für wirklich eigenständige Arbeit dienen. Aber Wissenschaftler können nur einen gewissen Teil ihrer Zeit für die Begutachtung anderer Arbeiten aufbringen, so daß die hochgesteckten Ziele nicht immer erreicht werden. Gelegentlich kann das anonyme Gutachtersystem mißbraucht werden, um Publikationen von Konkurrenten zu behindern. Meines Erachtens ist die Anonymität hier nur in wenigen Fällen gerechtfertigt.

Wissenschaft besteht nicht nur darin, gute Arbeit zu leisten und dafür zu sorgen, daß sie veröffentlicht wird. Man erreicht nur wenig, wenn die Veröffentlichung nicht von anderen gelesen und verwendet wird. Man muß sich ständig bemühen, anderen Wissenschaftlern und der Öffentlichkeit mitzuteilen, was man tut. Andernfalls kann man ein Waterloo erleben, wenn ein Ergebnis in der Öffentlichkeit verbreitet wird, bevor die wissenschaftlichen Kollegen die neuen Entdeckungen lesen und prüfen konnten. Ein Beispiel dafür waren die Berichte von einer kalten Kernfusion.

Einer der Punkte, die C. P. Snow zugunsten der Wissenschaftler anführte, war, daß sie im großen und ganzen für das Wohl der Allgemeinheit arbeiten. Ich bin mir nicht sicher, ob das ein sehr starkes Argument ist. Man schätzt zum Beispiel, daß in Großbritannien ungefähr die Hälfte der Physiker nach ihrem Abschluß in der Rüstungsindustrie arbeiten, und in anderen Ländern sieht es nicht viel anders aus. Während einige damit vielleicht dem Gemeinwohl dienen wollen, zieht es die meisten verständlicherweise einfach zu den gutbezahlten Stellen. Organisationen von Wissenschaftlern, die sich gegen den Mißbrauch der Wissenschaft für militärische Zwecke wehren, wie zum Beispiel *Wissenschaftler für den Frieden e. V.* in Deutschland oder die *Union of Concerned Scientists* in den USA, finden nur bei einer Minderheit unter den Wissenschaftlern Unterstützung. Es erschreckt mich, wie wenige Wissenschaftler sich moralisch damit auseinandersetzen, wie Wissenschaft angewendet wird. In einer Wissenschaft wie der Astronomie, die im großen und ganzen keine praktischen Nutzanwendungen hat, sind die Freude am Forschen und die Hoffnung, den menschlichen Horizont zu erweitern, sicherlich eine starke Triebfeder. Aber der Wunsch, von anderen Wissenschaftlern anerkannt und bewundert zu werden und vielleicht eine Entdeckung zu machen, die die öffentliche Aufmerksamkeit auf sich zieht, kurz, der Wunsch nach Ruhm, ist nicht zu unterschätzen.

Wir können uns nicht aussuchen, ob wir in einem wissenschaftlichen Zeitalter leben wollen – wir tun es. Wissenschaftliche Untersuchungen und vielleicht auch wissenschaftliche Standortbestimmungen werden das Überleben des menschlichen und anderen Lebens auf der Erde sichern müssen. Viele Wissenschaftler wollen sich dieser Herausforderung stellen. Nicht alle, die in der Rüstungsindustrie arbeiten, sind damit glücklich, Massenvernichtungswaffen zu bauen. Es ist schwer vorstellbar, daß die Probleme auf unserem Planeten gelöst werden können, solange die wissenschaftliche Vision für Politiker, Schriftsteller, Künstler, Erzieher und natürlich die allgemeine Öffentlichkeit unverständlich bleibt.

Schluß

Was ist also die Bedeutung der Rippeln? Die Klumpigkeit des Universums, die in den *IRAS*-Galaxiendurchmusterungen beobachtet wurde, und die von *COBE* in der Hintergrundstrahlung beobachteten Rippeln bestätigen, daß im Universum dunkle Materie vorherrscht und daß diese dunkle Materie eine wesentliche Rolle bei der Strukturbildung im Universum gespielt hat – von den Galaxien-Superhaufen bis hinunter zu Erde. Wenn man die beobachteten Rippeln mit den Ergebnissen aus der Rotverschiebungsdurchmusterung der *IRAS*-Galaxien verknüpft, dann zeigen die Rippeln vielleicht, daß es zwei Formen von dunkler Materie geben muß, heiße und kalte dunkle Materie. Als heiße dunkle Materie vermutet man Tau-Neutrinos mit einer Masse von ungefähr 7 Elektronenvolt – und könnte damit nicht nur das Problem der solaren Neutrinos lösen, sondern auch den vereinheitlichten Theorien Rechnung tragen, denen zufolge die Kern- und elektromagnetische Kraft im frühen Universum in einer Großen Vereinheitlichung als *eine* Kraft vorlagen. Die Natur der kalten dunklen Materie bleibt ein Geheimnis, auch wenn intensiv danach gesucht wird. Die Rippeln sind vielleicht sogar auch ein Beweis, daß das Inflationsszenario für die ersten Augenblicke des Urknalls zutrifft. In diesem Buch habe ich jedoch immer wieder betont, daß es keinen direkten Hinweis auf die Große Vereinheitlichung oder die Inflation gibt.

Ganz allgemein zeigen die Rippeln, daß wir mit unseren Vorstellungen zum Verlauf des Urknalls und zur Entstehung von Galaxien auf dem richtigen Wege sind, auch wenn sich einzelne Details noch in Zukunft ändern können. Das ist eine bemerkenswerte Errungenschaft in der Kosmologie des 20. Jahrhunderts.

Aber sagen die Rippeln irgendetwas über den Sinn des Lebens aus? Ich glaube nicht. Das Leben auf der Erde, vor allem das menschliche Leben, sagt nichts über die Kosmologie aus, wenn man einmal von der offensichtlichen und trivialen Tatsache absieht, daß Leben im Universum auch in der Theorie möglich sein muß. Kosmologie kann also keine kosmische Lösung für das Problem anbieten, einen Sinn für das eigene Leben zu finden. Es ist eine wunderbare Sache, das Universum zu untersuchen und zu verstehen, und ich kann nicht umhin, auch Sie davon überzeugen zu wollen. Aber jeder hat die Wahl, welche Bedeutung und welchen Wert er der Kosmologie zuweisen will – hier herrscht die Willkür, die Italo Calvino in *Zeit und Jäger* beschreibt:

> Natürlich kann, wer will, es sich auch in den Kopf setzen, eine Ordnung in den Sternen, den Galaxien . . . zu sehen.

Anmerkungen und Literaturhinweise

2. Der Zauber der Zahlen

Weiterführende Literatur:
Stewart, I. *Mathematik. Probleme – Themen – Fragen.* Basel (Birkhäuser) 1990.
McLeish, J. *Number.* London (Bloomsbury) 1991.
Davis, Ph. J.; Hersh, R. *The Mathematical Experience.* London (Penguin) 1983.
Maor, E. *To Infinity and Beyond.* Boston (Birkhäuser) 1987.

S. 9 *Selections from the Notebooks of Leonardo da Vinci.* In: Richter, I. A. (Hrsg.) *The World's Classics.* Oxford (Oxford University Press) 1952. S. 7.
S. 13 Fauvel, J. et al. (Hrsg.) *Let Newton Be.* Oxford (Oxford University Press) 1988.
S. 24 Wittgenstein, L. *Tractatus logico-philosophicus.* 22. Aufl. Frankfurt/Main (Suhrkamp) 1989.
Monk, R. *Ludwig Wittgenstein: das Handwerk des Genies.* Stuttgart (Klett-Cotta) 1992.
S. 25 Russell, B. *Autobiographie.* Frankfurt (Insel-Verlag) 1971.
Penrose, R. *Computerdenken.* Heidelberg (Spektrum Akademischer Verlag) 1993.
Barrow, J. *Pi in the Sky.* Oxford (Oxford University Press) 1992.
S. 26 Popper, K. *Logik der Forschung.* 9. Aufl. Tübingen (Mohr) 1989.
S. 29 Schaffner, K. P. *Nineteenth-Century Aether Theories.* Oxford (Pergamon) 1972.

3. Dreißig Jahre Moderne Astronomie

Weiterführende Literatur:
Rowan-Robinson, M. *Cosmic Landscape*. Oxford (Oxford University Press) 1979.
Hey, R. *The Evolution of Radio Astronomy*. London (Elek Science) 1973.
Edge, D.; Mulkay, M. *Astronomy Transformed*. New York (John Wiley) 1976.
Verschuur, G. *The Invisible Universe Revealed*. Heidelberg (Springer-Verlag) 1987.
Tucker, W.; Tucker, K. *The Cosmic Inquirers*. Cambridge, Mass. (Harvard University Press) 1986.
Rowan-Robinson, M. *Das Universum der Sterne*. Heidelberg (Spektrum Akademischer Verlag) 1993.
Rowan-Robinson, M. *Thirty Years of the New Astronomy*. In: *New Scientist* (1990).
Harrison E. *Darkness at Night*. Cambridge, Mass. (Harvard University Press) 1987.
Barrow, J. D.; Tipler, F. J. *The Anthropic Cosmological Principle*. Oxford (Oxford University Press) 1988.

4. Das Hubblesche Gesetz, die kosmische Entfernungsleiter und der Urknall

Weiterführende Literatur:
Hubble, E. *The Realm of the Nebulae*. New York (Dover) 1958.
Smith, R. W. *The Expanding Universe*. Cambridge (Cambridge University Press) 1982.
Rowan-Robinson, M. *The Cosmological Distance Ladder*. New York (Freeman) 1985.
Arp, H. *Quasars, Redshifts and Controversies*. Berkeley (Interstellar Media) 1987.
Field, G.; Arp, H.; Bahcall, J. *The Redshift Controversy*. Reading, Mass., (Benjamin, W. A.) 1973.
Overbye, D. *Lonely Hearts of the Cosmos*. London (Macmillan) 1991.
Goldsmith, D. *Supernova! The Exploding Star of 1987*. New York (St. Martins Press) 1989.
Silk, J. *Der Urknall. Die Geburt des Universums*. Basel (Birkhäuser) 1990.
Hawking, S. W. *Eine kurze Geschichte der Zeit*. Reinbek (Rowohlt Verlag) 1988.

Viele klassische Arbeiten über die Kosmologie des 20. Jahrhunderts kann man nachlesen in: Bernstein, J.; Feinberg, G. (Hrsg.) *Cosmological Constants, Papers in Modern Cosmology*. New York (Columbia University Press) 1986.

5. Ein Infrarotsatellit wird Wirklichkeit

Weiterführende Literatur:

Allen, D. A. *Infrared, The New Astronomy*. Sheldon, Devon (Keith Reid) 1975.

Tucker, W.; Tucker, K. *The Cosmic Inquirers*. Cambridge, Mass. (Harvard University Press) 1986.

Squibb, G. *IRAS Infrared Astronomical Satellite*. Pasadena (California Institute of Technology, Course AE107, Case Studies in Engineering) 1986.

Fowler, J. *IRAS Final Catalog of Pointed Sayings and Small Nebulosities*. (Jet Propulsion Laboratory, Interoffice Memorandum) 1984.

S. 98 Das gesamte IRAS-Team zum Zeitpunkt des Starts:
USA: Gerry Neugebauer (Vorsitzender), George Aumann, Chas Beichman, Nancy Boggess, Nick Gautier, Fred Gillett, Mike Hauser, Jim Houck, Frank Low, Tom Soifer, Russ Walker, Eric Young
Niederlande: Harm Habing (Vorsitzender) Boudewijn Baud, Douw Beintema, Thejs de Jong, George Miley, Fred Olnon, Stuart Pottasch, Ernst Raimond, Paul Wesselius
Großbritannien: Peter Clegg, Jim Emerson, Stella Harris, Dick Jennings, Phil Marsden, Michael Rowan-Robinson.
Die Leiter der verschiedenen IRAS-Projekte waren:
USA: Kane Casani (1976–1980), Gerald Smith (1982–1983), Gael Squibb (1983–1986)
Niederlande: Jan de Koomen
Großbritannien: Eric Dunford.

7. Neue Perspektiven

S. 132 *Astrophysical Journal Letters*, Sonderausgabe über *IRAS* 278, 1. März 1984

S. 134 Die Ergebnisse der QMW-RGO Rotverschiebungsdurchmusterung sind beschrieben in:
Lawrence, A.; Rowan-Robinson, M.; Walker, D. W.; Penston, M. V.; Terlevich, R.; Leech, K. *IRAS Sources at High Galactic Latitudes*. In: *Monthly Notices of the Royal Astronomical Society* 219 (1986) S. 687.

8. Der Mikrowellenhintergrund

Weiterführende Literatur:

Weinberg, S. *Die ersten drei Minuten*. 6. Aufl. München (Piper) 1986.

S. 138 Longair, M. S. (Hrsg.) *Confrontation of Cosmological Theories with Observational Data*. Dordrecht (Reidel) 1973.

S. 140 Rowan-Robinson, M. *Review of Cosmological Theories with Observational Data*. In: *Nature* 257 (1975) S. 520.

S. 141 Penzias, A.; Wilson, R. *A Measure of Excess Antenna at 4080 Mc/s*. In: *Astrophysical Journal* 142 (1965) S. 419.

S. 145 Dicke, R. H., Peebles, P. J. E.; Roll, P.; Wilkinson, D. *Cosmic Blackbody Radiation*. In: *Astrophysical Journal* 142 (1965) S. 414.

S. 147 Ich danke Anthony Lasenby dafür, daß er mich auf die Arbeiten von Le Roux und Shmaonov aufmerksam gemacht hat.

S. 148 Rowan-Robinson, M. *A Sensitive Ear for the Big Bang*. In: *Nature* 275 (1978) S. 687.

S. 149 Gamow, G. *The Origin of the Elements*. In: *Nature* 162 (1948) S. 480. Alpher, R. A.; Herman, R. C. *Remarks on the Evolution of the Expanding Universe*. In: *Physical Review* 75 (1949) S. 1089.

S. 157 Rowan-Robinson, M. *Aether Drift Detected at Last?*. In: *Nature* 270 (1978) S. 9.

9. Der IRAS-Dipol und der „Tod“ des großen Attraktors

Weiterführende Literatur:

Riordan, M.; Schramm, D. *Die Schatten der Schöpfung*. Berlin/Heidelberg (Spektrum Akademischer Verlag) 1993.

Gribbin, J. *The Omega Point*. London (Heinemann) 1987.

S. 161 Yahil, A.; Walker, D. W.; Rowan-Robinson, M. *The Dipole Anisotropies of the* IRAS *Galaxies and the Microwave Background Radiation*. In: *Astrophysical Journal* 301 (1986) S. 1.

S. 180 Rowan-Robinson, M. et al. *A Sparsely Sampled Redshift Survey of* IRAS *Galaxies: the* IRAS *Dipole and the Origin of Our Motion with Respect to the Microwave Background*. In: *Monthly Notices of the Royal Astronomical Society* 247 (1990) S. 1.

10. Kalte dunkle Materie in der Krise?

Weiterführende Literatur:

Cornell, J. (Hrsg.) *Bubbles, Voids and Bumps in Time*. Cambridge (Cambridge University Press) 1989. Siehe auch: *Die neue Kosmologie. Von Dunkelmaterie, GUTs und Superhaufen*. Basel (Birkhäuser) 1991.

Lightman, A. *Ancient Light*. Cambridge, Mass. (Harvard University Press) 1991.

Rowan-Robinson, M. *Dark Doubts for Cosmology*. In: *New Scientist* 9. März 1991.

S. 199 Saunders, W.; Frenk, C. S.; Rowan-Robinson, M.; Efstathiou, G.; Lawrence, A.; Kaiser, N.; Ellis, R. S.; Crawford, J.; Xia, X.-Y.; Parry, I. *Nature* 349 (1991) S. 32.
Im Dezember 1992 wurde unser Artikel aus *Nature* laut *Science Citation Index* zum meistzitierten Artikel in Physik.

S. 200 *The New York Times*, 3. Januar 1991; *Financial Times*, 4. Januar 1991; *The Daily Telegraph*, 4. Januar 1991, *Evening Standard*, 4. Januar 1991.

11. Von den Quasaren zu den ultraleuchtkräftigen Infrarotgalaxien

Weiterführende Literatur:

Rowan-Robinson, M. *The Great Quasar Odyssey*. In: *New Scientist*, 4. November 1982.

Arp, H. *Quasars, Redshifts and Controversies*. Berkeley (Interstellar Media) 1987.

S. 208 Hazard, C.; Mackay, M. B.; Shimmins, A. J. *Investigation on the Radio Source 3C273 by the Method Lunar Occulation*. In: *Nature* 197 (1963) S. 1037.
Schmidt, M. *3C273: A Star-like Object with Large Red Shift*. In: *Nature* 197 (1963) S. 1040.

S. 216 Rowan-Robinson, M. et al. *An* IRAS *Galaxy of Phenomenal Luminosity: Protogalaxy or Embedded QSO?*. In: *Nature* 351 (1991) S. 791.

12. Die *COBE*-Entdeckung: kosmische Rippeln

S. 233 Die Pressemeldung, die eine breite Berichterstattung in den Medien Großbritanniens auslöste, stammte ursprünglich von George Smoot und gelangte über einen freien Wissenschaftsjournalisten aus San Francisco an die Presseagentur.

S. 238 Smoot, G. et al. *Astrophysical Journal Letters* 396 (1992) S. L1.

S. 239 Rowan-Robinson, M. *Yesterday's Ripples, Today's Galaxies*. In: *The Guardian*, 1. Mai 1992.

S. 243 Taylor, A.; Rowan-Robinson, M. *The Spectrum of Cosmological Density Fluctuations and Nature of Dark Matter*. In: *Nature* 359 (1992) S. 396.

S. 245 Davis, M.; Summers, F. J.; Schlegel, D. *Large-Scale Structure in a Universe Mixed with Hot and Cold Dark Matter*. In: *Nature* 359 (1992) S. 393.

13. Kosmologische Visionen

S. 252 Popper, K. *Logik der Forschung*. 9. Aufl. Tübingen (Mohr) 1989.
Popper, K. *Objektive Erkenntnis: ein evolutionärer Entwurf*. Hamburg (Hoffmann und Campe) 1984.
Kuhn, Th. *Die Struktur wissenschaftlicher Revolutionen*. Frankfurt/Main (Suhrkamp) 1973.

S. 253 Lakatos, I.; Musgrave, A. (Hrsg.) *Criticism and the Growth of Knowledge*. Cambridge (Cambridge University Press) 1970.
Feyerabend, P. *Erkenntnis für freie Menschen*. Frankfurt/Main (Suhrkamp) 1979.

S. 255 Midgley, M. *Science as Salvation*. London (Routledge) 1992.
Appleyard, B. *Understanding the Present*. London (Picador) 1992. Siehe auch: *Der halbierte Mensch. Die Naturwissenschaften und die Seele des modernen Menschen*. München (Kindler) 1992.
Schwartz, J. *The Creative Moment*. London (Jonathan Cape) 1992.

S. 256 Barrow, J. D.; Tipler F. J. *The Anthropic Cosmological Principle*. Oxford (Oxford University Press) 1988.
Monod, J. *Zufall und Notwendigkeit*. Stuttgart (dtv) 1975.
Lucrez *De rerum natura: Welt aus Atomen*. Stuttgart (Reclam) 1986.

S. 258 Pascal, B. *Über die Religion (Pensées)*. Übertragen von Ewald Wasmuth, Berlin (Verlag Lambert Schneider) 1940.

S. 260 Sartre, J.-P. *Der Ekel*. Reinbek (Rowohlt) 1981.

S. 261 Snow, C. P. *The Two Cultures and A Second Look*. Cambridge (Cambridge University Press) 1964.
Leavis, F. R. *The Two Cultures; Significance of C. P. Snow?*. In: *Spectator* 1962.

S. 265 Calvino, I. *Time and the Hunter*. Übersetzt von Weaver, W., London (Abacus) 1983. (Siehe auch deutsche Ausgaben.)

Bildnachweise

Eröffnungsbild: K. Matthews; T. Soifer; J. Larking, California Institute of Technology/CARA.

4.1 Observatories of the Carnegie Institution, Pasadena.
4.2 Lick Observatory.
4.4b Mt Palomar Observatory, California Institute of Technology.
4.5a Observatories of the Carnegie Institution, Pasadena.
4.5b Gerard de Vaucouleurs, University of Texas.
4.7 National Optical Astronomy Observatory.
4.8 Mt Palomar Observatory, California Institute of Technology.
4.10 Alan Stockton, University of Hawaii.
4.12 Alan Guth, Massachusetts Institute of Technology.

5.1 National Aeronautics and Space Administration.
5.2a Gerry Neugebauer, California Institute of Technology.
5.2b Frank Low, University of Arizona.
5.3 National Aeronautics and Space Administration.
5.4 National Aeronautics and Space Administration.

6.1 National Aeronautics and Space Administration.
6.2 National Aeronautics and Space Administration.
6.3 National Aeronautics and Space Administration.
6.4 National Aeronautics and Space Administration.

7.1 National Aeronautics and Space Administration.
7.2a Tom Chester, California Institute of Technology.
7.2b Tom Soifer, California Institute of Technology.
7.3 Mark Jones, Open University.
7.4 National Aeronautics and Space Administration.

8.1 Arno Penzias, AT & T Bell Laboratories.
8.2 Arno Penzias, AT & T Bell Laboratories.
8.3 Arno Penzias, AT & T Bell Laboratories.
8.5a John Mather, Goddard Space Flight Laboratories.
8.6 George Smoot, University of California, Berkeley.
8.7 George Smoot, University of California, Berkeley.

9.3a Carlos Frenk.
9.3b George Efstathiou.
9.3c Nick Kaiser.
9.3d Will Saunders.
9.4a John Crawford.
9.4b Andy Lawrence.
9.5a,b National Optical Astronomy Observatory.

10.3a Jim Peebles, University of Princeton.
10.4a George Efstathiou.
10.4b John Huchra, Center for Astrophysics, Harvard.
10.5 John Huchra, Center for Astrophysics, Harvard.
10.8 The New York Times, Financial Times, Evening Standard, The Daily Telegraph.

11.2 National Radio Astronomy Observatory.
11.4b Mt Palomar Observatory, California Institute of Technology.
11.5 Royal Greenwich Observatory.
11.7 National Radio Astronomy Observatory.

12.1 National Aeronautics and Space Administration.
12.2 George Smoot, University of California, Berkeley.

Namensindex

R

S

T

V

W

X

Y

Z

Sachindex

D

E

F

G

N

O

P

Q

T

U